国家自然科学基金"新城区居住就业空间协调发展机制及规划调控研究——以苏南地区为实证"资助(项目批准号：51678131)

新城区
居住就业空间及
协调发展机制：
以南京为例

RESIDENTIAL-EMPLOYMENT SPACE AND
COORDINATED DEVELOPMENT MECHANISM OF
NEW TOWN:
IN CASE OF NANJING

巢耀明 等 著

东南大学出版社·南京·

内 容 提 要

　　中国大城市新城与主城间交通拥堵，通勤时间持续增长，新城建设存在严重的职住分离现象。在此背景下，本书基于居住—就业视角，选取南京东山副城、江北副城、仙林副城作为实证研究对象，比较分析南京三个新城区居住与就业空间的相关特征及其相互关系，进而对中国大城市新城建设的职住失调问题以及发展规律、形成机制、均衡发展的控制引导模式进行深入探讨，以期推动大城市新城区以更为健康、协调的方式发展。

　　本书可供城乡规划、建筑学、经济地理、人文地理及相关专业领域的从业人员阅读，也可供高等院校有关专业的师生阅读和参考。

图书在版编目（CIP）数据

　　新城区居住就业空间及协调发展机制：以南京为例 /
巢耀明等著. — 南京：东南大学出版社，2021.12
　　ISBN 978-7-5641-9741-4

　　Ⅰ.①新… Ⅱ.①巢… Ⅲ.①城市规划—空间规划—
南京 Ⅳ.①TU984.253.1

　　中国版本图书馆 CIP 数据核字(2021)第 213704 号

责任编辑：丁　丁　责任校对：子雪莲　封面设计：王　玥　责任印制：周荣虎

新城区居住就业空间及协调发展机制：以南京为例
Xinchengqu Juzhu Jiuye Kongjian Ji Xietiao Fazhan Jizhi：Yi Nanjing Weili

著　　者	巢耀明　等
出版发行	东南大学出版社
社　　址	南京四牌楼 2 号　邮编：210096　电话：025 - 83793330
网　　址	http://www.seupress.com
电子邮箱	press@seupress.com
经　　销	全国各地新华书店
印　　刷	江苏凤凰数码印务有限公司
开　　本	787mm × 1092mm　1/16
印　　张	20.25
字　　数	495 千
版　　次	2021 年 12 月第 1 版
印　　次	2021 年 12 月第 1 次印刷
书　　号	ISBN 978-7-5641-9741-4
定　　价	98.00 元

序　言

20世纪90年代以来,中国大城市人口规模迅速扩大,其形态与结构发生了巨大变化,进入了新城建设的扩展阶段,随着产业和人口向新城区的迅速集聚,许多新城区与主城区间的交通拥堵现象突出,快速城市化进程中产生的职住分离现象亟待解决。

巢耀明博士完成的这部论著,选择南京江北、仙林、东山这三个按照职住平衡理念建设的新城区作为实证研究的样本,以问题为导向,探究新城区难以真正实现职住均衡的内在缘由。作者着力揭示中国大城市新城职住平衡或分离的内在机制,以此推动大城市新城区更为健康协调的发展。

本书以实证方法总结了南京新城区职住空间的演化特征,基于大量调研数据,以职住总量平衡分析为前提,对三个新城区职住空间和居住就业人群的职住关系进行生态因子研究,比较分析了三个新城区居住与就业空间的相关特征。以职住人群的通勤行为特征为切入点,分析新城区居住就业失配关系,基于职住分离度对三个新城区居住、就业人群的职住失配特征进行解析和对比研究。作者对新城建设中的职住失调问题,其发展规律、形成机制、均衡发展的控制引导模式进行了探讨。探索并提出新城区居住就业空间协调发展应遵循产业类型与居住类型结构相匹配的结构匹配律、通勤模式与通勤需求相适应的通勤交通适配律,以及公共设施与单元开发协同建设的公共设施协配律。

构建基于居住就业视角的新城区职住空间协调发展的多层次研究框架是本书的一个特色。作者在同一城市中,选择具有相似发展条件、按照职住总量平衡理念建设完善的不同产业类型的新城区,比较研究不同产业类型的新城,揭示不同产业类型新城由于产业类型、空间结构、发展路径等方面的差异性所导致的不同的职住分离现象及其相异的形成机制。通过比较不同新城的不同职住分离程度,客观分析降低新城职住分离程度的影响因素,也间接说明了通过降低新城区的居住就业空间结构失配程度,可以降低新城区的职住分离程度。

相信本书的研究成果对近 30 余年间不断成长的新城区的优化及健康发展将有所助益。

韩冬青

2021 年 7 月

目　录

1 绪 论

1.1 研究背景

1) 中国城市化背景:向城市型社会为主体的时代转变

改革开放四十多年来,在经济全球化及中国改革开放不断深入的背景下,中国的经济、社会和城市化呈现快速、持续发展的态势,中国进入快速城市化阶段,城市规模迅速增长,城市空间结构发生剧变。国家统计局数据,2011 年中国城镇化率为 51.27%,城镇常住人口首次超过农村人口,这是中国社会结构的一个历史性变化,表明中国开始由乡村型社会为主体的时代向城市型社会为主体的时代转变,进入了城市化加速发展的中后期。2013 年中国城镇化率为 53.73%,中国的城镇化进入新的城市时代①。

2) 中国新城建设背景:存在严重的职住分离现象

面对城市人口规模迅速扩大,老城区可发展土地资源、交通条件、环境承载力等因素存在多重压力,中国大城市的人口和产业逐渐向城市近郊区疏解。"退二进三"的产业政策使经济产出相对较低的工业企业向大城市新城区迁移,开发区、工业园区的建设如火如荼,大学城的建设则使科研教育向新城区转移,新城区的就业职能率先形成。而随着住房制度改革、住房商品化的全面推行,在旧城改造的推力与新城优质住房的吸引力的双重作用下,大城市人口迅速向新城区集聚,新城区的居住功能日益凸显。表面看来,新城区正如规划与建设者所愿,成为就业与居住相匹配的地区。然而,中国大城市交通不断恶化,通勤时长持续增长,中国科学院《中国新型城市化报告 2012》统计得出,中国 50 个百万人口以上城市居民

---

① 国家统计局. 2013 年中国城镇化率[EB/OL]. http://www.cssn.cn/zx/shwx/shhnew/201403/t20140326_1043514.shtml

平均单程通勤时间为 39 分钟,比世界平均水平高 31.7%,排在榜首的北京为 52 分钟,广州以 48 分钟居第二,上海以 47 分钟居第三,深圳以 46 分钟居第四,南京为 37 分钟,排名第六①。以上现象反映中国的新城建设存在严重的职住分离现象,并未达到职住平衡,缓解大城市人口和交通压力的规划预期。

3) 南京新城建设背景:新城与主城间呈现双向潮汐式拥堵

从 20 世纪 90 年代开始,南京进入跨越式城市空间扩展期,城市建设快速发展,产业和人口迅速向近郊区疏散,东山新城(江宁开发区)、江北新城(浦口高新区)、仙林大学城成为产业和人口疏散的重要承接地。随着产业和人口向新城区的迅速集聚,新城区与主城区间的交通拥堵日益严重。与国外新城与主城单向潮汐式通勤交通拥堵不同,南京新城与主城间呈现双向潮汐式拥堵现象。虽然为缓解严重的早晚高峰交通拥堵的压力,南京近年陆续完成了主城到东山的双龙大道高架、机场高速拓宽,主城到浦口的长江隧道、主城到仙林的玄武大道拓宽等畅通工程,建成了地铁 1 号南延线、地铁 2 号线,但高峰期新城区与主城区间的交通拥堵现象并未得到缓解。南京市车管部门数据显示,截至 2013 年底,南京机动车拥有量为 178 万辆,其中私家车为 117 万辆,而在 2004 年底,南京机动车保有量仅为58.14万辆,其中私家车只有 6.96 万辆。从 6.96 万辆到 117 万辆,9 年时间,南京私家车数量增加了近 16 倍②。南京每年平均增加 145 万 m² 左右的机动车道面积,但仍满足不了快速增长的汽车数量的需求,目前主城区 75% 的道路接近或达到饱和状态。城区早晚高峰车速低于每小时 15 公里③。

在中国城市化迈向城市型社会为主体的时代,中国大城市的新城建设仍存在严重的职住分离现象,面临着新城与主城间交通拥堵等大城市病。

本书通过对南京东山副城、江北副城、仙林副城的居住与就业空间进行实际调研,借鉴国际前沿学术理论方法,利用 GIS 及 SPSS 软件,对南京三个新城区就业空间与居住空间的相关特征及其相互关系进行实证分析,进而对中国大城市新城建设的职住失调问题,以及其形成机制、控制引导模式进行深入探讨,推动大城市新城区以更为健康、协调的方式发展,这正是本书的出发点与背景。

1.2 国内外相关研究与实践综述

本书的研究涉及四个概念:新城区、居住空间、就业空间及居住—就业关系,与之相关的学科有城市规划、城市经济学,城市地理学,城市社会学等。本书将从新城建设相关理论与实践、居住空间、就业空间、居住—就业关系四个方面进行研究综述。

---

① 龙虎网. 2012 年南京居民上班平均耗时需 37 分钟,全国排名第六[EB/OL]. http://news.sina.com.cn/0/2012-11-01/142625488791.shtml

② 扬子晚报. 南京私家车 9 年暴增近 16 倍[J/OL]. http://is.ifeng.com/news/etail_2014.01/09/1709012_0.shtml

③ 朱殿平. 盘点 2014 年南京两会三大热词[EB/OL]. http://js.people.com.cn/html/2014/01/18/283236.html

1.2.1 新城建设相关理论与实践综述

1）国外新城建设相关理论综述

国外新城建设理论从 18 世纪末开始提出，其形成与发展经历了漫长的过程。随着新城建设问题的持续显现，其理论体系的发展也呈阶段性完善的特点。

现代城市规划理论由构建于三种不同的规划思想之上的城市空间发展模式形成：一是 E. 霍华德的保持城市与乡村自然景观和谐的、强调城市分散的"田园城市"的规划思想，以其《明天：通往真正改革的和平之路》为代表，希望通过在大城市周围新建一系列规模较小的城市来解决大城市的拥挤问题，这一思想基本确立了现代城市规划的思想体系和规划理念，其所运用的对大城市进行疏解的方法则通过随后的卫星城及新城的理论与实践活动得到了全面推广；第二个是集中主义思想，勒·柯布西耶在《明日之城市》和《光明城市》中提出"园中塔"规划方案，希望通过对大城市结构的重组在城市内部解决城市问题，倡导城市集中发展，主张在大城市内部进行改建以适应社会发展的需要；而 E. 沙里宁的"有机疏散"理论，提出了解决大城市病的第三途径，他建议将大城市过度集中的单中心结构转化为功能相对完整、生活相对独立、空间相对分离的组团或多核结构。新城发展的第三阶段，即综合新城的实践，就是建立在这类规划思想基础上的。

1898 年霍华德提出的"田园城市"是兼有城市和乡村特点的新型城市结构形式，是一种理想型的设想，被广泛应用在大城市周围的郊区及小城镇建设，但在疏解大城市压力方面似乎与当初的意愿相违背。卫星城概念在 20 世纪 20 年代开始推广，强调疏解中心城市的某一功能，如卧城、工业卫星城、科技卫星城等。因为依赖性太强，反而加重了中心城的负担。在经过改进的卫星城中，居住与就业岗位之间相互协调，可满足新区居民就地工作和生活需要。它的职能相对健全，被称为综合新城，更强调自身的独立性，具有一定的吸引力，对涌入大城市的人口起到了一定的截流作用。

2）国外新城建设的相关实践综述

国外大城市新城发展的实践经历了三个阶段：第一阶段称为"田园城市阶段"；第二阶段称为"卫星城"阶段；第三阶段称为"综合新城"阶段。针对不同的区域问题，各国对新城建设的功能定位也不同。英国早在 1945 年就成立了新城建设委员会，进行新城建设实践活动，但真正树立新城建设现代化理念是在 70 年代末，由单一的居住和工业功能，转为工作、生活和休憩协同发展的综合新城。法国巴黎的新城建设通过整合就业、居住、服务功能，重新构建、组织大城市郊区功能布局，形成自足性的城市，促进区域整体发展。日本新城的功能定位不同于巴黎新城和英国新城。除筑波科学城外，日本在 20 世纪 70 年代中期以前的新城开发基本上都是"卧城"，主要是为了解决巨大的住宅缺口并克服小规模土地开发效率偏低的问题。70 年代中期以后，产业结构调整和升级换代加快，企业由单纯的生产型向研发生产一体型转变，生产方式走向多元化、高科技化，由此推动了企业和研发机构向郊区转移，新城建设转向多功能综合化发展，成为职住均衡的区域发展增长极[①]。

---

① 张捷. 新城规划与建设概论[M]. 天津：天津大学出版社，2009.

3）国内新城建设的相关研究综述

20 世纪 80 年代初，伴随城市的快速发展，我国城市空间的扩展和城市形态的演化机制研究开始兴起。90 年代以来，由于城市化进程的加速，城市经历了外向的快速扩展和内部结构的频繁重组，大量研究成果相继涌现，研究内容的深度和广度也不断得到提高和扩展。90 年代中期以后，我国城市空间的扩展和城市形态的演化的实证研究愈加丰富，这些成果多集中于城市空间的扩展和城市形态的历史演变等方面。

在国内主要的研究成果中，武进的《中国城市形态：结构、特征及其演变》探讨了中国城市形态、结构、特征及其演变的机制①。崔功豪的《中国城镇发展研究》则在城市规模、大城市发展问题、城市化、城市经济地理网络、乡村城市化方面，分别从理论研究与实例分析两个方向进行了探讨②。胡俊的《中国城市：模式与演进》进行了关于中国城市模式与演进的开创性研究③。吴良镛等的《发达地区城市化进程中建筑环境的保护与发展》在对不同地区的城市化特征和城镇形态进行分析的基础上，以持续发展思想、区域整体化发展和城乡协调发展思想为理论根据，对沪宁地区大规模的城市新区开发建设所引发的城市和区域经济结构的变化及其对城市的区域发展、城市的空间布局及城镇体系所带来的深刻影响进行了专题研究，探讨了解决不同阶段的城市化发展问题的途径④。段进的《城市空间发展论》将经济规划、社会规划、城市规划的相关理论进行了综合、联系，确立了"空间发展论"，提出了研究城市的发展观念，研究了社会、经济发展的规律以及信息传递的模式等对空间发展的综合作用，探讨了空间发展的自身规律，提出了规模门槛律、区位择优律、不平衡发展律、自组织演化律⑤。顾朝林等的《集聚与扩散：城市空间结构新论》建立了城市空间结构研究的理论框架，剖析了城市增长与空间结构的互动关系⑥。张京祥的《城镇群体空间组合》对有关城市群体空间形态进行了开拓性研究⑦。卢为民的《大都市郊区住区的组织与发展：以上海为例》从理论方面探讨了城市化对郊区住宅建设的影响，从动态的角度研究上海郊区居住空间结构的整体优化问题⑧。王兴平的《中国城市新产业空间：发展机制与空间组织》以空间分析为主线，对中国城市新产业空间的形成与发展机制、空间区位与空间结构规律以及空间整合的机制等进行了系统化的探讨⑨。张捷、赵民的《新城规划的理论与实践：田园城市思想的世纪演绎》阐述了从"田园城市"到"新城"的理念演变与实践发展，总结了国内外新城建设的经验，提出了我国新城建设的对策⑩。李翅的《走向理性之城：快速城市化进程中的城市

---

① 武进. 中国城市形态：结构、特征及其演变［M］. 南京：江苏科学技术出版社，1990.
② 崔功豪. 中国城镇发展研究［M］. 北京：中国建筑工业出版社，1992.
③ 胡俊. 中国城市：模式与演进［M］. 北京：中国建筑工业出版社，1995.
④ 吴良镛，等. 发达地区城市化进程中建筑环境的保护与发展［M］. 北京：中国建筑工业出版社，1999.
⑤ 段进. 城市空间发展论［M］. 南京：江苏科学技术出版社，1999.
⑥ 顾朝林，甄峰，张京祥. 集聚与扩散：城市空间结构新论［M］. 南京：东南大学出版社，2000.
⑦ 张京祥. 城镇群体空间组合［M］. 南京：东南大学出版社，2000.
⑧ 卢为民. 大都市郊区住区的组织与发展：以上海为例［M］. 南京：东南大学出版社，2002.
⑨ 王兴平. 中国城市新产业空间：发展机制与空间组织［M］. 北京：科学出版社，2005.
⑩ 张捷，赵民. 新城规划的理论与实践：田园城市思想的世纪演绎［M］. 北京：中国建筑工业出版社，2005.

新区发展与增长调控》从探究适合当前我国快速城市化时期城市新区发展调控模式出发，构建了新区发展战略决策模型、土地利用模式以及规划调控手段、制度保障的框架[①]。黄建中的《特大城市用地发展与客运交通模式》对城市用地的功能布局、规划控制和开发引导等方面与城市客运交通间的相互关系和内在机制进行了深入的分析研究，提出我国特大城市多层次的用地发展思路和公共交通优先的客运交通模式[②]。

4) 国内新城建设的相关实践综述及发展趋势

改革开放以前，向城市边缘蔓延和"填充"城市边缘区是我国城市扩展的主要方式。20世纪50年代，基于产业空间发展的需要，在大城市中心城区的周边建设了一批工业卫星城，由于规模较小，功能单一，设施配套欠缺，没有达到吸引居民和产业向卫星城疏散的目的。80年代，我国大城市争相开始建设以经济技术开发区和工业园区为代表的产业新区。90年代，部分大城市开始出现跨越式的城市新区拓展方式。如上海浦东、苏州高新区和新加坡工业园[③]。从各种类型的开发区，到城市新区，到近年较多的综合性新城，中国的城市在80年代后进行的大规模的城市新空间拓展，成就辉煌的背后也付出了惨重的资源、环境方面的代价。

1.2.2 居住空间理论研究综述

1) 国外居住空间理论研究综述

国外居住空间的研究大多衍生于社会学、经济学、地理学等学科，以市场经济为出发点，以居民的需求为导向研究居住空间。本书从城市社会生态学派、行为社会学派、新古典主义经济学派和结构学派等四学派出发对国外居住空间的研究进行总结。

（1）城市社会生态学派相关研究

城市社会生态学的先驱是著名的美国芝加哥学派，认为居民个体的竞争和共生形成了城市空间的最佳组织结构，伯吉斯（Burgess）在1925年通过对芝加哥的研究，提出城市土地利用的同心圆模式[④]；1939年，霍伊特（Hoyt）提出城市空间的扇形模式；1945年哈里斯（Chauncey D. Harris）和乌尔曼（Edward L. Ullman）提出城市空间结构的多核心模式。这三个经典的城市空间结构模式总结了城市空间结构分化与分层的形成和演化的规律，揭示了社会结构与空间结构的关系。

随着社会经济发展，早期经典的社会生态学的城市空间结构模型已不能正确反映城市空间的新的发展趋势，后来的学者对其不断完善、修正，提出新的城市空间结构模型。舒诺（Schnore）提出不同时代的居住空间结构的进化模型，在后工业时代，居住阶层逐渐开始分离，市中心主要由下等阶层居住，而上流阶层则分布于郊区；1971年约翰斯顿（Johndston）在舒诺模型的基础上，提出了城市居住模式的跨文化模型。1981年穆勒（Muller）对早期的多

① 李翅. 走向理性之城：快速城市化进程中的城市新区发展与增长调控[M]. 北京：中国建筑工业出版社，2006.
② 黄建中. 特大城市用地发展与客运交通模式[M]. 北京：中国建筑工业出版社，2006.
③ 罗小龙，郑焕友，殷洁. 开发区的"第三次创业"：从工业园走向新城：以苏州工业园转型为例[J]. 长江流域资源与环境，2011，20(7)：819-824.
④ Park R E, Burgess E N, Mckenzie R D. The City[M]. Chicago：University of Chicago Press, 1925.

核心模型进行了修正,提出由衰落的中心城市、内郊区、外郊区和城市边缘区四部分组成的修正模型①。

（2）行为社会学派相关研究

行为社会学派将人的行为作为研究切入点,研究城市居民的迁居行为对城市居住空间结构的影响,其主要理论学说有家庭生命周期说、生活方式说、社会网络和社会积聚理论、压力论、推一拉理论等。但行为社会学派的研究忽视了团体和社会对于家庭迁居行为的影响,后来逐渐增加了个人行为和社会约束之间关系的研究,进行社会网络分析。伊文斯（Evans）研究了居民迁居行为与社会约束之间的关系,针对相同类型的居住人群聚集居住的现象,提出社会聚集经济的解释②。Brown,Moore 提出了居住人群住房选择模式以及择居行为三个阶段③。

（3）新古典主义经济学派相关研究

新古典主义经济学派注重探讨空间经济行为在城市空间中的分布特征,以阿隆索（Alonso）的竞租理论最为著名,其使用竞标价格曲线来表示区位、地租和土地利用的空间分布模式,并基于住宅区位,提出通勤费用与住宅费用的互换论,即距市中心距离越远,住宅费用越低,但交通费用随之增加,而家庭总是考虑最小化两者合计成本④。

（4）结构学派相关研究

结构学派（又称新马克思主义学派）以 Henry Lefebvre、Manuel Castles 和 David Harvey 等人为代表。主要注重研究西方城市的社会空间问题,分析社会阶层与城市空间分布的相互关系。Rex,Moore 研究了居住阶层与居住空间分布特征的相关性⑤。Murdie 采用社会分析与因子生态分析法,揭示了城市社会空间模型的核心要素是社会经济地位、种族地位以及家庭地位⑥。马勒（Muller）研究美国郊区居民的社会阶层构成,将郊区社区分为高收入人群社区、中产人群社区、多种族人群社区和蓝领人群社区四类⑦。怀特（White）系统研究了西欧城郊的社区类型,提出了工业郊区、中产阶级郊区、通勤村庄和新工人阶级郊区等四种社区类型⑧。

2）国内居住空间相关研究综述

国内居住空间研究主要针对居住空间现实存在的问题。随着住房制度改革,不同人群的择居行为导致城市居住空间呈现社会阶层化分布及空间分离的现象,城市居住空间逐渐

---

① 顾朝林,甄峰,张京祥. 集聚与扩散:城市空间结构新论[M]. 南京:东南大学出版社,2000.

② A W Evans. The pure theory of city size in an industrial economy [J]. Urban Studies, 1972: 9 (1): 49-77.

③ Brown, Moore. The intra-urban migration process: a perspective [J]. Geographical Annaler, 1970, 15(1): 109-122.

④ W Alonso. Location and land use: toward a general theory of land rent [M]. Cambridge, Mass: Harvard University Press, 1964.

⑤ Rex J, Moore R. Race, community and conflict [M]. London: Oxford University Press, 1967.

⑥ Murdie R A. Factorial ecology of metropolitan toronto: 1951-196 [M]. Chicago: University of Chicago Press, 1969.

⑦ Muller P O. Contemporary suburban america [M]. Englewood Cliffs: Prentice Hall, 1981.

⑧ White P. The west european city: a social geography [M]. London: Longman, 1984.

异质化和离散化。相关研究涉及面比较广,主要包括了居住空间结构、居住空间分化和居住空间拓展。

(1)居住空间结构研究相关综述

刘长岐、王凯研究了北京不同时期城市居住空间结构特征的演变,发现居住郊区化和居住分化是当前城市居住空间演变的两种主要趋势[①]。黄志宏对居住空间结构模式演变历程进行了总结,归纳出人类社会城市居住空间结构的发展经历六个阶段[②]。徐卞融、吴晓针对南京市主城区流动人口"居住—就业"现象进行了研究,分析了流动人口的就业空间、居住空间的结构特征[③]。

(2)居住空间分化研究相关综述

吴启焰、崔功豪分析了社会阶层分层、住宅市场化过程带来的家庭择居行为的特征,提出了城市居住空间分异的动力机制[④]。唐晓岚对南京居住社区进行实证研究,从社会学角度研究南京居住空间分化现象[⑤]。宋伟轩、朱喜钢等对居住区住房均价分布数据进行分析,提出社会居住阶层发生分异的新居住空间结构,认为居住空间呈现出异质化和离散化,即呈现出社会空间的"双重碎片化"特征[⑥]。

(3)居住空间拓展研究相关综述

张文忠、刘旺等以个人居住区位选择偏好为出发点,研究了北京城市居住空间的分布特征,分析了择居偏好因子对城市居住空间拓展的影响[⑦]。边经卫通过对大城市空间发展与交通模式演变的分析,以系统整合的方法研究了大城市空间发展与轨道交通的互动关系[⑧]。杨忠伟、范凌云以上海这个中国大都市郊区化的典型代表城市为研究实例,分析了其人口、产业向郊区拓展的空间模式及动力机制[⑨]。高鸿鹰运用新经济地理学的模型,对城市空间结构演变及空间拓展进行经济学分析,提出中国城市居住空间的拓展存在不平衡的发展趋势[⑩]。郑思齐、曹洋构建区位选择模型,得出高收入群体仍倾向于居住在距离市中心较近的位置,分析了工作地点、对环境的偏好、基础设施完善程度等影响因素对居住空间拓展的决

---

① 刘长岐,王凯. 影响北京市居住空间分异的微观因素分析[J]. 西安建筑科技大学学报,2004,36(4):403-407.

② 黄志宏. 城市居住区空间结构模式的演变[D]. 北京:中国社会科学院研究生院,2005.

③ 徐卞融,吴晓. 基于"居住-就业"视角的南京市流动人口职住空间分离量化[J]. 城市规划学刊,2010(5):87-97.

④ 吴启焰,崔功豪. 南京市居住空间分异特征及其形成机制[J]. 城市规划,1999,23(12):23-26.

⑤ 唐晓岚. 城市居住分化现象研究:对南京城市居住社区的社会学分析[M]. 南京:东南大学出版社,2007.

⑥ 宋伟轩,朱喜钢. 新时期南京居住社会空间的"双重碎片化"[J]. 现代城市研究,2009(9):65-70.

⑦ 张文忠,刘旺,李业锦. 北京城市内部居住空间分布与居民居住区位偏好[J]. 地理研究,2003,22(6):751-759.

⑧ 边经卫. 大城市空间发展与轨道交通[M]. 北京:中国建筑工业出版社,2006.

⑨ 杨忠伟,范凌云. 中国大都市郊区化[M]. 北京:化学工业出版社,2006.

⑩ 高鸿鹰. 城市化进程与城市空间结构演进的经济学分析[M]. 北京:对外经济贸易大学出版社,2008.

定机理[1]。陈鹏针对我国城市土地有偿使用的制度变革,运用城市地理学和城市经济学的方法,分析了土地制度影响城市居住空间拓展的内在机制[2]。

1.2.3   就业空间理论研究综述

1) 国外就业空间理论研究综述

国外对就业空间的研究可分为地理学、经济学和社会学三个视角。

（1）地理学视角相关研究

相关学者对就业人口的空间分布变动进行了研究。韦伯系统地论述了工业区位理论,进一步完善了古典区位理论[3]。其后的学者在对城市经济活动空间结构的研究中,逐步建立了涉及生产、交通、住宅等要素的经济活动空间结构模型,如 Willliam Alonso 提出的单中心城市模型[4];Mills 提出的多中心城市模型[5];藤田昌久等则从一般性的角度研究企业及居住区位,对企业和家庭空间的集聚现象的经济学原因提出了统一的解释[6]。在实证研究方面,Mcmillen[7],Waddell[8],Johnson[9] 从不同的方面出发,研究了发达国家大城市的就业空间,以实证分析的方法分析了北美芝加哥、洛杉矶等大城市就业郊区化及多中心的现象。

（2）经济学视角相关研究

法国经济学家 F-佩鲁(Francois Perroux)的增长极理论认为经济的增长存在极化效应,增长极对于区域整体经济的拉动具有不均衡性,揭示了产业空间的聚集和吸引效应、扩散效应以及地理、区位和中心优势[10]。泰勒(Taylar)的"组织变形及区域演化模式"[11],哈坎

①   郑思齐,曹洋. 居住与就业空间关系的决定机理和影响因素:对北京市通勤时间和通勤流量的实证研究[J]. 城市发展研究,2009(6):29-35.

②   陈鹏. 中国土地制度下的城市空间演变[M]. 北京:中国建筑工业出版社,2009.

③   阿尔弗雷德·韦伯. 工业区位论[M]. 李刚剑,等译. 北京:商务印书馆,2010.

④   W Alonso. Location and land use: toward a general theory of land rent [M]. Cambridge, Mass: Harvard University Press, 1964.

⑤   Mills E S. An aggregative model of resource allocation in a metropolitan area [J]. American Economic Review, 1967, 57: 197-210.

⑥   藤田昌久,等. 集聚经济学[M]. 刘峰,等译. 成都:西南财经大学出版社,2004.

⑦   Daniel P Mcmillen, T William Lester. Evolving subcenters: employment and population densities in Chicago, 1970-2020[J]. Journal of Housing Economics, 2003, 12(1): 60-81.

⑧   P Waddell, V Shukla. Employment dynamics, spatial restructuring, and the business cycle [J]. Geographical Analysis, 1993, 25(1): 35-52.

⑨   Jodien M Johnson. Federal employment concentration and regional process in nonmetropolitan America[D]. Waco: Baylor University, 2008.

⑩   颜鹏飞,邵秋芬. 经济增长极理论研究[J]. 财经理论与实践,2001,22(110):2-6.

⑪   M J Taylor. Organizational growth, spatial interaction and location decision-making [J]. Regional Studies, 1975, 9: 313-323.

逊(Hakanson)的"全球扩张模式"①,沃茨(Watts)的"市场区扩大模式"②和迪肯(Dicken)③的"全球转移模式"揭示了四种企业空间扩张的模式。史密斯(Smith)于 1971 年提出企业赢利空间界限论,从单位区位迁移的角度研究了产业扩散的动因④。

(3)社会学视角相关研究

相关学者针对社会弱势群体的就业空间与其他空间之间的错位带来的"居住—就业"的社会问题进行研究。John Kain 在 1968 年通过研究芝加哥和底特律的居住隔离现象,提出"空间不匹配"假说,指出黑人由于居住隔离仍然居住在市中心区,而其适合从事的蓝领行业已移入郊区,导致其与工作岗位的"空间不匹配",这是造成美国城市黑人高失业现象的原因⑤。20 世纪 80 年代,其他学者对此领域进行了系列研究,研究对象从黑人扩展到社会弱势群体,如少数民族、低收入居民、新移民和妇女。同时,研究区域也从美国扩展到了其他的区域,例如尤尔斯(Ewers)研究了德国"居住就业"空间的错位现象⑥。

总体来看,国外对于就业空间理论的研究从地理学视角探讨了企业和就业人口的空间分布,从经济学视角则探讨了就业空间在城市经济层面的分布规律,从社会学视角探讨了就业空间在社会层面与其他空间的失配关系。

2)国内就业空间相关研究综述

国内学者主要从区域、城市及产业空间三个层面对就业空间展开研究。

在区域层面,学者主要对就业空间结构模式进行研究。王振波等在 2007 年利用第五次人口普查数据,对中国的就业空间结构模式进行研究,提出六种就业空间模式及五个区域划分⑦。郭艳 2004 年对中国东、中、西部地区 1990 年代的劳动力就业结构进行研究,总结了区域分布的基本特征及变动模式的差异性⑧,王兴平、赵虎在 2010 年研究了基于沪宁高速轨道交通出行的都市圈职住区域化组合现象⑨。

在城市层面,丁成日等 2005 年对城市就业中心进行研究,分析了就业空间密度分布和

① L Hakanson. Towards a theory of location and corporate growth [M]//Hamilton, F E, et al. Spatial analysis, industry and the industrial environment. Chichester, England, New York: Wiley, 1979: 115-138.

② H D Watts. The large industrial enterprise [M]. London: Croom Helm, 1980.

③ P Dicken. Global-local tensions: firm and states in the global space-economy[J]. Economic Geography, 1994, 70(2): 101-128.

④ D M Smith. Industrial location: an economic geographical analysis [M]. New York: John Wiley & Sons, 1971.

⑤ Kain J F. Housing segregation, negro employment, and metropolitan decentralization [J]. Quarterly Journal of Economics, 1968, 82(2): 175-197.

⑥ 尤尔斯,等. 大城市的未来:柏林、伦敦、巴黎、纽约:经济方面[M]. 张秋舫,等译. 北京:对外贸易教育出版社,1991.

⑦ 王振波,朱传耿. 中国就业的空间模式及区域划分[J]. 地理学报,2007,62(2):191-199.

⑧ 郭艳. 1990 年代中国劳动力就业结构区域分布及变动模式研究[J]. 市场与人口分析,2004,10(3):6-12.

⑨ 王兴平,赵虎. 沪宁高速轨道交通走廊地区的职住区域化组合现象:基于沪宁动车组出行特征的典型调解[J]. 城市规划学刊,2010(1):85-90.

分配对城市发展的影响①。石忆等 2010 年对国内外大都市产业用地进行比较研究,总结了产业用地的动态变化特征和规律②。张京祥等对南京进行了实证研究,揭示了南京主城居住密度分布与就业岗位密度分布失衡的现象③。王桂新、魏星 2007 年对 1996—2001 年间上海就业人群在第二与第三产业的分布特征进行研究,提出上海就业空间结构向多中心演变的规律④。

在产业空间层面,王兴平系统探讨了中国城市新产业空间的区位选择、空间组织和空间整合机制⑤。阎川 2008 年研究了国内开发区产业空间蔓延现象,对其成因与控制模式进行了深入剖析⑥。郑国以北京经济技术开发区为研究对象,详细剖析了开发区发展与城市经济空间、社会空间的关系⑦。刘剑锋 2007 年对广州开发区案例进行剖析,研究了开发区向综合新城转变的职住平衡问题,提出了相关的量化预测方法⑧。

1.2.4　居住就业关系相关研究综述

1) 居住就业空间失衡的研究综述

综合国外对居住就业空间关系的研究,对居住就业空间的失衡现象进行研究的背景是 19 世纪开始越演越烈的郊区化运动。西方发达国家的新城往往被作为中心城市某一功能疏解的接受地,形成功能单一的工业卫星城、科技卫星城甚至卧城,导致居住就业空间的失衡,造成高峰期拥堵的钟摆式交通。现代主义城市规划的功能分区理论被认为是造成这一现象的思想根源。1961 年,简·雅各布斯在《美国大城市的死与生》中提出城市过分强调功能分区,将造成城市活力丧失,认为城市功能的适度混合能使城市具有活力与效率。

John Kain 在 1968 年通过研究芝加哥和底特律的居住隔离现象,提出空间错位假设,Hall 等则针对英国的新城开发提出了职住平衡的理念,并进行了深入的研究⑨。但有关职住平衡能否提高城市通勤效率,促进交通减量,在西方学者的研究中存在着分歧。Cervero 以洛杉矶为例研究了职住平衡和区域交通的关系,认为职住平衡、功能混合可以提高城市通

①　丁成日,Kellie Bethka. 就业中心与城市发展[J]. 国外城市规划,2005(4)：11-18.

②　石忆,等. 产业用地的国际国内比较分析[M]. 北京：中国建筑工业出版社,2010.

③　张京祥,崔功豪,朱喜钢. 大都市空间集散的景观、机制与规律：南京大都市的实证研究[J]. 地理学与国土研究,2002, 18(3)：48-51.

④　王桂新,魏星. 上海从业劳动力空间分布变动分析[J]. 地理学报,2007, 62(2)：200-210.

⑤　王兴平. 中国城市新产业空间：发展机制与空间组织[M]. 北京：科学出版社,2005.

⑥　阎川. 开发区蔓延反思及控制[M]. 北京：中国建筑工业出版社,2008.

⑦　郑国. 开发区发展与城市空间重构[M]. 北京：中国建筑工业出版社,2010.

⑧　刘剑锋. 从开发区向综合新城转型的职住平衡瓶颈：广州开发区案例的反思与启示[J]. 北京规划建设,2007(1)：85-88.

⑨　Hall P, H Gracey, R Drewett, et al. The containment of urban england [M]. London：George Allen & Unwin, 1973.

勤效率,降低通勤量①;而 Giuliano 通过研究却认为职住平衡对通勤量的影响并不明显②。

国内对居住就业空间失衡的研究起步较晚,主要是针对北京、上海、广州等特大城市。赵西君等通过对北京郊区住区调查,揭示北京郊区存在"职住空间错位"现象,分析了职住空间的错位模式和形成机制③。孙斌栋等研究了上海居住就业空间的错位分布,并通过居住就业空间均衡指数量化分析上海职住空间的均衡性④。周素红等运用就业居住离散度模型分析了广州市居住就业空间的均衡性及居住就业组织的四种模式,指出职住空间格局的形成受历史、政府、市场和社会因素等影响⑤。郑思齐等则从城市经济学角度分析了就业与居住的空间匹配的基本理论⑥。

2) 居住就业空间平衡的测度方法

对于居住就业空间平衡的测度,主要分为总量平衡度测度与自足性(self-contained)的测度。Cervero 提出某一地区居住就业空间总量平衡度测度的标准是在指定研究范围内就业岗位数量与家庭数量的比值⑦。自足性测度一般采用 Thomas 提出的"独立指数",即在给定的地域范围内居住并工作的人与到外部去工作的人数的比值⑧。这两种测度方法存在一定的局限性,对于居住在给定地域并在给定地域周边就业的人群,从通勤距离、通勤时间角度来说,职住并不分离,导致对给定地域职住平衡测度的误差。Anzhelika Antipova, Fahui Wang 通过浮动统计区与多层次建模方法对居住在给定地域的人群进行职住平衡的测度,更全面地反映了给定地域职住平衡的量化特征⑨。Ong 和 Blumenberg 用就业可达性和通勤负担指标来测量低收入人群与周边工作岗位的匹配情况⑩。Brueckner 和 Martin 提出空

① Robert Cervero, Michael Duncan. Which reduces vehicle travel more: jobs-housing balance or retail-housing mixing [J]. Journal of American Planning Association, 2006, 72(4): 475-490.

② Genevieve Giuliano. Is jobs-housing balance a transportation issue? [J]. Transportation Research Record, 1991, 13(5): 305-312.

③ 赵西君,宋金平,何燕. 北京市居住与就业空间错位现象及形成机制研究[C]//中国地理学会 2007 年学术年会论文摘要集,2007: 91.

④ 孙斌栋,潘鑫,宁越敏. 上海市就业与居住空间均衡对交通出行的影响分析[J]. 城市规划学刊,2008(1): 77-82.

⑤ 周素红,闫小培. 城市居住就业空间特征及组织模式:以广州市为例[J]. 地理科学,2005, 25(6): 664-670.

⑥ 郑思齐,龙奋杰,王轶军,等. 就业与居住的空间匹配:基于城市经济学角度的思考[J]. 城市问题,2007(6): 56-62.

⑦ Cervero Robert. Jobs-housing balance revisited [J]. Journal of the American Planning Association, 1996, 62(4): 492-511.

⑧ R Thomas. London's new towns: a study of self-contained and balanced communities [M]. London: PEP, 1969.

⑨ Anzhelika Antipova, Fahui Wang, et al. Urban land uses, socio-demographic attributes and commuting: a multilevel modeling approach [J]. Applied Geography, 2011, 31(3): 1010-1018.

⑩ Ong P, Blumenberg E. Job access, commute and travel burden among welfare recipients [J]. Urban Studies, 1998, 35(1): 77-93.

间错位指数(SMI)用以量化分析城市不同社会阶层的职住空间错位程度①。

国内学者对居住就业空间平衡的测度方法与国外类似。孙斌栋等提出居住就业偏离指数，即指定单元提供的就业岗位数与居住的适龄就业人口数的比值，对上海就业与居住空间的均衡性进行量化研究②。徐卞融、吴晓采用职住一体比重、居住独立性测度及就业独立性测度等自足性测度指标对南京市流动人口的职住分离程度进行量化分析③。周素红等采用居住就业吸引指数测算广州老城区和新城区的就业吸引度④。徐涛等利用 SMI 指数对北京职住空间错位度进行测算，总结了中心城区与郊区空间错位特征⑤。赵晖等利用居住就业分离度指数对调研样本进行分析，发现郊区居民分离程度相对较高⑥。

1.2.5　相关研究现状的评析

从新城建设相关理论与实践、居住空间、就业空间、居住就业关系四个方面对相关的理论研究综述进行整理发现，国内外学者在居住空间方面的理论研究，目前主要集中在居住空间结构、居住空间分化、居住空间拓展的研究。就业空间方面的理论研究，则主要从区域、城市及产业空间三个层面展开。居住就业关系方面的理论研究，则主要集中在居住就业空间失衡、居住就业空间平衡度的测度方法。

国内外学者对城市居住就业空间的研究有较大差别。国外在该领域的的研究起步较早，取得了较为丰富的理论成果。国内对居住就业空间的研究起步较晚，理论化、系统化的研究成果相对较少。

整理对居住就业空间进行研究的相关文献综述结果显示，虽然国内外在居住就业发展模式、职住分离与通勤的关系、职住分离的形成机制与测度方法上有着丰富的成果，但目前相关研究存在以下三方面的问题。

第一，从研究视角而言，多数研究偏重于从宏观层面分析居住空间分化、产业空间集聚与扩散、土地使用类型构成比例等现象；宏观分析城市空间演进中居住就业空间的扩散及再集聚以及居住就业空间分离与不平衡；从宏观层面对整个城市的居住就业分离进行研究，衡量范围是城市范围，较少从中微观层面深入研究城市新区的职住问题，导致研究具有一定的局限性。

① Jan K Brueckner, Richard Martin. Spatial mismatch: an equilibrium analysis [J]. Regional Science and Urban Economics，1997，27(6)：693-714.

② 孙斌栋,潘鑫,宁越敏. 上海市就业与居住空间均衡对交通出行的影响分析[J]. 城市规划学刊，2008(1)：77-82.

③ 徐卞融,吴晓. 基于"居住-就业"视角的南京市流动人口职住空间分离量化[J]. 城市规划学刊，2010(5)：87-97.

④ 周素红,闫小培. 城市居住就业空间特征及组织模式：以广州市为例[J]. 地理科学,2005,25(6)：664-670.

⑤ 徐涛,宋金平,方琳娜,等. 北京居住与就业的空间错位研究[J]. 地理科学,2009,29(2)：174-180.

⑥ 赵晖,杨军,刘常平,等,职住分离的度量方法与空间组织特征：以北京市轨道交通对职住分离的影响为例[J]. 地理科学进展,2011,30(2)：198-204.

第二,从研究方法而言,国内外相关研究大多从城市居住就业空间现状、新城建设发展等单一领域进行研究,缺乏对城市不同产业类型新城的比较研究,忽视了不同产业类型新城由于产业类型、空间结构、发展路径等方面的差异性所导致的不同的职住分离现象及其相异的形成机制。部分研究侧重对职住人群的总量平衡进行研究,忽视对研究区域住房结构与就业人群收入水平、片区就业职位构成与居住人群收入构成的结构匹配问题的研究。单一的研究方法存在一定的缺陷,造成研究结果的误差,不能真正揭示形成职住分离现象的深层次机制。

第三,从测度方法而言,相关研究对职住人群居住就业分离度测算大多采用居住就业分离的行政区划测度法,选取城市中某一特定的行政分区单元,以居住地和就业地不都在这一行政分区单元的人数与在此居住或就业的总人数的比值作为该地区职住分离度的指标,以此研究评估各个行政分区内居住就业人群的居住就业空间匹配关系。这一测算方法忽略了居住或就业在该区域边缘但就业地或居住地在相邻地区的职住人群对测算结果的影响,此类人群从通勤时长、通勤距离来说,并不属于职住分离,职住分离的行政区划测度法将该类人群判定为职住分离,存在较大误差。

1.3 研究目的与意义

1.3.1 研究目的

在对南京江北、仙林及东山副城居住就业空间的发展和演化历程进行系统总结的基础上,采取实证研究的方法,对南京新城区居住及就业空间的特征进行生态因子分析,并对新城区职住空间失配现象进行系统解析,通过比较分析三个新城区失配现象的差异,进而揭示失配现象形成的内在机制,提出大城市新城区职住空间协调发展的控制引导模式和优化策略,从而达到优化新城区居住就业空间结构、提升大城市新城区运行效率的目的。

1.3.2 研究意义

要真正实现城市新区的居住及就业空间的协调发展,必须系统地研究居住及就业空间的基本特征,以及职住空间的发展规律及内在作用机制。在此基础上,探讨两者协调发展的控制引导模式,以利于指导相关规划编制与政策制定、开发建设的控制引导。在以往的研究中,偏重于对就业岗位与就业人口总量平衡的研究,对于新城区职住空间协调发展的控制引导并不全面,并不能有效减少新城区的职住失配现象。因此,研究建立在多层次内在作用机制基础上的协调发展模式,对形成城市新区居住及就业空间协调发展的整体结构,降低新城区居住与就业分离现象,增强城市的可持续发展能力,具有十分重要的理论意义和现实意义。

1.4　研究对象、内容及研究框架

1.4.1　相关概念界定

1) 关于新城区

《不列颠百科全书》将"新城(new town)"定义为:在大城市以外重新安置人口,布置住宅、医院、产业、文化、休憩和商业中心,形成新的、相对独立的社会[①]。城市规划学科定义的新城是指为了疏解大城市过分拥挤的人口与产业而建设的新拓展空间,其相对独立、职能健全、经济发展,居住与就业岗位相互协调,具有与大城市相近似的文化福利配套设施,可满足新区居民就地工作和生活需要。依据新城与母城的区位关系及空间距离,可分为城市边缘新区型、近郊新城型及远郊新城型。

本书的新城区是大城市边缘新区型新城,主要是指《南京市江北副城总体规划(2010—2030)》所确定的江北副城高新组团、《南京市仙林副城总体规划(2010—2030)》所确定的仙林副城、《南京市东山副城总体规划(2010—2030)》所确定的东山副城这三个新城区规划范围内的现状建成区。

2) 关于居住空间

城市居住空间是指居住人口的空间分布及其特征,反映不同特性居住人群的空间集聚。居住空间不仅指城市居住空间及生活服务空间,还是社会关系的产物,是城市社会空间的重要组成部分,兼具物质和社会双重属性。本书的居住空间不仅指居住空间的物质属性,也包括了居住人群的社会属性和经济属性。

3) 关于就业空间

城市就业空间是指就业人口的空间分布及其特征,反映了城市的经济特征,是不同特性就业人群的空间集聚。就业空间不仅是指产业(不包括新区生活服务部分)空间及生产服务空间,还是社会关系的产物,是城市社会空间的重要组成部分,兼具物质和社会双重属性。本书的就业空间不仅指就业空间的物质属性,也包括了就业人群的社会属性和经济属性。

4) 关于居住就业关系

居住就业关系是指城市人群的居住地、就业地以及通勤时空属性的总和。城市人群对居住及就业这两种不同的经济行为在空间上的区位选择结果,形成了城市居住空间及就业空间的分布特征。居住空间的分布反映了城市人群在社会、经济属性特征等方面的影响下对于居住区位的选择;就业空间分布反映了城市的经济集聚特征,反映了产业资本在利益最大化的追逐下所做出的区位选择。居住与就业的关系通过城市人群的通勤时空属性关联起来。

[①]　http://www.britannica.com/EBchecked/topic/412182/new-town

本书对居住与就业关系的研究是基于大城市新城区的居住及就业人群这两类行为主体的居住、就业行为和通勤行为，研究居住、就业这两类人群的居住地、就业地的关系以及由此产生的通勤行为的特征，同时分析它们对城市空间结构等方面的影响。

1.4.2 研究对象

按照《南京市城市总体规划（2007—2020）》，南京将形成"中心城—新城—新市镇"三级城镇体系。中心城由主城及东山、仙林和江北三个副城构成。新城包括龙潭新城、汤山新城、禄口新城、板桥新城、滨江新城、桥林新城、永阳新城、淳溪新城。新市镇则是指建制镇和街道所在地的集中建设地区。

依据新城与母城的区位关系及空间距离，可分为城市边缘新区型、近郊新城型及远郊新城型。南京近郊及远郊新城型距南京主城的通勤距离均超过 30 公里，居住在此两地的人群较少选择主城作为就业地，不具有对新城与主城间职住问题进行实证研究的典型性。本书选择具有合理通勤距离、现状建设已较为完善的江北、仙林和东山三个城市边缘新区型新城作为南京新城与主城间职住问题的实证研究对象。

江北副城泰山园区现状已建成较为完整的居住和产业新区，具有产业型新城区发展的典型性。仙林副城仙鹤片区现状已建成较为完整的居住和教育科研新区，具有科教型新城区发展的典型性。东山副城百家湖片区是居住、产业和公共服务设施综合发展的新城区，发展相对成熟，具有综合型新城区发展的典型性。

本书对三个副城的居住就业空间的重点研究区域，对其进行问卷调研及数据分析。以三个新城区的居住、就业空间以及与其相关的职住人群为研究对象，基于居住就业视角研究三个新城区的职住空间特征。以新城区居住、就业人群的抽样调查数据为基础，综合量化分析三个新城区的居住、就业空间特征，并对新城区居住、就业空间的职住匹配度进行解析，进而揭示新城区职住人群居住就业关系的内在形成机制，提出大城市新城区居住就业空间协调发展的控制引导模式。

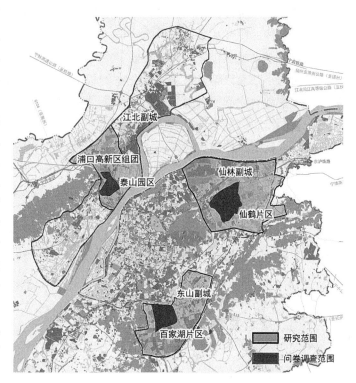

图 1-1 研究范围、问卷调查范围分布图
资料来源：结合南京总体规划土地利用现状图绘制

1.4.3　研究内容

本书首先在对国内外新城建设、居住空间、就业空间及居住就业关系的相关研究进行回顾和评述的基础上，归纳了影响居住就业空间以及职住人群居住就业关系的相关因子，提出了职住匹配度的分析方法和测度模型，确立了基于居住就业视角的新城区职住空间的研究方法和框架。

随后本书对我国新城的发展以及南京新城的发展演变进行概述，分析南京江北副城、仙林副城和东山副城的发展历程，总结了三个新城区居住、就业空间发展演化的空间形态特征。

然后本书分别对南京江北副城、仙林副城和东山副城三个新城区的居住、就业空间特征及其职住匹配进行综合量化分析。①分别基于三个新城区所在行政区单元的居住就业平衡指数、新城区提供的就业岗位与居住在新城区的适龄就业人群的居住就业比率对其居住就业空间进行总量测度，在总量平衡层面上对三个新城区的居住就业空间匹配进行量化分析。②采用 SPSS、GIS 等软件，对三个新城区居住就业空间的人群属性和空间属性进行"单因子—主因子—系统聚类"的因子生态分析，系统剖析和总结了南京三种类型新城区居住、就业空间的构成状况以及空间分布特征。③基于调研对象的通勤行为特征对三种类型新城区居住就业空间的职住关系进行量化分析，同时对调研对象的职住空间进行自足性测量，揭示南京新城区居住就业空间的失配现象。

接着对形成南京新城区居住就业空间职住失配现象的发展机制进行研究，归纳总结了新城区居住就业空间协调发展的总量平衡律、结构匹配律、通勤交通适配律、公共设施协配律，并从产业政策、住房市场、交通发展和社会保障四方面剖析了南京新城区居住就业空间职住失配现象形成的内在动因。

最后从规划控制引导模式和优化策略两个操作层面探讨新城区居住就业空间协调发展的可能途径，建议完善总体规划由"总量平衡"到"结构匹配"的职住均衡的结构控制模式，细化控制性详规由"量的控制"到"质的控制"的职住均衡的控制指标体系，从新城区就业空间优化、居住空间优化、通勤交通优化和设施配套优化四个方面提出大城市新城区居住就业空间协调发展的优化策略。

1.4.4　研究框架

本书研究框架如图 1-2 所示。

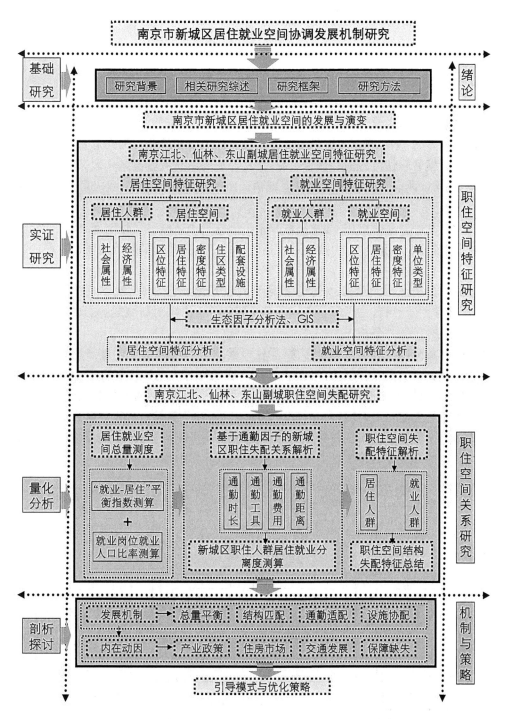

图 1-2 南京新城区居住就业空间协调发展机制研究框架
资料来源:笔者自绘

1.5　研究方法与指标因子体系

1.5.1　研究方法

本书的研究方法主要包括以下三种。

总量测度方法：总量测度方法是研究新城区居住人口和就业岗位在总量上是否平衡，其适用对象是新城区职住两方面的数量关系，是从宏观层面研究城市某一地区就业、居住总量是否平衡，通常以所研究的行政范围或地理单元范围为单元进行"就业一居住"的总量平衡度测度。

本书对江北副城高新组团、仙林副城和东山副城三个新城区居住空间、就业空间的总量测度采用基于行政单元的就业一居住平衡指数和基于研究单元的就业一居住比率的总量测度两种方法进行测度。

因子生态分析法：因子生态分析法的研究对象是新城区居住、就业人群的空间集聚特征，本书采用单因子分析、主因子分析以及系统聚类分析方法对新城区的居住和就业空间的要素和特征进行相关性分析。

居住一就业分离度的量化测度方法：居住一就业分离度的量化测度方法是进行新城区职住分离关系分析的定量测度方法，是将职住人群通勤行为的四项指标因子：通勤时长、通勤距离、通勤工具以及通勤费用作为居住就业关系的指标因子，通过相关性分析，综合考虑四项指标因子的影响权重，构建数学模型，对新城区职住分离关系进行定量分析。

本书对三个新城区的居住就业空间匹配度研究采用基于通勤时长的居住就业分离度和基于通勤因子的职住综合分离度的量化测度方法进行测度（图1-3）。

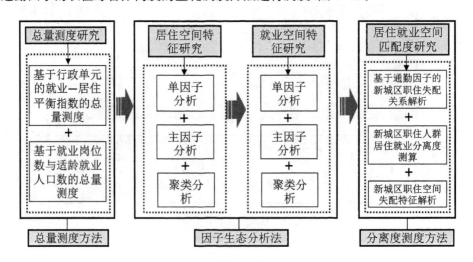

图1-3　南京市新城区居住就业空间研究方法

资料来源：笔者自绘

1) 就业、居住空间的总量测度方法

对于就业、居住空间的总量测度主要采用以下两种方法。

(1) 基于行政单元的就业—居住平衡指数的总量测度

总结国内大城市就业—居住平衡指数测度的相关方法,主要是以所研究的行政范围为单元进行就业—居住的总量平衡度测算。借鉴孙斌栋、潘鑫、宁越敏的就业—居住偏离指数测算方法[①],以新城区所处郊区区县为单元,建立本次研究就业—居住的总量平衡指数测算模型:

$$B_{ij} = \frac{E_{ij}/E_i}{R_{ij}/R_i}$$

式中:B_{ij} 为第 i 年份 j 区的就业—居住平衡指数;E_{ij} 为第 i 年份 j 区的就业人口数;E_i 为第 i 年份全市的就业人口数;R_{ij} 为第 i 年份 j 区的常住人口数;R_i 为第 i 年份全市的常住人口数。

B_{ij} 大于 1 或小于 1 则表明该地就业—居住不平衡。其中 B_{ij} 大于 1 表明该地区就业功能强于居住功能,B_{ij} 小于 1 表明该地区居住功能大于就业功能。

(2) 基于研究单元的就业—居住比率的总量测度

Cervero 在 1989 年提出就业—居住比率,即将一个地理单元内的就业者数量与家庭户数的比值作为研究就业—居住总量是否平衡的测度方法。借鉴 Cervero 的"就业—居住比率"[②],提出本次基于研究单元"就业—居住"总量是否平衡的"就业—居住比率"测算方法:

$$JR_{ij} = \frac{J_{ij}}{R_{ij}}$$

式中:JR_{ij} 为第 i 年份 j 区的就业—居住比率;J_{ij} 为第 i 年份 j 区提供的就业岗位数量;R_{ij} 为第 i 年份 j 区的适龄就业人口数。

一般认为当 JR_{ij} 处于 0.8—1.2 之间时,该地域就业—居住总量是平衡的。JR_{ij} 大于 1 表明该地区的就业岗位富余,就业功能强于居住功能;JR_{ij} 小于 1 则表明该地区就业岗位不足,居住功能强于就业功能。

2) 因子生态分析法

因子生态分析法包含单因子分析、主因子分析以及系统聚类分析三个方法。

单因子分析:首先根据研究对象的不同属性确定指标因子分类,遴选出研究对象的影响因子。在单因子分析中,每次只检验一个因子的构成状况以及空间分布特征,通过描述统计的方法得到对研究对象的部分认识。

主因子分析:从众多的初始单因子中归纳出数量较少的表达综合要素的主因子,简化复杂的原始情况。主因子能反映初始单因子所包含的主要信息,是相关单因子的组合,从而可

---

① 孙斌栋,潘鑫,宁越敏.上海市就业与居住空间均衡对交通出行的影响分析[J].城市规划学刊,2008(1):77-82.

② 孙斌栋,李南菲,宋杰洁,等.职住均衡对通勤交通的影响分析:对一个传统城市规划理念的实证检验[J].城市规划学刊,2010(6):55-60.

以简略、纲要地分析样本数据的空间分布特征,并归纳分析形成这些特征的原因。

系统聚类分析:选取主因子对研究样本进行系统聚类分析,得到新城区研究样本的不同构成类型。通过系统聚类分析可以了解研究样本之间的差别,进而分析其空间分布特征。

3) 居住—就业分离度的量化测度方法

（1）基于通勤时长的居住就业分离度量化测度方法

居住分离度

$$R_s = \frac{R_{>30}}{N_r}$$

式中:R_s为调研范围内居住人群的居住分离度;$R_{>30}$为在调研范围内居住人群样本中通勤时长大于 30 分钟①的样本数;N_r为在调研范围内进行问卷调查的居住人群的样本总数。

就业分离度

$$E_s = \frac{E_{>30}}{N_e}$$

式中:E_s为调研范围内就业人群的就业分离度;$E_{>30}$为在调研范围内就业人群样本中通勤时长大于 30 分钟的样本数;N_e为在调研范围内进行问卷调查的就业人群的样本总数。

居住—就业分离度测算

$$D_s = \frac{R_{>30} + E_{>30}}{N_{re}}$$

式中:D_s为调研范围内居住及就业人群的居住—就业分离度;$R_{>30}$、$E_{>30}$分别为在调研范围内居住、就业人群样本中通勤时长大于 30 分钟的样本数;N_{re}为在调研范围内进行问卷调查的居住、就业人群的样本总数。

D_s介于 0—1,该值越高则表明调研范围内居住—就业分离程度越大。

居住—就业平衡度测算

$$D_b = \frac{R_{<30} + E_{<30}}{N_{re}}$$

式中:D_b为调研范围内居住及就业人群的居住—就业平衡度;$R_{<30}$、$E_{<30}$分别为在调研范围内居住、就业人群样本中通勤时长小于 30 分钟的样本数,N_{re}为在调研范围内进行问卷调查的居住、就业人群的样本总数。

（2）基于通勤因子的职住综合分离度的量化测度方法

除通勤时长外,通勤距离、通勤费用、通勤工具在一定程度上会对职住分离程度产生影响。由于调研人群的社会经济属性不同,其对通勤工具的选择及对通勤费用的承受能力均会有所不同,采用通勤时长这个单一指标很难全面衡量新城区居住、就业人群的职住分离程度。

在此次南京新城区职住研究中,为综合衡量新城区居住、就业人群的职住分离程度,将

---

① 通过对国内外相关研究成果的总结,大部分学者采用 30 分钟作为界定通勤满意与否的标准,同时根据《中国城市发展报告 2012》中的数据,南京平均通勤时长为 32 分钟,因此确定南京新城区职住研究中通勤满意度的临界值为 30 分钟。

调研问卷中调研人群对居住—就业通勤的满意度、通勤便利程度作为变量,并与通勤时长、通勤距离、通勤工具以及通勤费用做相关性分析,得出通勤行为四项指标因子在职住分离程度测算中所占的权重。

在对职住综合分离程度进行测算时,考虑上述四项指标因子的综合作用。将四项指标因子的等级指数分别乘以各自的权重值,然后累加得到综合评分,综合评分代表调研样本的职住综合分离程度的等级。其计算方法为:

$$S(j) = \sum_{i=0}^{n} F_i W_i$$

式中:$S(j)$ 为第 j 个调研个体的职住综合分离程度的得分;F_i、W_i 分别为职住综合分离程度参评指标因子等级指数和权重值;n 为职住综合分离程度影响因子的个数[①]。即:

职住综合分离度(S) = 通勤时长等级指数 × (权重 1) + 通勤工具等级指数 × (权重 2) + 通勤费用等级指数 × (权重 3) + 通勤距离等级指数 × (权重 4)

1.5.2 问卷调查与数据获取

1) 问卷调查

此次采用的实地调研方法主要包括相关企业部门访谈和相关人群问卷调查与走访两个方面。结合新城区居住、就业空间研究课题,由 15 名城市规划专业本科生和研究生组成的三个调查小组(具体名单详见后记致谢部分)分别完成三个新城区的调研。问卷调查针对居住人群与就业人群的差异性,设计两类问卷即居住人群问卷与就业人群问卷,分别完成,以便有针对性地调研居住空间及就业空间的不同结构特征。问卷发放数量根据社会调查抽样率不低于 5% 的要求予以确定。

为全面分析研究南京新城区居住就业空间的特征,本书采用实证分析研究的方法。不是先主观确定相关性高的因子,然后确定问卷的调查项目,而是采用穷举方式,调查问卷设计中尽可能全面涵盖新城区居住就业人群、居住就业空间和通勤行为的相关信息,并归纳出初始指标因子表。在各个新城问卷和初始指标因子表中,涵盖因子较全面。在获取全面的调研数据后,根据每个章节的研究内容,通过 SPSS 软件将各因子与核心因子(住区类型、行业类别、职住综合分离度等)关联,对调研数据进行相关性分析,剔除相关性较低的因子,遴选出与研究对象相关性较高的因子,建立因子评价体系。

2) 新城区居住就业空间总量测度的数据获取

数据来源主要为相关规划资料及统计资料。规划资料包括三个新城区相关规划的土地利用现状图,并由课题组对相关规划土地利用现状图进行调研更新,对新增用地进行补充调整,绘制三个新城区 2013 年土地利用现状图。

统计资料包括南京三个新城区所在行政区的统计年鉴、南京市统计局发布的相关统计

---

① 胡明星,权亚玲. 基于 GIS 城镇空间扩展的评价研究:以来安汉河新区为例[J]. 测绘,2009,32(5):195-199.

数据以及历年南京市和各相关行政区发布的国民经济发展公报,以确定三个新城区目前的社会人口的规模、构成以及就业岗位的分布情况。

3) 新城区居住空间、就业空间分布特征与匹配度分析的数据获取

该部分数据获取主要包括现状情况调研、问卷调查以及相关人员走访三个方面。现状情况调研主要是针对新城区内住区信息、企业信息、公共服务设施现状、人口规模以及就业岗位等方面进行相关数据的收集。住区信息主要收集住区类型、区位、建造年代、容积率、建筑密度、住房均价等方面信息。企业信息主要收集单位性质、企业产值、用地规模与用工数量等方面信息。公共服务设施现状主要调研教育、购物、医疗、文娱等设施的区位、规模、配置类别、服务水平等信息。

问卷调查设计两类问卷,即居住人群问卷与就业人群问卷,采取分层抽样的方法,按社会调查抽样率不低于5%的要求,对选定的住区、企业发放,问卷内容主要调查研究人群的社会、经济、空间、通勤等方面信息。

走访调查的对象主要为街道及社区工作人员、小区物管人员、企业管理人员、部分住区居民、部分企业职工,了解居住人群及就业人群的相关情况,如住区入住率、迁居意愿、企业迁移原因等。

4) 数据分析

首先采用 SPSS、Excel 软件将调查问卷进行录入与整理,作为原始数据。利用 SPSS 软件对数据进行因子生态分析与聚类分析,解析新城区居住人群与就业人群的社会特征与空间特征。

其次通过 GIS、Excel 软件将调研人群样本数据与其居住地和就业地进行空间关联,分析新城区居住就业空间错位的空间特征。

1.5.3　指标因子体系

综合新城区居住、就业人群调研问卷数据以及住区、企业数据,结合相关研究文献,归纳出居住空间指标因子表与就业空间指标因子表,因子构成尽可能全面反映每个研究对象的特征类型。在初始居住及就业空间指标因子表的基础上,根据每个新城调研数据及研究内容的不同,将各因子与研究对象进行 Spearman 相关性分析,遴选出与研究对象相关性较高的指标因子,从而建立与各个新城居住及就业空间相关性较强的因子评价体系。

1) 居住空间指标因子

居住空间指标因子包括居住人群、居住空间及通勤行为三个研究对象。居住人群的特征类型包括社会属性、经济属性和区位特征三方面,居住空间的特征类型包括居住特征、密度特征、住区类型和配套设施等四个方面,通勤行为的特征类型包括通勤区位、通勤时长、通勤工具、通勤费用、通勤距离以及通勤便利度等六个方面,根据研究的各个特征类型列出影响新城区居住空间特征及居住就业关系的 37 个指标因子(表 1-1)。

表 1-1 居住空间指标因子表

研究对象	特征类型	一级变量	二级变量	
居住人群	社会属性	1. 性别	男性	女性
		2. 年龄结构	25 岁以下	25—35 岁
			35—45 岁	45—55 岁
			55 岁以上	
		3. 婚姻情况	已婚	单身
		4. 原户口所在地	新城区	南京主城区
			南京周边区县	江苏省其他区域
			长三角其他区域	其他地区
		5. 学历水平	初中及以下	高中或中专技校
			大专或本科	研究生及以上
		6. 家庭类型	单身家庭	夫妻家庭
			核心家庭	隔代家庭
			主干家庭	其他家庭
	经济属性	7. 个人月收入	1 320 元以下	1 320—3 000 元
			3 000—5 000 元	5 000—10 000 元
			10 000 元以上	
		8. 家庭月收入	2 640 元以下	2 640—6 000 元
			6 000—10 000 元	10 000—20 000 元
			20 000 元以上	
		9. 资产月收入	1 320 元以下	1 320—3 000 元
			3 000—5 000 元	5 000—10 000 元
			10 000 元以上	
		10. 现有住房来源	继承	租赁
			单位福利分房	自购
			其他来源	
		11. 住房均价	因各新城区住房均价差异较大,根据各新城区实际情况分别分级	
		12. 职业类型	企业职工	机关社会团体人员
			公司职员	服务业人员
			教师、科研人员	私营个体人员
			无业及退休人员	
		13. 工作年限	3 年以下	3—5 年
			5—10 年	10 年以上

研究对象	特征类型	一级变量	二级变量	
居住空间	居住特征	14. 住区区位 *	＜1 000 m	1 000—2 000 m
			2 000—3 000 m	3 000—4 000 m
			＞4 000 m	
		15. 居住形式	常年居住于此	仅周末居住
			仅作投资不在此居住	其他居住方式
		16. 居住方式	独居或合租	与家人一起居住
		17. 入住时间	1 年及以下	1—3 年
			3—5 年	5 年以上
		18. 住房面积	因各新城区住房面积差异较大，根据各新城区实际情况分别分级	
	密度特征	19. 住区容积率	小于 0.7	0.7—1.2
			1.2—1.5	1.5—2.0
			2.0 以上	
		20. 住区入住率	＜50%	50%—70%
			＞70%	
		21. 住区人口密度	＜200 人/hm²	200—300 人/hm²
			300—400 人/hm²	400—500 人/hm²
			＞500 人/hm²	
	住区类型	22. 住区类型	城中村	拆迁安置区
			普通住区	中档住区
			高档住区	
		23. 住区建设年代	因各新城区建设年代有差异，根据各新城区实际情况分别分级	
	配套设施	24. 教育设施择位	新城核心区内	新城其他地区
			主城区	
		25. 购物设施择位	新城核心区内	新城其他地区
			主城区	
		26. 医疗设施择位	新城核心区内	新城其他地区
			主城区	
		27. 文娱设施择位	新城核心区内	新城其他地区
			主城区	

研究对象	特征类型	一级变量	二级变量	
通勤行为	通勤区位	28. 调查对象的工作地点	玄武区	秦淮区
			建邺区	鼓楼区
			浦口区	栖霞区
			雨花台区	江宁区
			六合区	溧水区
			高淳区	其他
		29. 配偶的工作地点	玄武区	秦淮区
			建邺区	鼓楼区
			浦口区	栖霞区
			雨花台区	江宁区
			六合区	溧水区
			高淳区	其他
	通勤时长	30. 单程通勤时长	15 分钟以内	15—30 分钟
			30—45 分钟	45—60 分钟
			1—1.5 小时	1.5 小时以上
		31. 期望通勤时长	15 分钟以内	15—30 分钟
			30—45 分钟	45—60 分钟
			1—1.5 小时	1.5 小时以上
	通勤工具	32. 当前通勤工具	步行、自行车	电动自行车、摩托车
			公交	出租车、私家车
			单位班车	
		33. 期望通勤工具	步行、自行车	电动自行车、摩托车
			公交车	出租车、私家车
			单位班车	地铁
	通勤费用	34. 每月通勤费用	100 元/月以下	100—200 元/月
			200—300 元/月	300 元/月以上
		35. 期望通勤费用	100 元/月以下	100—200 元/月
			200—300 元/月	300 元/月以上
	通勤距离	36. 当前通勤距离	5 km 以内	5—10 km
			10—15 km	15—20 km
			20 km 以上	
	通勤便利度	37. 通勤便利程度	十分便利	比较便利
			不便利	十分不便利

注：住区区位是指各新城区调研范围与主城区联系的主要通道的起始点到各个住区的空间距离。

资料来源：笔者自绘

2）就业空间指标因子

就业空间指标因子包括就业人群、就业空间及通勤行为三个研究对象。就业人群的特征类型包括社会属性和经济属性二个方面，就业空间的特征类型包括区位特征、居住特征、密度特征和单位类型等四个方面，通勤行为的特征类型包括通勤区位、通勤时长、通勤工具、通勤费用、通勤距离以及通勤便利度等六个方面，根据研究的各个特征类型列出影响新城区就业空间特征及居住就业关系的 35 个指标因子（表 1-2）。

表 1-2　就业空间指标因子表

研究对象	特征类型	一级变量	二级变量	
就业人群	社会属性	1. 性别	男性	女性
		2. 年龄结构	25 岁以下	25—35 岁
			35—45 岁	45—55 岁
			55 岁以上	
		3. 婚姻情况	已婚	单身
		4. 原户口所在地	新城区	南京主城区
			南京周边区县	江苏省其他区域
			长三角其他区域	其他地区
	经济属性	5. 学历水平	初中及以下	高中或中专技校
			大专或本科	研究生及以上
		6. 家庭类型	单身家庭	夫妻家庭
			核心家庭	隔代家庭
			主干家庭	其他家庭
		7. 个人月收入	1 320 元以下	1 320—3 000 元
			3 000—5 000 元	5 000—10 000 元
			10 000 元以上	
		8. 家庭月收入	2 640 元以下	2 640—6 000 元
			6 000—10 000 元	10 000—20 000 元
			20 000 元以上	
		9. 资产月收入	有资产月收入	无资产月收入
		10. 现有住房来源	继承	租赁
			单位福利分房	自购
			其他来源	
		11. 职业类型	企业职工	机关社会团体人员
			公司职员	服务业人员
			教师、科研人员	私营个体人员
			无业及退休人员	

续表 1-2

研究对象	特征类型	一级变量	二级变量	
就业人群	经济属性	12. 就业岗位	管理人员	专业技术人员
			生产设备操作人员	销售人员
			办公室行政人员	后勤服务人员
			其他不便分类人员	
		13. 专业职称	初级职称	中级职称
			高级职称	无职称
		14. 工作年限	3 年以下	3—5 年
			5—10 年	10 年以上
就业空间	区位特征	15. 单位区位 *	＜500 m	500—1 000 m
			1 000—1 500 m	1 500—2 000 m
			＞2 000 m	
	居住特征	16. 居住方式	独居或合租	与家人一起居住
		17. 居住形式	每天往返居住地	住在宿舍区
			工作日在宿舍区,周末回居住地	
		18. 居住时间	1 年以下	1—3 年
			3—5 年	5 年以上
	密度特征	19. 单位用地容积率	小于 1.0	1—1.3
			1.3—1.5	
		20. 单位员工数	50 人以下	50—100 人
			100—200 人	200—300 人
			300 人以上	
		21. 单位人口密度	50 人 /hm² 以下	50—100 人 /hm²
			100—150 人 /hm²	150—300 人 /hm²
			300 人 /hm² 以上	
		22. 市内同类单位数	多	一般
			少	
	单位类型	23. 单位性质	国有企业	集体企业
			股份合资企业	外商及港澳台商企业
			个体企业	其他经济类企业
		24. 行业类别	制造业	教育科研机构
			商业服务业	公共服务业
		25. 单位成立时间	因各新城区建设年代有差异,根据各新城区实际情况对单位成立时间有针对性分级	

研究对象	特征类型	一级变量	二级变量	
通勤行为	通勤区位	26. 调查对象的居住地点	玄武区	秦淮区
			建邺区	鼓楼区
			浦口区	栖霞区
			雨花台区	江宁区
			六合区	溧水区
			高淳区	其他
		27. 配偶的工作地点	玄武区	秦淮区
			建邺区	鼓楼区
			浦口区	栖霞区
			雨花台区	江宁区
			六合区	溧水区
			高淳区	其他
	通勤时长	28. 单程通勤时长	15 分钟以内	15—30 分钟
			30—45 分钟	45—60 分钟
			1—1.5 小时	1.5 小时以上
		29. 期望通勤时长	15 分钟以内	15—30 分钟
			30—45 分钟	45—60 分钟
			1—1.5 小时	1.5 小时以上
	通勤工具	30. 当前通勤工具	步行、自行车	电动自行车、摩托车
			公交	出租车、私家车
			单位班车	
		31. 期望通勤工具	步行、自行车	电动自行车、摩托车
			公交	出租车、私家车
			单位班车	地铁
	通勤费用	32. 当前通勤费用	100 元/月以下	100—200 元/月
			200—300 元/月	300 元/月以上
		33. 期望通勤费用	100 元/月以下	100—200 元/月
			200—300 元/月	300 元/月以上

续表 1-2

研究对象	特征类型	一级变量	二级变量	
通勤行为	通勤距离	34. 当前通勤距离	5 km 以内	5—10 km
			10—15 km	15—20 km
			20 km 以上	
	通勤便利度	35. 通勤便利程度	十分便利	比较便利
			不便利	十分不便利

注:单位区位是指各新城区调研范围与主城区联系的主要通道的起始点到各个单位的空间距离。
资料来源:笔者自绘

2 南京新城区居住就业空间的发展演变及居住就业总量测度

2.1 南京新城区的发展演变

南京新城区的发展可以分为四个阶段:①1990年之前的起步发展期,主要是围绕老城周边的蔓延式发展;②1990—2000年的拓展发展期,在快速城市化背景下,南京主城发展空间受土地资源的限制,选择向周边区县拓展式发展;③2000—2010年的综合发展期,南京撤县设区及提出"一疏散三集中"的南京城市发展战略,新城区与主城联系逐步加强,进入综合发展期;④2010年之后的提升转型期,江北、仙林以及东山三个副城总规编制,提出转型发展,强调产城融合。

1) 起步发展期(1990年之前)

20世纪60年代,响应工业化大跃进的口号,南京在老城外围的大厂、板桥和栖霞等地区建设工业新区。1968年,长江大桥通车,沟通了江北地区与南京主城的联系,南京主城人口和工业开始向江北疏散,江北浦口地区得到初步发展。1966—1978年,响应国家大力发展冶金、化工等产业的政策,南京在老城外围的工业新区重点发展重化工业。改革开放初期到1989年期间,中国由计划经济向市场经济转型发展,南京城市化进程加快。1988年南京浦口高新技术开发区创立,江宁东山和江北浦口作为南京的工业卫星城,由于工业项目的建设,逐步发展起来。但限于当时的城市经济实力,1990年以前,南京以老城区内部填充式建设为主,老城周边的新区建设呈边缘扩展式发展态势。

2) 拓展发展期(1990—2000年)

20世纪90年代,南京城市建设进入快速城市化时期,随着经济快速发展,人口、产业随之迅速集聚,南京主城发展受土地资源局限的矛盾日益严重,南京开始突破原有城区限制,向土地资源丰富、价格低廉的郊区新城扩展,主城人口和工业向新城疏散,新城区建设的框架初步拉开。《南京市城市总体规划(1991—2010)》于 1995 年由国务院批复,规划提出南京主城范围为绕城公路内的 243 km²,明确浦口、仙林和东山为南京都市圈的三个副中心,定位为南京的三大新市区:浦口发展高新技术产业,是江北地区的中心;仙林主要发展高新技术和教育科研功能;东山是江宁的政治、经济、文化中心。至此,南京城市发展重心跳出老城,走向主城和都市圈,浦口、仙林和东山三个新城进入跨越式拓展发展阶段。

3) **综合发展期**(2000—2010 年)

国务院于 2000 年批准江宁县撤县设南京市江宁区,2002 年批准撤销浦口区和江浦县,设立南京市浦口区。随着主城"退二进三"政策的引导,东山和江北新城进入快速发展阶段。2001 年,南京提出"一疏散三集中"的城市发展战略,即工业向开发区集中、建设向新区集中、高校向大学城集中,重点建设"一城三区",即河西新城区、浦口新市区、仙林新市区和东山新市区,老城做"减法",新城做"加法"。新城区通过高新技术园区、经济技术开发区以及大学城的建设,带动了产业空间的发展。福利住房制度的取消,住房制度改革系列政策的出台,使新城区房地产开发迅猛发展,吸引南京主城区的大量居住人口向近郊新城疏散。南京新城区初步进入综合发展阶段。图 2-1 为不同阶段南京城市成长特征图。

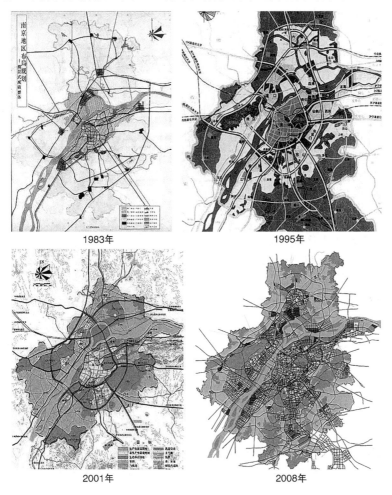

图 2-1　不同阶段南京城市成长特征图
资料来源:南京市历年城市总体规划图

2008 年公布的《南京市城市总体规划（2007—2020）》进一步提出将江北、仙林、东山三个新市区提升为副城，增强副城的综合服务功能，提高江北、东部、南部地区承接主城人口和产业的能力，强调副城建设要进一步完善"居住—就业"平衡，更好地服务周边地区。南京新城区由产业新区建设全面转向综合新城区建设。

4) 提升转型期（2010 年之后）

2010 年之后，以申办 2013 年亚青会和 2014 年青奥会为契机，南京加快跨江通道及多条地铁线的建设，进一步缩短了主城与新城间的时空距离，主城与新城的联系日益密切，新城区发展受交通制约的瓶颈被打破。2010 年，《南京市江北副城总体规划（2010—2030）》《南京市仙林副城总体规划（2010—2030）》《南京市东山副城总体规划（2010—2030）》相续编制，对新城区建设提出产城一体化、优化综合功能配置的发展策略，南京新城区建设进入提升转型发展阶段。

2000 年以来，南京新城区在城市建设用地规模、城市人口规模和生产总值上增长迅速。三个新城区的城市建设用地总面积从 2000 年的 55.79 km² 拓展到 2010 年的 274.38 km²，而南京主城的建设用地面积从 2000 年的 162.91 km² 到 2010 年为 262.2 km²，三大新城区与主城的建设用地比从 2000 年的 1∶3 到 2010 年的超过 1∶1，年均增长速度远远快于主城[①]。三个新城区的人口规模从 2000 年的 39 万人增长到 2010 年的 168.74 万人，每个新城区的年人口增长率都达到 14% 以上[②]。三个新城区的生产总值从 2005 年的 600.42 亿元增长到 2012 年的 2 629.29 亿元，年增长率都超过 20%[③]。南京三大新城区的建设用地规模、人口规模和地区生产总值，都在以惊人的速度增长，新城区已成为南京主城人口和产业疏散的主要承接地区，"一主三副"的城市空间格局已逐渐形成（图 2-2）。

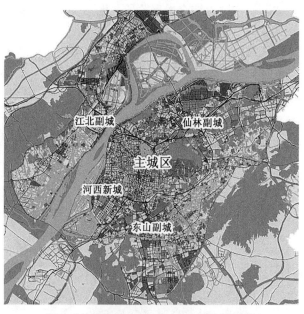

图 2-2 南京三个副城与主城区位关系图
资料来源：结合南京总体规划土地利用现状图绘制

南京三个新城区建设发展的特点各不相同。江北新城区依托原浦口区、南京高新技术开发区和大厂工业区逐步发展起来，现状产业以工业为主，呈现产业型新城区的特点。仙林新城区则以大学城建设为依托，以发展高等教育和高新技术产业为特色，呈现科教型新城区的特点。东山新城区依托原江宁东山镇及江宁经济技术开发区逐步发展起来，现阶段第二

---

① 资料来源：《南京市统计年鉴 2011》《南京市城市总体规划（2007—2020）》《南京市江北副城总体规划（2010—2030）》《南京市仙林副城总体规划（2010—2030）》《南京市东山副城总体规划（2010—2030）》

② 资料来源：《南京市统计年鉴 2010》

③ 数据来源：http://www.jssb.gov.cn.

产业仍为东山新城区的主导产业,但东山镇作为原江宁县城,综合功能较强,呈现综合型新城区的特点。虽然目前新城区房地产开发高歌猛进,但相关的各项配套设施尚未完善,社会生活功能相对滞后,南京新城区并未实现真正意义上的综合化和职住匹配。

2.2　产业型新城区——江北副城居住就业空间的发展演变

2.2.1　江北副城的发展过程

江北副城位于南京主城西北,长江以西,包含浦口、六合两区(图2-3)。面积约2 379 km²,为南京全市的36.15%;至2011年末,辖区人口约147.4万人,为南京全市的23.16%;地区生产总值约877.27亿元,为南京全市的19.78%[①]。

江北副城以装备制造业、重化工业、高新技术产业为主。现状城市建设用地主要分布在行政区划调整前的浦口区和大厂区。受限于长江天堑的分隔,江北副城现状城镇空间发展呈现沿江带状相对集中的组团式发展格局。随着南京跨江发展战略的实施,江北副城呈明显加速发展态势。江北副城的发展主要分为下面四个阶段。

起步发展阶段(1988年之前):江北地区是南京外围相对独立的生产基地,依托长江大桥、浦口火车站和浦口码头的有利交通条件,吸引南京主城工业企业入驻。这一时期浦口与大厂的工业发展较快。

拓展发展阶段(1988—2000年):1988年南京高新区成立,1991年国务院批准南京高新区为国家级高新区,省级浦口经济技术开发区以及六合经济开发区也相续成立,江北地区主动承接主城疏散的产业功能,人口和产业急速扩张,但长江大桥通行能力不足的弊端日益凸显,江北地区的发展受到限制。

快速发展阶段(2000—2007年):随着长江二桥、三桥建成通车,江北地区跨江交通得到改善,2001年南京提出"一城三区"的城市空间发展战略,2002年浦口撤县设区,江北地区发展框架逐步拉开。随着产业园区、大学城等的建设,江北地区加快承接主城的产业转移,制造业加速发展,迎来了快速发展阶段。

转型发展阶段(2007年之后):2007年南京新一轮的总体规划提出"以江为轴""拥江发展"战略,明确江北地区与长江以南地区共同发展,江北地区的发展定位得到重大提升,形成南京高新区、南京

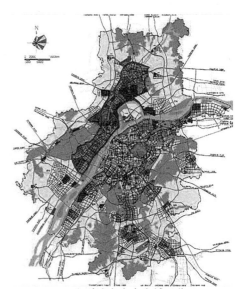

图2-3　江北副城在南京市域区位图
资料来源:《南京市江北副城总体规划(2010—2030)》

① 资料来源:《南京市江北副城总体规划(2010—2030)》.

化工园两个国家级开发区，浦口经济技术开发区和六合经济技术开发区两个省级开发区，吸引了大批工业企业入驻园区，形成了装备制造业、化工产业等主导产业。但江北第三产业发展相对滞后，产业结构发展偏重。2010年，《南京市江北副城总体规划（2010—2030）》编制，定位江北副城为南京相对独立、功能完善、滨江特色鲜明的江北中心城区，江北新城区向综合服务型新城区转型发展。

2.2.2　江北副城居住就业空间概况

由江北副城2011年土地使用现状图（图2-5）可知，江北副城整体土地使用略显粗放，用地分布零散，工业与居住用地混杂。对比江北副城2002年的土地使用现状图（图2-4），建设用地以居住和工业用地的扩张为主，呈现带状组团式发展态势，综合服务功能建设相对滞后，使得江北副城目前对主城的依赖较大。

江北副城总用地面积约346.08 km²，现状城市建设用地约11 357.14 hm²，占总用地比为32.8%，主要以居住用地、工业用地为主，以江浦街道、雄州街道、泰山街道、高新区等较为集中。江北副城现状建设用地中工业用地4 802.2 hm²，占城市建设用地的42.3%；居住用地2 797.47 hm²，占城市建设用地的24.6%；公共设施用地2 150.52 hm²，占城市建设用地的18.9%（其中教育科研用地、中小学用地占12.3%）。从用地比例结构可以看出第二产业空间是江北副城现阶段就业空间的主要构成部分，第二产业是新城区发展的主导产业。

现状工业仓储用地包括南京高新技术产业开发区、珠江工业园、浦口经济开发区、盘城经济技术开发区等工业园区和零散的工业企业。工业用地呈组团式分布，而且较为集中，主要是污染较为严重的二类和三类工业用地。三类工业用地占工业仓储用地的49.1%，产业结构偏重。

现状居住用地以二类居住用地居多，大多沿江呈组团集聚发展。新建住区主要集中在大桥北路沿线及珠江镇，住区建设类型多样化。

图2-4　土地使用现状图（2002）　　　　图2-5　土地使用现状图（2011）

资料来源：《南京市江北副城总体规划（2010—2030）》

公共设施用地中以教育科研用地所占比例最高,占公共设施用地的 54.2%,但分布较散,包括南京大学、东南大学、南京工业大学、审计学院等多所高校的浦口校区;零星分布有少量行政办公、商业服务等用地。

由于江北副城占地范围较大,达 346.08 km²,大部分地区尚未建设,故本书选取发展成熟,居住、就业相对完善的江北副城高新区组团作为研究区域,含泰山街道、盘城街道以及沿江街道(图 2-6),总人口 20.28 万人。区内建成区 2013 年现状城市建设用地面积为4 215.26 hm²(图 2-7,表 2-1)。

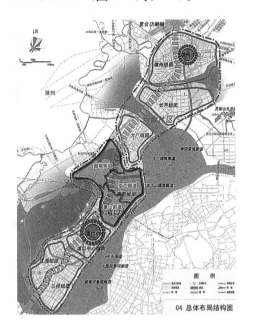

图 2-6　浦口高新区组团范围图(2013)
资料来源:由本研究团队组成的课题组结合《南京市江北副城总体规划(2010—2030)》绘制

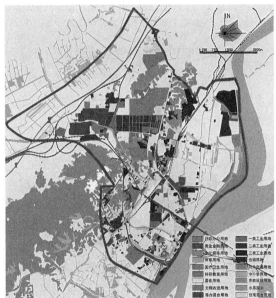

扫码看原图

图 2-7　浦口高新区组团土地利用现状图(2013)
资料来源:课题组根据《南京市江北副城总体规划(2010—2030)》土地利用现状图并结合调研绘制

表 2-1　浦口高新区组团 2013 年现状城市建设用地一览表

序号	用地代码	用地名称		面积 /hm²	占城市建设用地 /%
1	R	居住用地		1 249.55	29.64
2	A	公共管理与公共服务用地		629.60	14.94
		其中	教育科研用地	569.05	—
			其他公共服务用地	60.55	—
3	B	商业服务业设施用地		154.24	3.66
4	M	工业用地		1 099.75	26.09
		其中	一类工业用地	179.24	—
			二类工业用地	507.24	—
			三类工业用地	413.27	—

序号	用地代码	用地名称	面积/hm²	占城市建设用地/%
5	W	物流仓储用地	107.51	2.55
6	S	交通设施用地	660.78	15.66
7	U	公用设施用地	111.42	2.64
8	G	绿地	202.41	4.80
合计		总城市建设用地	4 215.26	100.00

资料来源:课题组根据《南京市江北副城总体规划(2010—2030)》并结合现状调研数据统计汇总(2014)

1) 浦口高新区组团居住空间概况

高新区组团现状居住用地面积为 1 249.55 hm²,约占总建设用地的 29.64%,现状居住用地以二类居住用地居多,大多位于片区南部,新建住区主要沿大桥北路、江山路及浦珠路两侧分布,呈组团集聚发展(图 2-8)。

高新区组团居住空间建设类型朝着多样化方向发展。住宅建筑类型由建设初期的多层为主向多层、小高层、高层等多种形式发展。居住空间逐渐发展为多元复合的多类型格局,包括城中村、拆迁安置区、普通住区和中档、高档住区,以及复合型住区(在住区内包含别墅、多层和高层普通住宅等类型)等。其中以中档住区占比最多,主要沿大桥北路、江山路和浦珠路分布。普通住区主要分布在片区中部早期建设的泰山新村一带。高档住区主要分布在朱家山河两岸,环境较好。城中村和拆迁安置区占比较少,在片区边沿,靠近朱家山河。城中村居民点建筑密度较高,建筑质量参差不齐,基础设施缺乏,环境质量有待提高。泰山园区南部新开发的居住小区与新建工业用地混杂,影响居住环境(图 2-9)。

图 2-8
扫码看原图

图 2-9
扫码看原图

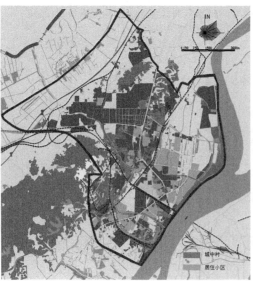

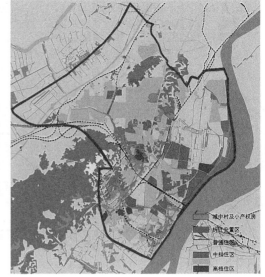

图 2-8　高新区组团现状居住用地分布图(2013)　　图 2-9　高新区组团不同类型住区分布图(2013)

资料来源:课题组根据《南京市江北副城总体规划(2010—2030)》土地使用现状图结合现状调研整理绘制

2）浦口高新区组团就业空间概况

高新区组团就业空间包括第二产业的工业企业和第三产业的公共服务业，以第二产业的工业企业为主导。高新区组团现状工业企业呈片状组团式分布，主要分布在高新区组团南部的海峡两岸科技园、中部的高新区老区和软件园创新基地、西部的车辆制造园这4片园区（图2-10），园区内企业规模较小，以中、小型居多，缺乏大型龙头企业，门类较杂，电子业和机械加工业为主要产业门类。

高新区组团现状工业用地面积为 1 099.75 hm²，现状物流仓储用地面积为 107.51 hm²，两者合计共占总建设用地的 28.64%（表2-1），现状工业用地以二类工业、三类工业用地为主，其中二类工业用地为 507.24 hm²，占工业用地的 46.12%，三类工业用地为 413.27 hm²，占工业用地的 37.58%，产业结构偏重，就业人群以制造业产业工人为主。由于片区发展定位的多次调整，导致工业用地与相邻的居住用地混杂，对居住环境造成不良影响。

高新区组团现状公共服务业主要指公共管理、公共服务业与商业服务业。现状公共管理与公共服务用地面积为 629.60 hm²，现状商业服务业设施用地面积为 154.24 hm²，两者合计共占总建设用地的 18.60%（表2-1）。公共管理与公共服务用地中主要为教育科研用地，占公共管理与公共服务用地的比例高达 90.38%，主要分布在龙王山、老山余脉周边，包括南京大学、东南大学、南京农业大学的浦口校区及南京海员技术学校、南京铁道职业技术学院等高校。现状商业服务业设施用地主要沿大桥北路两侧分布，在软件园、泰山街道有块状分布（图2-11）。

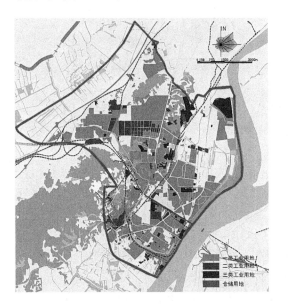

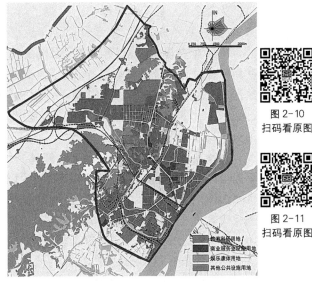

图 2-10 高新区组团现状工业仓储用地分布图（2013）　图 2-11 高新区组团现状公共设施用地分布图（2013）

资料来源：课题组根据《南京市江北副城总体规划（2010—2030）》土地使用现状图结合现状调研整理绘制

浦口高新区组团现状公共设施用地主要为大学、科研院所等教育科研用地，服务于居民日常生活的商业服务、文化娱乐设施用地缺乏，分布不均衡。商业、娱乐、金融等人流量较大的公共设施主要分布在大桥北路两侧，造成大桥北路两侧交通压力过大，购物、娱乐环境受到不利影响。各专业市场配套设施不足，环境较差。文化、体育等满足市民文化、健身需求的设施偏少。医疗卫生设施较差。总体而言，公共设施建设滞后，导致无法满足居民生活需要，也不能为当地居民提供足够的第三产业就业岗位①。

2.3　科教型新城区——仙林副城居住就业空间的发展演变

2.3.1　仙林副城的发展过程

仙林副城位于南京主城东北，距主城中心区20 km，北起长江，南临沪宁高速，西至绕城高速，东到南京市行政边界（图2-12），分属栖霞区、江宁区和玄武区，主体属栖霞区，面积达166.14 km²。

仙林副城由大学集中区和科技产业区组成，是典型的大学城带动型新城区，是集科教研发、高新技术产业、居住、商业商务等功能为一体的科教型新城。以电子信息、生物医药、新材料产业为主，已形成南京经济技术开发区、炼油厂、徐庄及马群软件园三大产业积聚区，液晶谷作为光电产业基地，正逐渐形成规模。集聚了南大、南师大等13所高等院校，教育资源占有量占全市的20%。仙林副城现状城市建设用地主要集中在新港开发区以及大学城区域，现状城镇空间发展形成"从西向东，从北向南"的发展时序（图2-13），现状以新尧、仙鹤和白象片区发展较为成熟。仙林副城的发展主要分为下面四个阶段。

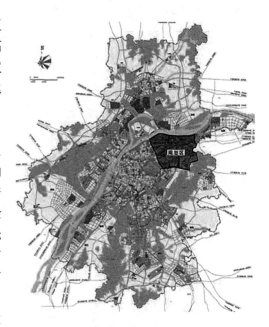

图2-12　仙林副城在南京市域区位图
资料来源：结合南京总体规划土地利用规划图绘制

初始发展阶段（1992年之前）：仙林副城地区重在依托基础资源优势，配套主城发展。新尧地区依托便捷的交通条件发展工业，以金陵石化炼油厂和江南水泥厂为起点，1981版南京总规确定栖霞—龙潭为卫星城，片区产业以炼油、汽车制造和建材工业为主，逐步建成尧化门等工业城镇和新生圩外贸港区。仙林地区依托生态资源，发展农业及旅游业。这一时期城市建设集中在312国道以北，仙林副城范围绝大部分用地处于未开发状态。

起步发展阶段（1992—2002年）：仙林副城地区作为外围城镇发展。1992年南京经济技术开发区（原名南京新港工业区）成立，新尧地区依托开发区逐步配套居住功能，初步形成工业、居住配套的发展模式；1998年南京师范大学在仙林新建校区；2001年南京总规确定仙林为三大新市区之一。仙林地区按照"仙林概念规划"和"新市区规划"要求，大学城建设开始起步，住区和配套设施建设也有初步发展，住区建设以拆迁安置区和普通住区为主。这一阶段城市建设用地主要向西、向南拓展。

独立发展阶段（2002—2007 年）：新尧与仙林地区延续各自独立发展模式，2002 年成立仙林大学城管委会，同年徐庄软件产业园成立，13 所高等院校先后迁入，仙林地区由于大学城功能的逐步完善，新市区功能地位凸显，功能也逐渐多元化。房地产开发快速发展，开发项目以中档住区和高档别墅区居多。城市空间初步形成"十"字型生态廊道加组团的发展格局。这一时期仙林副城建设用地主要向东、向南拓展。

| 1992年之前 | 1992—2002年 | 2002—2007年 | 2007年之后 |

图 2-13　仙林副城城市建设用地拓展图
资料来源：课题组根据历史现状土地利用图和谷歌地图绘制

整合发展阶段（2007 年之后）：《南京城市总体规划（2007—2020 年）》将新尧地区、栖霞山地区、仙林新市区整合为仙林副城，从规划上实现仙林地区的整体控制。大学城功能进一步完善，新城区内高校和研发机构用地占城市建设用地的 16.6%。高校集聚的大学城带动了周边商业、地产开发，新城区逐渐由以拆迁安置区、保障性住区以及别墅区为主变为普通住区、中高档住区等多种住区类型共存的复合居住空间。仙林副城功能逐渐优化，全面搬迁了炼油厂等污染企业，大力发展液晶谷、紫东创意园和江苏生命科技园等科研产业。玄武大道快速通道改造工程竣工，地铁二号线开通运营，改善了仙林副城与主城的交通联系。整合发展时期仙林副城继续向东、向南拓展。

2.3.2　仙林副城居住就业空间概况

仙林副城占地达 166.14 km²，含栖霞区的马群街道、尧化街道、燕子矶街道、栖霞街道、仙林街道、西岗街道，江宁区的汤山街道以及玄武区玄武湖街道的一小部分。仙林副城以京沪铁路为界，形成京沪铁路以北的沿江新尧地区、京沪铁路以南的仙林地区。区内建成区 2013 年现状城市建设用地面积为 6 963.6 hm²（图2-14，表 2-2）。现状建成区主要由新尧地区的南京经济技术开发区、炼油厂-栖霞街道和仙林地区的大学城、徐庄软件园、马群工业区、西岗街道安置小区等构成。其余用地基本上以农田和山林为主，其间散布着部分农民住宅。从功能发展来说，新尧地区和仙林地区存在产业结构单一、配套设施不足，居住人口与就业岗位失衡等问题，其中新尧逐渐成为一个

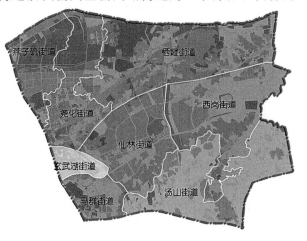

图 2-14　仙林副城行政区划图
资料来源：《南京市仙林副城总体规划（2010—2030）》

"产业组团",仙林成为一个"卧城",从职住平衡角度来说,二者之间存在很强的互补性。

扫码看原图

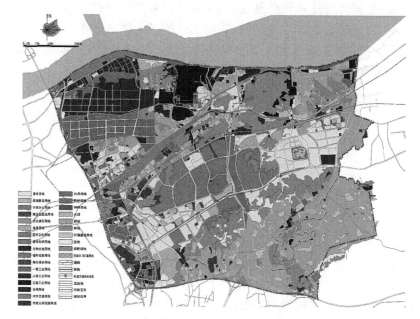

图 2-15　仙林副城土地利用现状图(2013)
资料来源:课题组根据《南京市仙林副城总体规划(2010—2030)》土地利用现状图并结合现状调研绘制

表 2-2　仙林副城 2013 年现状城市建设用地一览表

序号	用地代码	用地名称		面积 /hm²	占城市建设用地 /%
1	R	居住用地		950.6	13.65
2	A	公共管理与公共服务用地		1 341.0	19.26
		其中	教育科研用地	1 155.8	16.60
			其他公共服务用地	185.2	2.66
3	B	商业服务业设施用地		179.8	2.58
4	M	工业用地		2 540.1	36.48
		其中	一类工业用地	654.2	9.40
			二类工业用地	1 193.7	17.14
			三类工业用地	692.2	9.94
5	W	物流仓储用地		136.5	1.96
6	S	交通设施用地		1 121.3	16.10
7	U	公用设施用地		166.9	2.40
8	G	绿地		360.4	5.17
9	H4	特殊用地		167.0	2.40
合计		总城市建设用地		6 963.6	100.00

资料来源:课题组根据《南京市仙林副城总体规划(2010—2030)》并结合现状调研数据统计汇总(2014)

1) 仙林副城居住空间概况

仙林副城现状居住用地面积为950.6 hm²,约占总建设用地的13.65%,现状居住用地以二类居住用地为主,主要分布在新尧、仙鹤、白象三个片区(图2-16)。住区类型包括高档住区、中档住区、普通住区、拆迁安置区以及经济适用住区等,仙林副城的住宅开发主要为中高档住宅。

仙林副城高档住区以别墅和联排住宅为主,主要布置在周边环境较好的地区,特别是邻近山体和水面的地段,如灵山、羊山湖、钟山等自然景观的周

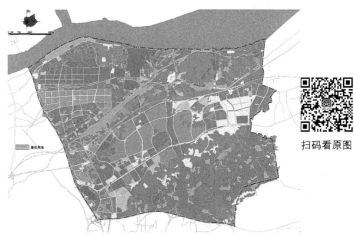

图2-16　仙林副城现状居住用地分布图(2013)
资料来源:课题组根据《南京市仙林副城总体规划(2010—2030)》土地利用现状图并结合现状调研绘制

扫码看原图

边。中档及普通住区以小高层和多层住宅为主,主要分布在大学城中心区和片区中心。拆迁安置区、经济适用住区等低档住区以多层住宅为主,大多建于1998年以前,主要分布在新港开发区和仙林大学城的边缘地带,环境质量差,配套设施不完善。

仙林副城"大学+地产"的现状功能布局导致"假日空城"现象,低密度、低强度住宅开发以及住宅高空置率,导致中心区氛围难以形成,城市活力不足。部分产业制约环境品质,炼油厂、烷基苯厂、小化工对环境影响严重,导致住宅吸引力较差。

2) 仙林副城就业空间概况

仙林副城的就业空间包括新尧地区以南京经济技术开发区为主的工业企业和仙林地区以大学城为特征的高校和研发机构。

仙林副城现状工业用地面积为2 540.1 hm²,现状物流仓储用地面积为136.5 hm²,两者合计共占总建设用地的38.44%(图2-17),形成南京经济技术开发区、炼油厂、徐庄软件园三个集中的工业组团,现状工业用地以二、三类工业用地为主(表2-2),工业类型以生物医药、电子信息、新材料为主,工业发展水平较为突出。仙林副城第二产业占GDP比重为85.34%,主要得益于南京经济技术开发区的工业贡献率。从地均效益分析,现状工业用地地均GDP为7.7亿元/km²,其中经济开发区地均GDP达到16亿元/km²[①]。工业企业的就业人群以制造业产业工人为主。

仙林副城现状公共管理与公共服务用地面积为1 341.0 hm²,现状商业服务业设施用地面积为179.8 hm²,两者合计共占总建设用地的21.84%。公共服务设施用地总量所占的比例虽高,但主要为由主城郊迁的南师大等13所高校用地,教育科研用地面积为1 155.8 hm²,分布在仙鹤片区和白象片区,占公共管理与公共服务用地的比例高达86.19%(图2-18)。大学园区内,学校各自配套,设施无法共享,难以对社会开放。大学的研发、企业的研发和生产之间

---

① 资料来源:《南京市仙林副城总体规划(2010—2030)》.

缺乏联系,未能形成集聚效应。高等院校的就业人群除后勤服务人群外,大多仍为郊迁前的高校员工。

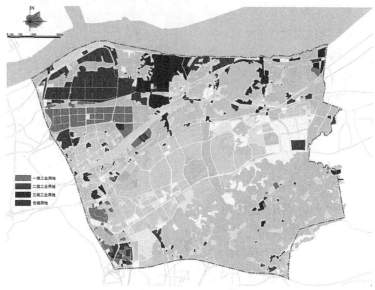

图 2-17　仙林副城现状工业仓储用地分布图(2013)
资料来源:课题组根据《南京市仙林副城总体规划(2010—2030)》土地利用
现状图并结合现状调研绘制

图 2-18　仙林副城现状公共设施用地分布图(2013)
资料来源:课题组根据《南京市仙林副城总体规划(2010—2030)》土地利用现状图并结合现状调研绘制

现状商业服务业设施用地仅占总建设用地的 2.58%,比例较低,建设滞后,且散落分布在各个组团,公共服务水平不高,城市级、区域性功能配套不足。多为传统地区级商业服务设施,缺乏金融保险、高端商务等现代服务业,没有形成辐射效益,对主城依附性较强,难以吸引仙林副城中、高档住区的居住人群在新城区就业。

2.4 综合型新城区——东山副城居住就业空间的发展演变

2.4.1 东山副城的发展过程

东山副城位于南京主城区的南部,北起秦淮新河和外秦淮河,东至宁杭高速和上坊地区,南抵公路二环,西至宁丹路及江宁区行政界线,面积108.86 km²,涉及江宁区东山街道及秣陵街道(图2-19)。东山副城目前是南京市实力强大的先进制造业基地、江宁区中心、科教新区和居住郊区,是南京南部的综合新城区。东山副城的形成经历了下面四个主要阶段①。

自然积累阶段(1978—1992年):这一时期江宁是南京的郊县及农副产品供应基地,经济发展以内生型增长为主,处于较封闭的自然积累经济增长阶段。东山镇是江宁县城所在地,县城工业规模较小,工业经济相对薄弱,第三产业处于萌芽状态。改革开放以后,东山镇的工业发展步伐开始加快,工业用地跨越秦淮新河,向镇区西侧发展。

起步发展阶段(1992—2000年):一方面南京主城工业企业大规模"退二进三",外迁的工业项目推动外围城镇的发展;另一方面国家大力鼓励外向型经济发展,掀起开发区建设热潮。1992年江宁经济技术开发区成立,由于外源型经济发展和产业用地扩张的推动,东山呈现明显的空间拓展趋势,空间拓展的主体是江宁开发区和江宁科学园。这一时期土地利用呈粗放式发展模式,处于外延式扩张发展阶段。

快速扩张阶段(2000—2007年):2000年江宁撤县设区,南京总体规划定位东山为南京的三个新城区之一。东山新市区成为南京第二、三产业的重要集聚区,就业空间规模快速

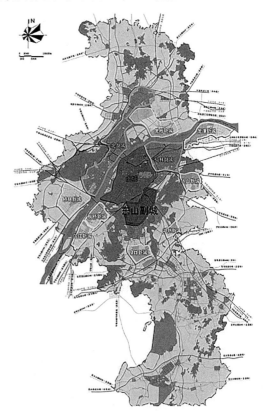

图2-19 东山副城在南京市域区位图
资料来源:课题组根据《南京市东山副城总体规划(2010—2030)》绘制

扩张,就业企业以汽车类、电子信息类、软件研发类、食品类、电力设备类为主。大量的就业岗位、与主城快捷便利的交通联系、较好的自然环境吸引了大量人口迁居东山新城区,居住空间围绕百家湖周边快速发展,东山进入城市化与工业化互动的新阶段。

发展调整阶段(2007年之后):《南京市城市总体规划(2007—2020)》定位东山为南京副城,随着东山副城的进一步发展,产业结构"优二进三",开始进入优化调整阶段。随着轨道一

① 资料来源:深圳市城市规划设计研究院. 南京市江宁区近期建设规划(2004—2007).

号南延线的开通,南京南站高铁枢纽的建成通车,东山副城的发展优势凸显。新城区房价快速上涨,房地产开发热火朝天,住房总量与居民人数迅速增长,居住空间规模得到长足发展。

从东山副城城市建设用地拓展图(图2-20)可以看出,东山副城的空间发展最初以东山镇为起点,逐渐向西侧的开发区发展,之后往南、往东快速扩展,建设用地规模逐步发展到83.6 km²,发展速度超出了规划预期,成为快速城市化的代表。

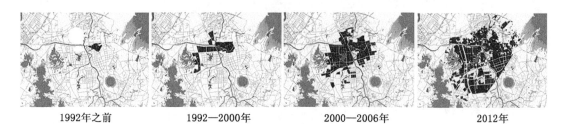

| 1992年之前 | 1992—2000年 | 2000—2006年 | 2012年 |

图2-20 东山副城城市建设用地拓展图
资料来源:课题组根据历史现状土地利用图和谷歌地图绘制

2.4.2 东山副城居住就业空间概况

随着南京城市发展战略由单中心向多中心转变,东山镇被定位为新市区,主城居住、工业、高校等向东山副城扩散,城市建设规模大幅增长,区内建成区2013年现状城市建设用地面积为8 361.30 hm²(图2-21,表2-3)。规模扩张的同时,东山副城的布局结构也正在不断

扫码看原图

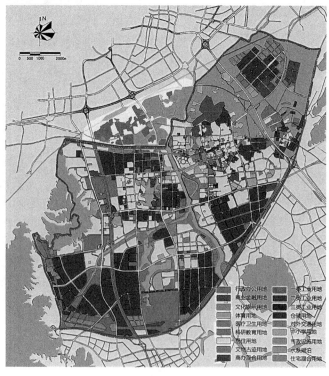

图2-21 东山副城土地利用现状图(2013)
资料来源:课题组根据《南京市东山副城总体规划(2010—2030)》土地使用现状图结合现状调研整理绘制

完善,各组团均已形成较大规模。水体与交通干道将东山副城分为五大片区,分别是百家湖片区、九龙湖片区、东山老城片区、科学园片区及上坊片区。除上坊片区,各个片区内部功能完善、用地综合,形成了一定的居住—就业平衡关系。

表 2-3　东山副城 2013 年现状城市建设用地一览表

序号	用地代码	用地名称		面积/hm²	占城市建设用地/%
1	R	居住用地		2 282.60	27.30
2	A	公共管理与公共服务用地		723.90	8.66
		其中	教育科研用地	629.10	—
			其他公共服务用地	94.80	—
3	B	商业服务业设施用地		332.00	3.97
4	M	工业用地		2 138.70	25.58
5	W	物流仓储用地		55.80	0.67
6	S	交通设施用地		1 404.20	16.79
7	U	公用设施用地		134.10	1.60
8	G	绿地		1 141.60	13.65
9	H4	特殊用地		148.40	1.78
合计		总城市建设用地		8 361.30	100.00

资料来源:课题组根据《南京市东山副城总体规划(2010—2030)》并结合现状调研数据统计汇总(2014)

1) 东山副城居住空间概况

东山副城现状居住用地面积为 2 282.60 hm²,约占总建设用地的 27.3%。主要分布在东山老城、百家湖、九龙湖三个片区(图 2-22)。东山副城住区建造主要开始于 20 世纪 90 年代。住区类型以普通住区和中、高档住区居多,拆迁安置区、经济适用房所占的比例较少。东山片区外围还存在着少量小产权房。

东山老城片区以普通住区为主,主要包括原东山镇的老居住区以及 20 世纪 90 年以后新建的部分普通住区和中档住区,老居住区以多层住宅为主,新建普通住区和中档住区以多层住宅及小高层住宅为主,居住人口密度较高,住区环境一般。百家湖、九龙湖片区因山水自然环境优美,集中了较多的高档住区,以别墅和联排住宅为主,集中分布在靠近"山"(将军山、方山)、"湖"(百家湖、九龙湖)、"河"(秦淮新河)等自然景观环境资源较好的地区,居住人口密度较低。高容积率住区主要集中在百家湖片区东部以及九龙湖片区的东南部,主要为普通住区和中档住区,以高层住宅及小高层住宅为主,居住人口密度较高,住区内部环境较好。住区类型及形态的差异化分布,造成居住空间的分化(图 2-23)。

2) 东山副城就业空间概况

东山副城就业空间包括第二产业的工业企业和第三产业的公共服务业,从产业构成上看,东山副城仍以第二产业为支柱,且第二产业的发展领先于全区。第二产业的产值主要由江宁开发区贡献,已初步形成了以爱立信和西门子为代表的电子信息产业,以上海大众、长安福特马自达为代表的汽车制造业,以国电南自和南瑞继保为代表的电气制造业,以金箔集

图 2-22
扫码看原图

图 2-23
扫码看原图

小产权房
拆迁安置住区
普通住区
中档住区
高档住区

图 2-22　东山副城现状居住用地分布图(2013)　　图 2-23　东山副城现状住区类型空间分布图(2013)

资料来源:课题组根据《南京市东山副城总体规划(2010—2030)》土地使用现状图结合现状调研整理绘制

团为代表的工艺制造业等较为明显的主导产业。副城的第三产业发展则相对滞后于全区,且主要集中在东山街道,以老城区中的一般商贸为主。另外,近年房地产的迅速发展,在一定程度上也拉动了副城第三产业的发展。

东山副城现状工业用地面积为 2 138.70 hm²,现状物流仓储用地面积为 55.80 hm²,两者合计共占总建设用地的 26.25%,现状工业用地以二类、三类工业用地为主,就业人群以制造业产业工人为主。大部分的工业用地都集中布置在绕越高速沿线,在科学园及九龙湖地区集聚。但仍有约五百多 hm² 的工业用地散布在百家湖、河定桥、老城区等城市的中心地区,与公共设施用地、居住用地等相互混杂。上坊片区以工业用地和商业用地(汽车 4S 园区)为主(图 2-24)。

东山副城现状公共服务业主要有公共管理、公共服务业与商业服务业,现状公共管理与公共服务用地面积为 723.90 hm²,现状商业服务业设施用地面积为 332.00 hm²,两者合计共占总建设用地的 12.63%(表 2-3)。公共管理与公共服务用地中主要为教育科研用地,面积为 629.10 hm²,占公共管理与公共服务用地的比例高达 86.9%,主要分布在将军大道两侧、九龙湖的西侧与南面,包括东南大学、河海大学、南京航空航天大学等高校的江宁校区。现状商业服务业设施用地主要分布在河定桥、百家湖东岸以及老城区三大区块。河定桥地区主要集聚银行等金融服务机构;百家湖东岸以发展高端商贸为主,如大型的商业综合体,近期引进了金鹰天地、1912 等知名商业品牌;老城区则以传统的商业设施为主(图 2-25)[①]。

---

① 　资料来源:《南京市东山副城总体规划(2010—2030)》.

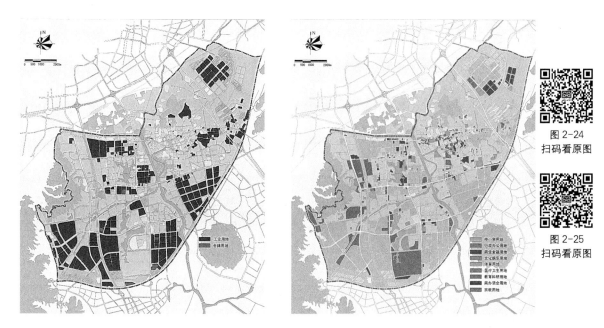

图 2-24　东山副城现状工业仓储用地分布图(2013)　图 2-25　东山副城现状公共设施用地分布图(2013)

资料来源:课题组根据《南京市东山副城总体规划(2010—2030)》土地使用现状图结合现状调研整理绘制

　　东山副城现状公共设施用地主要为大学、科研院所等教育科研用地,真正为城市生产和生活配套的各类基础设施和公共设施用地数量较少,分布不均衡,公共设施等级较低,服务水平偏低,缺乏金融保险、高端商务等现代服务业,难以吸引东山副城中、高档住区的居住人群在新城区就业。

2.5　新城区居住就业空间总量测度

2.5.1　基于行政单元的就业—居住平衡指数的总量测度

　　从宏观层面研究城市某一地区就业居住总量是否平衡,通常以所研究的行政范围为单元进行"就业—居住"的总量平衡度测度,本次研究采用的"就业—居住"的总量平衡指数测度模型为(详见第 1.5.1 节):

$$B_{ij} = \frac{E_{ij}/E_i}{R_{ij}/R_i}$$

　　式中:B_{ij} 为第 i 年份 j 区的"就业—居住"平衡指数;E_{ij} 为第 i 年份 j 区的就业人口数;E_i 为第 i 年份全市的就业人口数;R_{ij} 为第 i 年份 j 区的常住人口数;R_i 为第 i 年份全市的常住人口数。

　　B_{ij} 大于 1 或小于 1 则表明该地就业—居住不平衡。其中 B_{ij} 大于 1 表明该地区就业功能强于居住功能,B_{ij} 小于 1 表明该地区居住功能大于就业功能。

　　根据南京市 2003 年、2008 年统计年鉴、南京市 2011 年第六次人口普查数据资料,测算南京各个行政单元内就业—居住平衡指数如表 2-4 所示。

表 2-4　南京各个行政分区单元内就业—居住平衡指数(2013)

行政单元		2002 年			2007 年			2010 年		
		就业人口/万人	常住人口/万人	指数	就业人口/万人	常住人口/万人	指数	就业人口/万人	常住人口/万人	指数
市区	玄武区	20.62	49.14	0.83	32.91	61.85	1.08	38.81	65.20	1.04
	白下区	16.56	36.94	0.89	26.32	60.68	0.88	31.32	60.20	0.91
	秦淮区	12.04	29.23	0.81	17.97	37.14	0.98	22.05	40.59	0.95
	建邺区	15.75	35.9	0.86	24.97	44.07	1.15	21.98	42.70	0.90
	鼓楼区	27.02	63.32	0.84	36.29	83.66	0.88	41.10	82.61	0.87
	下关区	16.28	36.54	0.88	20.98	43.99	0.97	25.96	44.51	1.02
郊区	雨花台区	13.89	27.49	0.99	15.28	33.44	0.93	21.03	39.13	0.94
	浦口区	25.92	51.68	0.99	30.39	58.74	1.05	43.87	71.03	1.08
	栖霞区	20.97	39.54	1.04	24.94	49.78	1.02	37.96	64.45	1.03
	江宁区	45.8	78.13	1.15	44.61	95.15	0.95	60.27	114.56	0.92
	六合区	49.31	86.67	1.12	45.51	89.91	1.03	56.04	91.58	1.07
县	溧水	22.01	38.03		22.88	40.82	1.14	26.02	42.13	1.08
	高淳	25.08	40.01	1.23	22.26	42.07	1.07	24.36	41.77	1.02
合计		311.25	612.62	—	365.31	741.30	—	450.77	800.47	—

资料来源：课题组根据汇总的相关统计资料编制

　　分析各个行政单元的就业—居住平衡指数,市区大部分行政单元的平衡指数逐渐趋于 1.0,居住功能略强于就业功能。浦口区平衡指数为 1.08,栖霞区平衡指数为 1.03,就业功能略强于居住功能;江宁区平衡指数为 0.92,居住功能略强于就业功能,但三个新城区所在的行政单元平衡指数都接近 1.0,表明以行政单元范围测算,新城区就业—居住的总量相对平衡。

2.5.2　基于就业岗位数与适龄就业人口数的新城区就业—居住总量测度

　　根据第 1.5.1 节中基于研究单元的就业—居住比率的总量测度方法,采用研究单元提供的就业岗位数与在单元内居住的适龄就业人口数的比率来测度南京新城区就业—居住平衡度。其具体模型为:

$$JR_{ij} = \frac{J_{ij}}{R_{ij}}$$

　　式中:JR_{ij} 为第 i 年份 j 区的就业—居住比率;J_{ij} 为第 i 年份 j 区提供的就业岗位数量;R_{ij} 为第 i 年份 j 区的适龄就业人口数。

　　一般认为当 JR_{ij} 的值处于 0.8—1.2 时,该研究单元就业—居住是平衡的。其中 JR_{ij} 大于 1 表明该地区的就业岗位富余,就业功能强于居住功能;JR_{ij} 小于 1 则表明该地区就业岗位不足,居住功能强于就业功能。

1) 江北副城研究单元就业—居住平衡度

江北副城选取的研究单元是浦口高新区组团,其就业岗位数采用南京市每亿元 GDP 产出所提供的岗位数来测算。根据 2012 年南京市统计年鉴,2011 年南京市 GDP(评价口径)为 4 434.29 亿元,2011 年南京从业人口总数为 468.34 万人,得出 2011 年南京市每亿元 GDP 产出所提供的岗位数为 0.105 6 万人。根据《浦口区统计年鉴 2012》中高新区专栏数据,浦口高新区组团的 GDP 为 131.23 亿元,测算出 2011 年浦口高新区组团就业岗位数为 13.86 万人。

根据 2012 年南京市统计年鉴数据,2011 年全市常住人口为 810.91 万人,从业人口为 468.34 万人,得出全市从业人口与全市常住人口的比例为 0.578。根据《浦口区统计年鉴 2012》,浦口高新区组团常住人口为 20.28 万人(泰山街道 12.16 万人、沿江街道 3.65 万人、盘城街道 4.47 万人),得出浦口高新区组团适龄就业人口数为 11.72 万人。

因此,测算得出浦口高新区组团的就业—居住平衡度为 1.18,小于平衡度的上限 1.2,说明浦口高新区组团的就业—居住总量相对平衡,就业功能略强。

2) 仙林副城研究单元就业—居住平衡度

为与《栖霞区统计年鉴 2012》数据对应,仙林副城就业—居住总量测度范围选取栖霞区的仙林街道、栖霞街道、西岗街道、尧化街道、燕子矶街道以及马群街道,共计六个街道作为研究单元,涵盖了仙林副城规划范围的绝大部分。根据《栖霞区统计年鉴 2012》,仙林研究单元的 GDP 为 154.76 亿元(仙林街道 24.64 亿元、栖霞街道 40.87 亿元、西岗街道 2.57 亿元、尧化街道不含新港开发区为 25.60 亿元、燕子矶街道 41.56 亿元、马群街道 19.52 亿元),按 2011 年南京市每亿元 GDP 产出所提供的岗位数为 0.105 6 万人测算,得出 2011 年仙林研究单元就业岗位数为 16.34 万人。

根据《栖霞区统计年鉴 2012》,仙林研究单元的常住人口为 25.62 万人(仙林街道 49 990 人、栖霞街道 43 913 人、西岗街道 22 929 人、尧化街道 47 997 人、燕子矶街道 64 795 人、马群街道 26 542 人),按 2011 年南京全市从业人口与常住人口的比例为 0.578,得出仙林研究单元的适龄就业人口数为 14.81 万人。

因此,测算得出仙林研究单元就业—居住平衡度为 1.10,小于平衡度的上限 1.2,说明仙林研究单元的就业—居住总量相对平衡,就业功能略强。

3) 东山副城研究单元就业—居住平衡度

东山副城就业—居住总量测度范围选取江宁区的东山街道、秣陵街道作为研究单元。根据《江宁区统计年鉴 2012》,东山研究单元的 GDP 为 288.22 亿元,按 2011 年南京市每亿元 GDP 产出所提供的岗位数为 0.105 6 万人测算,得出 2011 年东山研究单元就业岗位数为 30.44 万人。

根据《江宁区统计年鉴 2012》,东山研究单元的常住人口为 57.42 万人,按 2011 年南京全市从业人口与常住人口的比例为 0.578,得出东山研究单元的适龄就业人口数为 33.19 万人。

因此,测算得出东山研究单元的就业—居住平衡度为 0.92,大于平衡度的下限 0.8,说明东山研究单元的就业—居住总量相对平衡,居住功能略强。

2.5.3　总结

通过上述对就业—居住平衡指数和就业—居住比率两个方面的总量测度，我们发现南京江北、仙林、东山三个副城的研究单元的就业—居住总量是相对平衡的。但是，南京新城与主城间呈现双向潮汐式拥堵现象，通勤时间持续增长，反映这三个新城区虽然就业—居住总量相对平衡，却仍存在严重的职住分离现象。在职住平衡理念指导下建设的南京新城，为何总量平衡却又职住分离严重，造成此现象的内在原因是什么？以下章节将在每个副城选取一个典型片区，进行问卷调查和实证分析，从人群属性、空间属性及通勤属性三方面，比较研究南京三个新城区居住与就业空间的相关特征及相互关系，进而对中国大城市新城建设的职住失调问题的形成机制、控制引导模式进行深入探讨。

3 产业型新城区——江北副城泰山园区居住就业空间研究

3.1 江北副城泰山园区居住空间特征研究

3.1.1 江北副城泰山园区居住空间概况

1) 江北副城泰山园区的选取

本书中江北副城居住就业空间的研究区域为江北副城高新组团的现状建成区。高新组团现状建成区主要包括浦口高新区及桥北片区两部分。桥北片区建成部分主要为住宅区,功能单一;而高新区则由盘城高新产业研发区、软件园区及泰山园区三区组成(图3-1)。盘城高新产业研发区与软件园区仍处于开发建设阶段,主要功能为产业,不具备居住就业空间研究的条件。泰山园区2009年之前的发展定位是分担浦口区和高新区部分功能的现代化城市综合新区。2009年由于南车集团浦

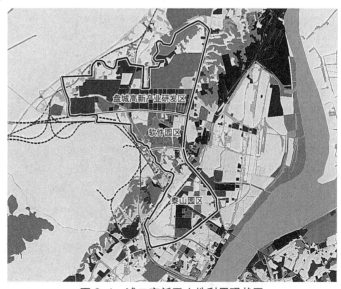

图 3-1 浦口高新区土地利用现状图

资料来源:本课题组根据《南京市总体规划 2007—2030》土地利用现状图并结合现状调研绘制

镇车辆厂的入驻,泰山园区发展定位调整为南京高新区城轨制造基地、都市工业园的重要组成部分及综合居住集中区。泰山园区现状已建成为较为完整的居住和产业新区,具有产业型新城区发展的典型性。因此本书选择高新组团的泰山园区作为江北副城居住就业空间的重点研究区域,对其进行问卷调研及数据分析。

2) 江北副城泰山园区概况

泰山园区位于浦口区东北部,东起大桥北路,北接东大路,西临朱家山河,南至浦珠路,泰山园区用地面积 7.47 km²,区内常住人口 4.43 万。

泰山园区的规划建设先后经历过三次大的方向性调整。2002 年之前,这个片区是原浦口区的核心区,作为浦口区城市综合地块进行开发建设。2002 年,由于高新区的产业发展急需新的空间,市政府将泰山园区划入高新区,统一开发。《南京高新区泰山园区控规 2002》进行规划调整,规划定位为以产业为主导的工业园区,规划工业用地占比为 36.78%,占较大比例;规划居住用地占比为 14.33%,公共设施用地占比为 13.33%,符合以产业为主导的工业园区定位(图 3-2)。

2005 年,随着浦口城市建设的发展,片区的区位优势日益凸显,《南京高新区泰山园区控规调整 2005》对片区规划定位进行调整,由以产业为主导的工业园区转变为现代化城市综合新区,控规中居住用地比例增加为 35.39%;工业用地比例减少为 11.78%,公共设施用地比例略增为 15.92%(图 3-3)。

2009 年,南车集团浦镇车辆厂落户泰山园区。重大项目的突然入驻使原规划已无法继续实施,《南京高新区泰山园区(PKb023)控制性详细规划修订 2009》对泰山园区的用地进行较大调整,现状已建、已批用地保持不变,浦镇车辆厂用地周边调整为工业用地项目以满足招商需要,规划居住用地比例微增为 37.26%,工业用地比例增加为 24.81%,公共设施用地比例减少为 5.43%,泰山园区规划为以城轨制造基地、都市工业园为产业定位,居住和公共服务配套齐全的产业型新城区(图 3-4)。

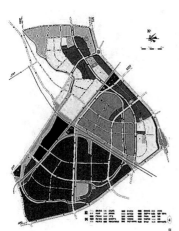

图 3-2　高新区泰山园区 控规(2002)　　　图 3-3　高新区泰山园区控规 调整(2005)　　　图 3-4　高新区泰山园区控规 修订(2009)

资料来源:南京高新区泰山园区控规(2002)、南京高新区泰山园区控规调整(2005)、南京高新区泰山园区(PKb023)控制性详细规划修订(2009)土地使用规划图

泰山园区在不同发展阶段建设发展思路的改变及浦镇车辆厂等大型项目的突然入驻,

使得其规划定位在工业园区、城市综合新区、产业型新城区之间摇摆不定,造成现状泰山园区内居住用地与产业用地混杂,产居交错。

泰山园区现状建设用地面积 483.39 hm²,水域和其他非城市建设用地面积为 263.61 hm²。现状居住用地面积 222.29 hm²,占建设用地的比例为 45.99%;现状工业用地 115.36 hm²,占建设用地的比例为 23.86%;现状公共设施用地 60.18 hm²,占建设用地的比例为 12.45%,初步形成了产业、居住和公共服务配套齐全的产业型新城区(图 3-5)。

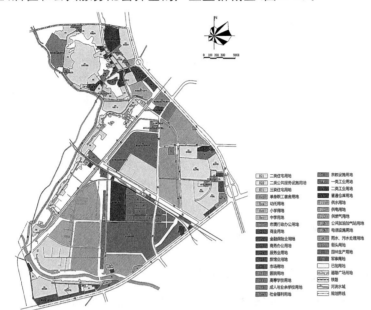

图 3-5 南京高新区泰山园区土地利用现状图
资料来源:本课题组根据 2009 年《南京高新区泰山园区(PKb023)控制性详细规划修订(2009)》土地利用现状图并结合现状调研后局部修改完善绘制

3) 江北副城泰山园区居住空间概况

现状泰山园区居住区主要分布在园区的北部、东部及西南部;原有村落村民住宅散布于朱家山河东岸,建筑环境及质量较差(图 3-6)。

泰山园区居住空间的发展与泰山园区规划发展的三阶段具有较明显的联系,也呈现三阶段发展。

工业园区阶段

园区北部居住建筑建设较早,多为 2005 年以前工业园区阶段建设,住区类型包括拆迁安置区、普通住区、中档住区和高档住区 4 种,以多层住宅为主,部分为小高层住宅。住区定位差别较大,居住环境良莠不齐。

城市综合新区阶段

随着 2005 年泰山园区定位由工业园区转为城市综合新区,园区中部、西南部原规划为工业用

图 3-6 泰山园区居住空间分布图
资料来源:本课题组根据现状调研绘制

扫码看原图

图3-7　泰山园区现状住区类型分布图
资料来源：本课题组绘制

图例：
- 高档住区
- 中档住区
- 普通住区
- 拆迁安置区
- 城中村

地的地块转变开发性质，批租为住宅用地。东部和西南部住区大多在此阶段批租。东部主要为2007年后建成的中档住区，多为小高层与高层住宅，配套设施齐全，环境较好。西南部的恒辉翡翠城为中档住区，澳林嘉园为高档住区，均为2007年建成，整体环境质量较好，以多层为主。鼎泰家园为拆迁安置区，2011年建成。

产业型新城区阶段

2009年，浦镇车辆厂入驻泰山园区，园区定位由城市综合新区调整为产业型新城区，园区中部上一轮控规规划的居住用地调整为工业用地，现状已建、已批的居住用地保持不变，建设重心转为产业。可作为居住用地开发的地块主要为朱家山河东岸的城中村，现仍为村民住宅，以2层建筑为主，配套设施及居住环境较差（图3-7）。

3.1.2　江北副城泰山园区居住空间数据采集与指标因子遴选

1）江北副城泰山园区居住空间数据采集

本书以问卷调查数据以及居住空间相关数据作为居住空间研究的前提和基础，综合运用问卷统计法、实地观察法、访谈法等多种方法对泰山园区居住人群进行数据采集。居住人群的问卷发放以户为单位。泰山园区居民总数为4.43万人，有14 767户，按社会调查抽样率不低于5%的要求，发放问卷应不低于738份。剔除无效问卷，实地调研回收有效问卷744份。问卷设计涵盖调查对象及配偶，涉及的调查人数为1 384人（其中104人为单身）。

根据住区的住房均价、建筑质量、环境品质以及物业管理等特征，将泰山园区20个调研住区划分为高档住区、中档住区、普通住区、拆迁安置区及城中村五种类型（表3-1）。

高档住区包括金泉泰来苑、澳林嘉园，发放有效问卷132份；中档住区包括华侨城、华侨绿洲、泰山天然居、金城丽景、旭日华庭、恒辉翡翠城、中浦家园、旭日爱上城、浦东花园9个住区，发放有效问卷340份；普通住区包括玫瑰花园、钟表材料厂职工小区、泰山花苑、东门小区、钟材小区5个住区，发放有效问卷62份；拆迁安置区包括鼎泰家园和铁桥一村两个小区，发放有效问卷90份；城中村包括泰山片区7个居民小组和三河片区3个居民小组，发放有效问卷120份。问卷调查覆盖了泰山园区所有住区类型，采取随机抽样方法，保证了数据采集的科学性。

2）江北副城泰山园区居住空间特征研究的指标因子遴选

对于居住空间特征的研究，采用SPSS软件中的因子生态分析法，同时利用GIS软件将调研人群的各项属性数据与空间关联，实现研究成果的空间落位。

表 3-1　泰山园区各类型住区调研信息一览表

住区类型	住区名称	位置	用地面积 /hm²	容积率	建设时间 /年	入住户数 /户	有效问卷 /份
高档住区	金泉泰来苑	泰西路北侧	24.30	1.20	2010	1 868	
	澳林嘉园	浦珠大道北侧	9.71	1.10	2007	754	132
	合计		34.01	—	—	2 622	
中档住区	华侨城	大桥北路西侧	11.53	1.52	2005	557	
	泰山天然居	泰西路南侧	3.15	2.19	2007	352	
	华侨绿洲	东大路南侧	7.15	1.50	2006	496	
	金城丽景	大桥北路西侧	5.21	2.39	2008	584	
	旭日华庭	大桥北路西侧	20.64	1.41	2008	1 400	340
	恒辉翡翠城	浦珠大道北侧	6.64	1.50	2010	881	
	中浦家园	丽岛路南侧	0.78	1.70	2005	96	
	旭日爱上城	星火路北侧	32.41	3.00	2008	1 637	
	浦东花园	大桥北路西侧	7.73	2.12	2003	805	
	合计		95.24	—	—	6 808	
普通住区	玫瑰花园	泰西路北侧	1.97	2.80	2004	208	
	钟表材料厂 职工住宅区	泰西路北侧	3.02	1.48	1987	375	
	泰山花苑	泰西路北侧	2.23	1.79	2005	337	62
	东门小区	泰西路北侧	1.51	1.65	1988	215	
	钟材小区	泰西路南侧	1.53	3.10	1987	100	
	合计		10.26	—	—	1 235	
拆迁安置区	鼎泰家园	朱家山河北侧	22.49	1.36	2006	874	
	铁桥一村	朱家山河南侧	6.18	1.41	2010	885	90
	合计		28.67	—	—	1 759	
城中村	泰山 7 组	朱家山河东侧	—	—	—	1 647	
	三河 3 组	朱家山河东村	—	—	—	697	120
	合计		39.59	—	—	2 344	

资料来源:本课题组根据现状小区调研和搜房网、365 房产网公布的相关小区信息汇总(2014)

　　第 3.1 节主要从居住空间指标因子表(表 1-1)中的居住人群和居住空间两方面对泰山园区居住空间特征进行分析研究。表 1-1 中与通勤行为相关的指标因子,作为居住、就业空间共同的因子构成,在第 3.3 节泰山园区居住就业空间匹配度分析中用于对新城区居住就业空间的职住关系进行量化分析。

　　因此将居住空间指标因子表(表 1-1)中关于居住人群和居住空间的 27 个指标因子作为本节居住空间特征研究的指标体系。为使调研对象的特征类型实现空间落位,通过 SPSS 软件将各因子与住区类型因子关联，并对调研问卷数据进行 Spearman 相关性分析（表 3-2）。

表 3-2 泰山园区居住人群和居住空间变量与住区类型的 Spearman 相关性分析表

研究对象	特征类型		一级变量	Spearman 相关性检验	显著性（双侧）
居住人群	社会属性	1	性别	.045	.355
		2	年龄结构	−.255**	.000
		3	婚姻情况	.002	.959
		4	原户口所在地	.360**	.000
		5	学历水平	.519**	.000
		6	家庭类型	.056	.252
	经济属性	7	个人月收入	.425**	.000
		8	家庭月收入	.496**	.000
		9	资产月收入	−.316**	.000
		10	现有住房来源	−.199**	.000
		11	住房均价	.403**	.000
		12	职业类型	−.071	.139
		13	工作年限	.061	.238
居住空间	居住特征	14	住区区位	.229**	.000
		15	居住形式	.005	.843
		16	居住方式	−.046	.342
		17	入住时间	−.350**	.000
		18	住房面积	.124*	.011
	密度特征	19	住区容积率	−.051	.293
		20	住区入住率	−.791**	.000
		21	住区人口密度	.455**	.000
	住区类型	22	住区类型	1.000	—
		23	住区建设年代	.340**	.000
	配套设施	24	教育设施择位	.243**	.000
		25	购物设施择位	.146**	.003
		26	医疗设施择位	.196**	.000
		27	文娱设施择位	.253**	.000

**. 在置信度（双侧）为 0.01 时，相关性是显著的。
*. 在置信度（双侧）为 0.05 时，相关性是显著的。

资料来源：对居住人群和居住空间各因子进行 Spearman 相关性分析后得出

根据表 3-2 中对调研数据进行的相关性分析结果，剔除相关性较低的因子，遴选出最终的居住空间特征研究的因子指标体系(表3-3)。

表3-3　泰山园区居住空间特征研究最终选取的指标因子表

研究对象	特征类型		一级变量	测度方式	备注
居住人群	社会属性	1	年龄结构	定距测度	按照年龄大小划分为5级
		2	原户口所在地	名义测度	调研对象的原户口所在地
		3	学历水平	顺序测度	根据学历高低划分为4级
	经济属性	4	个人月收入	顺序测度	个人月收入水平,按级划分为5类
		5	家庭月收入	顺序测度	家庭月收入水平,按级划分为5类
		6	资产月收入	顺序测度	资产月收入水平,按级划分为5类
		7	现有住房来源	名义测度	根据调研人群现有住房来源划分为5类
		8	住房均价	顺序测度	调研人群住房的目前销售均价
居住空间	居住特征	9	住区区位	定距测度	按照小区到长江大桥的距离划分为5级
		10	入住时间	定距测度	根据居民的入住时间划分为4类
		11	住房面积	定距测度	根据居民的住房面积划分为4类
	密度特征	12	住区入住率	定距测度	根据住区的入住率划分为3类
		13	住区人口密度	定距测度	根据住区的人口密度划分为4类
	住区类型	14	住区类型	顺序测度	根据住区的不同档次划分为5级
		15	住区建设年代	定距测度	根据住区建设年代分为4段
	配套设施	16	教育设施择位	名义测度	居民对教育设施的选择意向
		17	购物设施择位	名义测度	居民对商业设施的选择意向
		18	医疗设施择位	名义测度	居民对医疗设施的选择意向
		19	文娱设施择位	名义测度	居民对文娱设施的选择意向

资料来源:根据表3-2中Spearman相关性分析结果,剔除相关性低的因子得出

3.1.3　基于单因子的江北副城泰山园区居住空间特征分析

根据表3-3遴选出的19个指标因子的调研数据,从居住人群的社会属性、经济属性以及居住空间的居住特征、密度特征、住区类型、配套设施这6个特征类型入手,采用SPSS软件的因子生态分析法,对泰山园区居住空间特征进行分析研究。

1) 泰山园区居住人群的社会属性解析

(1) 年龄结构

总体态势:泰山园区居住人群中25—35岁占总数的43%,35—45岁占27%,二者高达总人数的70%(图3-8),泰山园区整体年龄结构呈年轻化特征。

不同住区类型的年龄结构特征:不同类型住区调研人群的年龄结构差异较大(图3-9)。

城中村以 45 岁以上的中老年人群为主,占 72%,呈现明显的老龄化特征。拆迁安置区各年龄段人群比例较为均衡。普通住区与中档住区以 25—35 岁的青壮年人群为主,各占人数的 50% 以上。高档住区以 35—45 岁的中年人群为主,占 47%。

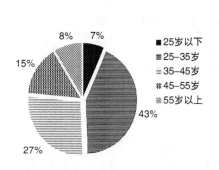

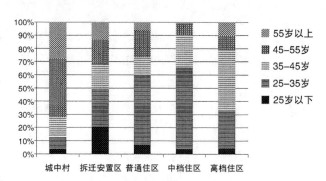

图 3-8　泰山园区居住人群年龄构成图
资料来源:本课题组根据调研数据绘制

图 3-9　泰山园区不同住区类型居住人群年龄构成图
资料来源:本课题组根据调研数据绘制

年龄结构的空间分布特征:由图 3-10 可见,25 岁以下居住人群主要分布在拆迁安置区以及年代较早住区内,此类住区房租较低,适合新就业人群临时租赁居住。25—35 岁和

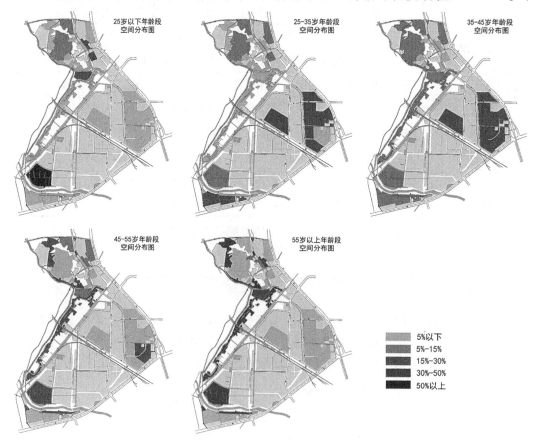

图 3-10　泰山园区不同年龄段居住人群空间分布图
资料来源:本课题组根据调研数据绘制

35—45 岁人群主要分布在泰山园区东部、西南部沿路的新建中档住区,这些住区交通条件较好,与主城联系便捷。45—55 岁和 55 岁以上中老年人群主要分布在城中村和拆迁安置区,表明这两类住区留守老人较多。

（2）原户口所在地

总体态势:泰山园区原户口所在地为全国其他地区、长三角地区、江苏省其他地区和南京周边区县的居住人群占 54%(图 3-11),表明泰山园区对城市外来人口的截流效果明显。为浦口区的占 32%,为南京主城区的仅占 14%,表明泰山园区对吸引南京主城区人口向江北副城疏散的作用较弱。

不同住区类型的原户口所在地特征:不同类型住区居民原户口所在地的比例构成差异较大(图 3-12)。城中村和拆迁安置区内以浦口区原住民为主,均为 50% 以上。普通住区、中档住区和高档住区的居住人群主要来自江苏省其他地区、全国其他地区和浦口区这三个地区。南京主城区的人口在各类型住区中的分布均较少,只在中档住区和高档住区中的占比略高。

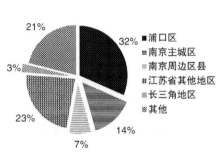

图 3-11　泰山园区居住人群原户口
所在地构成图
资料来源:本课题组根据调研数据绘制

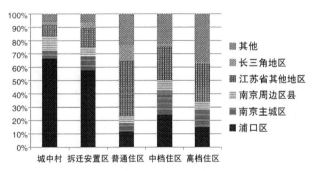

图 3-12　泰山园区不同住区类型居住人群原户口
所在地构成图
资料来源:本课题组根据调研数据绘制

原户口所在地的空间分布特征:由图 3-13 可见,浦口区原籍居民主要分布在拆迁安置区和城中村。来自南京主城区的人口主要分布在临近大桥北路的新建中档住区,与主城便捷的交通联系是此类人群择居的主要考虑因素。来自南京周边区县、江苏省其他地区、长三角地区和全国其他地区的居住人群空间分布较均衡,无明显的集聚特征。

（3）学历水平

总体态势:泰山园区居住人群受教育程度较高,大专或本科占 54%,研究生及以上占 21%(图 3-14)。南京常住人口大专及以上文化程度人群占人口的 26.12%(第六次人口普查数据),泰山园区居住人群学历水平显著高于南京平均水平,新城区发展高端产业的潜力较足。

不同住区类型的学历水平特征:由图 3-15 可见,不同住区类型居住人群的学历构成分布规律明显。住区档次越高,大专及以上学历人群所占比例越高。初中及以下学历人群在城中村所占比例达 50%,在拆迁安置区及普通住区所占比例均达 30% 以上,此类人群以浦口原住民为主,整体工资收入较低。大专及以上学历人群集中在中档住区及高档住区,在中档住区占 90%,在高档住区占 80% 以上,说明该学历水平人群在新城区择居首选这两类住区。

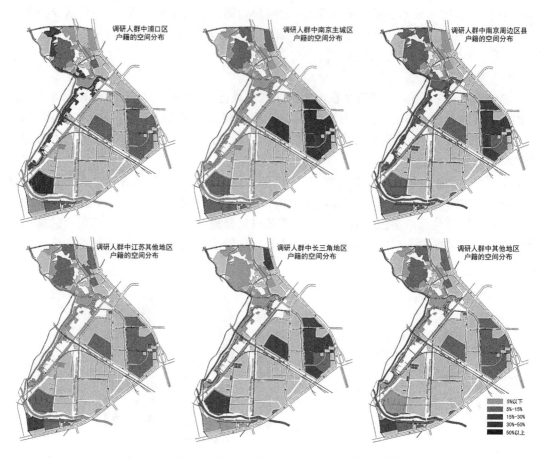

图 3-13　泰山园区原户口不同所在地居住人群空间分布图
资料来源:本课题组根据调研数据绘制

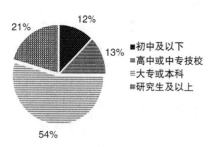

图 3-14　泰山园区居住人群学历
水平构成图
资料来源:本课题组根据调研数据绘制

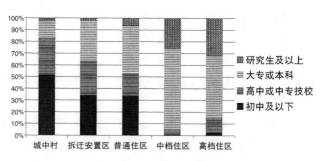

图 3-15　泰山园区不同住区类型居住人群学历
水平构成图
资料来源:本课题组根据调研数据绘制

学历水平的空间分布特征:如图 3-16,高中及以下学历人群主要分布在拆迁安置区、城中村等生活成本相对较低的住区。大专及以上学历人群主要分布于大桥北路、浦珠路沿线新建的中、高档住区,那里环境较好,房价较高,交通及配套设施完善。

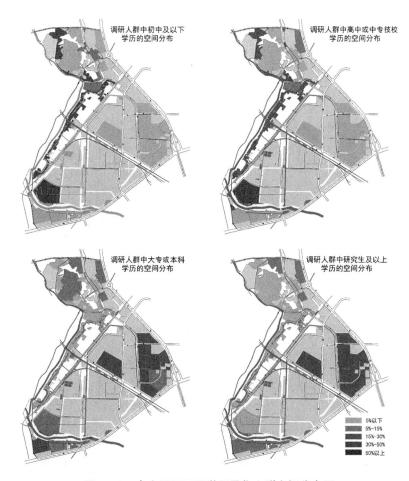

图 3-16 泰山园区不同学历居住人群空间分布图
资料来源:本课题组根据调研数据绘制

2) 泰山园区居住人群的经济属性解析

（1）家庭月收入

对居住人群工资收入的调研包含个人月收入和配偶月工资收入两个指标,本书用家庭月收入来综合反映夫妻双方月收入特征。

总体态势:泰山园区居住人群家庭月收入水平差异较大(图 3-17),2 640—6 000 元/月、6 000—10 000 元/月及 10 000—20 000 元/月占比较大且彼此大小相当,20 000 元/月以上和2 640 元/月以下的家庭月收入占比相对较低。

不同住区类型的家庭收入特征:泰山园区不同住区类型家庭月收入的比例构成分布规律明显(图 3-18)。住区档次越高,10 000 元以上中高家庭月收入在住区所占比例越高,不同收入水平家庭呈明显的分住区档次分布的特征。家庭月收入达到 10 000 元以上的家庭在高档住区占比达 60%;城中村和拆迁安置区的家庭月收入以 2 640—10 000 元为主,占该类型住区调研户数的 70% 以上,即这两类住区以中低收入家庭为主。

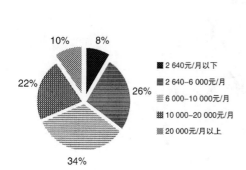

图 3-17　泰山园区居住人群家庭月
收入构成图
资料来源:本课题组根据调研数据绘制

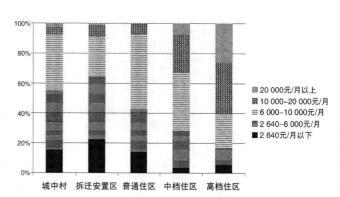

图 3-18　泰山园区不同类型住区家庭月收入构成图
资料来源:本课题组根据调研数据绘制

家庭月收入的空间分布特征:由图 3-19 可见,2 640 元/月以下低收入家庭主要分布在沿朱家山河的城中村和拆迁安置区,即低收入家庭的经济负担能力只能选择房价和房租较低的这两类住区。2 640—10 000 元/月的中、低收入家庭在各类住区均有分布,没有明显的空间集聚特征。10 000 元/月以上的中高收入家庭主要分布于大桥北路、浦珠路沿线的新建中、高档住区。

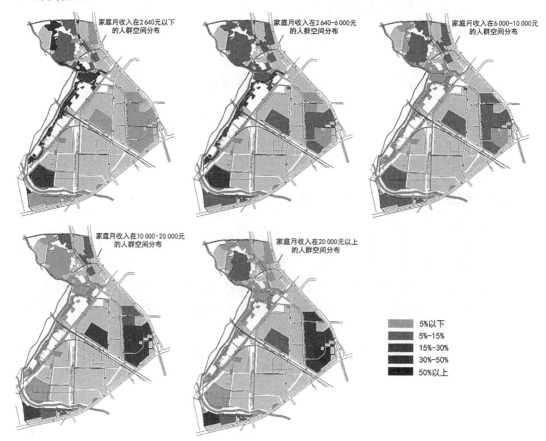

图 3-19　泰山园区不同家庭月收入空间分布图
资料来源:本课题组根据调研数据绘制

（2）资产月收入

总体态势：由图 3-20 可见，具有资产月收入的居住人群中，资产月收入在 3 000 元以下的占总数的 91%（1 320 元以下的占 47%，1 320—3 000 元的占 44%），3 000 元以上的高资产月收入人群仅占 9%。本书仅关注 3 000 元以下资产月收入人群的空间分布特征。

不同住区类型的资产月收入特征：城中村和拆迁安置区居住人群中，具有资产月收入的人群占比达 50% 以上（图 3-21）。住区档次越高，将该住区房产出租从而取得资产月收入的人群占比越低。普通住区具有资产月收入的人群为 33%，中档住区为 11%，高档住区为 8%。

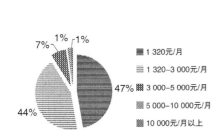

图 3-20　泰山园区具有资产收入的
居住人群资产月收入构成图
资料来源：本课题组根据调研数据绘制

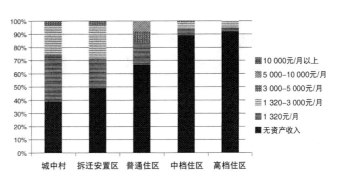

图 3-21　泰山园区不同资产月收入人群在
各类住区的构成比例图
资料来源：本课题组根据调研数据绘制

资产月收入的空间分布特征：泰山园区居住人群中资产月收入在 1 320 元以下及 1 320—3 000 元的人群空间分布特征相似，主要分布在拆迁安置区（图 3-22），反映征地拆迁后，居民分户安置获得多余住房，出租闲置住房的租金收入成为该类人群重要的经济收入来源。

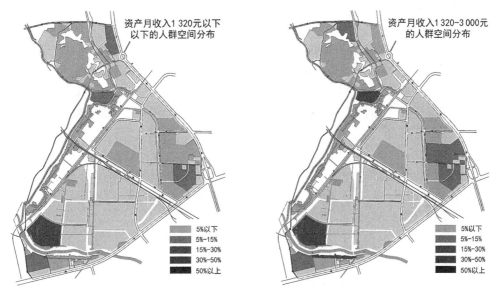

图 3-22　泰山园区不同资产月收入水平调研人群的空间分布图
资料来源：本课题组根据调研数据绘制

（3）现有住房来源

总体态势：泰山园区居住人群的住房来源以自购住房为主，占65%。租赁、父母所留及其他住房来源所占比例相对较低，分别为13%、9%和12%。单位补给住房的比例最小，仅占居住人群调研总数的1%（图3-23）。

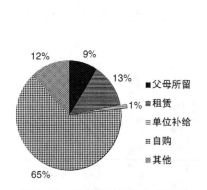

图3-23　泰山园区居住人群住房
来源构成图
资料来源：本课题组根据调研数据绘制

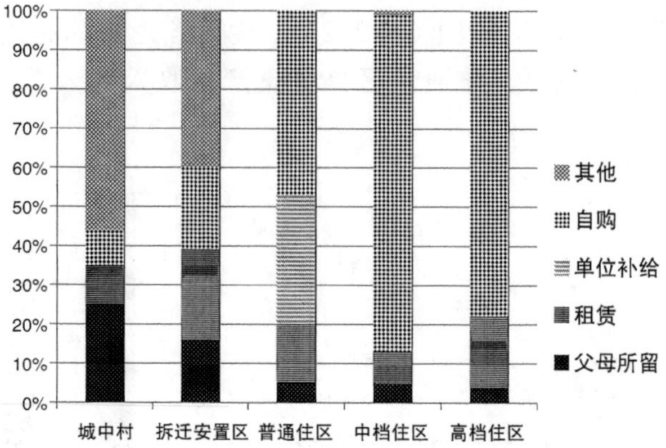

图3-24　泰山园区不同住区居住人群
住房来源构成比例图
资料来源：本课题组根据调研数据绘制

不同住区类型的住房来源特征：如图3-24，不同类型住区居住人群现有住房来源具有下列三方面特征：

① 随着住区档次的提高，自购住房人群比重逐渐增加，在中档及高档住区中所占比重超过了70%。

② 单位补给住房主要集中在普通住区内，该类住区建成较早且以职工宿舍为主。

③ 城中村和拆迁安置区房屋产权较为复杂，以拆迁补偿住房为主。

住房来源的空间分布特征：由图3-25可见，住房来源为父母所留的居住人群在城中村、拆迁安置区、普通住区中档住区和高档住区均有一定比例分布。租房人群主要集中在拆迁安置区和高档住区内，主要原因为拆迁安置区内由于拆迁补偿，较多居民拥有多套房产，故用作出租取得经济收入；高档住区以投资购房为主，购房者将闲置住房用作出租。单位补给住房人群主要集中在园区北部的老职工住宅区，小区建造年代较久，以职工宿舍为主。自购住房人群主要集中在中档住区和高档住区内，其他住房来源的居住人群主要集中在城中村和拆迁安置区。

（4）住房均价

泰山园区居住人群择居影响因素打分评价中住房均价得分最高，占总分的35%；其次为靠近工作地，占总分的20%[①]。相对主城房价而言，新城区较低的房价是吸引居住人群在此居住的重要原因（图3-26）。

---

① 打分方式：调研人群对调研问卷所列8个择居影响因素进行影响程度排序，并录入SPSS软件，首位影响因素得8分，其次得7分，以此类推，每个影响因素所有问卷得分加总为该因素总分，各因素总分按从高到低排序即为影响因素重要程度排序。

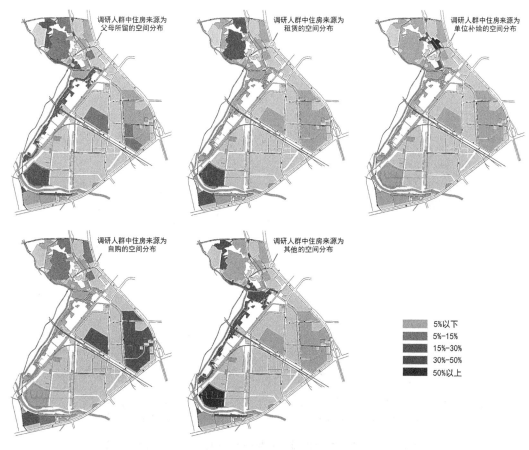

图 3-25 泰山园区不同住房来源居住人群空间分布图
资料来源:本课题组根据调研数据绘制

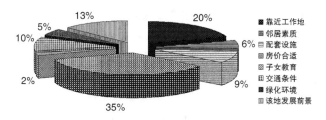

图 3-26 泰山园区居住人群择居影响因素得分比重图
资料来源:本课题组根据调研数据绘制

　　2013 年泰山园区住房均价超过 10 000 元 /m² 的小区集中在浦珠路与大桥北路交叉口、紧邻长江大桥的新建中档小区。拆迁安置区和 90 年代以前老小区的房价在 5 000—7 000 元 /m²。其他类型的小区房价均在 7 000—10 000 元 /m² 之间(图 3-27)。其中,房价在 7 000—10 000 元 /m² 的居住小区分布在浦珠路和大桥北路,与主城区联系相对便捷,公共服务设施相对完善。房价在 5 000—7 000 元 /m² 的住区交通条件、公共服务设施水平最低,房价维持在较低水平。与主城区的通勤便利程度和公共服务设施的分布是影响泰山园区住区住房均价的主要因素,住区档次对房价的影响相对较弱。

3）泰山园区居住空间的居住特征解析

（1）住区区位

以泰山园区各住区与长江大桥江北起始点的直线距离为标准对住区区位进行分析，分1 000 m 以下、1 000—2 000 m、2 000—3 000 m 及 3 000 m 以上四档，2 000 m 以内的主要为一般住区（图 3-28）。

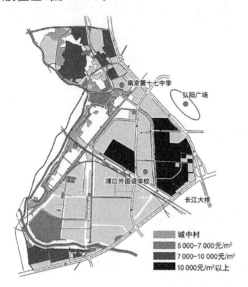 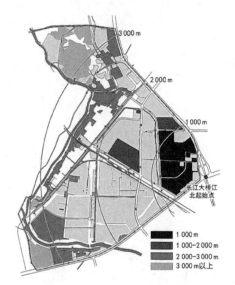

图 3-27　泰山园区现状小区房价分布图　　图 3-28　泰山园区各类型住区区位分析图
资料来源：本课题组根据调研数据绘制　　　　资料来源：本课题组根据调研数据绘制

通过对住区区位的统计并与其他住区特征进行对比分析，发现园区内住房价格、住区容积率与住区区位具有明显相关，具体特征为距离主城区越远，住房均价越低，住区容积率越低。

主要原因为受主城区高房价的影响，部分在主城区工作的就业人群选择在新城区居住。出于对交通条件的考虑，大部分在主城就业的人群选择在距离主城区较近且交通便利的区域居住，从而刺激了这些区域的整体住房需求，在抬高该区域住房价格的同时，开发商为了获取最大利益和满足更多主区外溢的居住人口的需求，较大幅度地提高了该区域住区的容积率水平。

（2）入住时间

总体态势：泰山园区大部分居住人群入住时间较短，5 年以下的占 74％（图 3-29）。反映泰山园区主要以新入住居民为主，原住民较少，仅占居住人群的 26％。

不同住区类型的入住时间特征：不同类型住区居住人群的入住时间差异较大（图 3-30）。城中村入住时间 5 年以上的人群占比达 80％，说明该人群中原住民较多。拆迁安置区和普通住区中居住时长在 3 年以上的人群所占比重较大，达 65％以上。住区档次越高，入住时长 3 年以下人群占比越高。高档住区入住时长 3 年以下人群占比达 70％，高档住区空置率和换手率较高，是高档住区居住人群居住时长短的重要原因。

入住时间的空间分布特征：由图 3-31 可见，入住时间 5 年以上居住人群主要分布在城中村和拆迁安置区，这两类住区人群主要为浦口区原住民。入住时长在 1 年以下人群主要分布在拆迁安置区和部分高档住区，安置区内居住时长较短的人群多为租房人群，高档住区部分自购住房前期空置,业主入住时间较短。入住时长在 1—3 年和 3—5 年的人群主要分布在浦珠路和大桥北路沿线新建的中档小区。

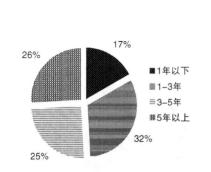

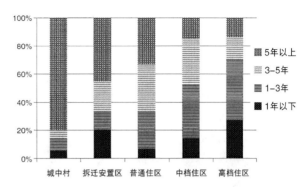

图 3-29　泰山园区居住人群入住时间构成图　　图 3-30　泰山园区不同住区类型居住人群入住时间构成图
　　　资料来源:本课题组根据调研数据绘制　　　　　　　资料来源:本课题组根据调研数据绘制

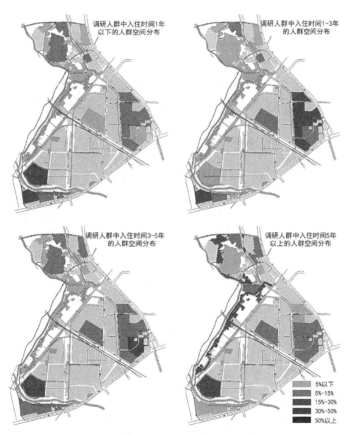

图 3-31　泰山园区不同入住时间居住人群空间分布图
资料来源:本课题组根据调研数据绘制

（3）住房面积

总体态势:泰山园区居住人群住房面积 60—90 m² 占总数的 45%,90—120 m² 的占 27%(图 3-32),以刚需户型为主。

不同住区类型的住房面积特征:城中村和拆迁安置区住房面积以 60—90 m² 为主,普通住区及中档住区住房面积仍以 60—90 m² 为主,两者占比均超过 65%(图 3-33),但后者 90 m² 住宅占比明显增加。高档住区住房面积以 90 m² 以上为主,占比达 70% 以上,120 m² 以上住宅占比达 40%,说明该类住区住房购买人群经济收入较高。

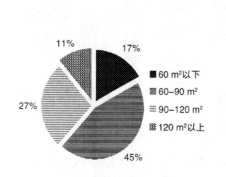

图 3-32　泰山园区居住人群
住房面积构成图
资料来源:本课题组根据调研数据绘制

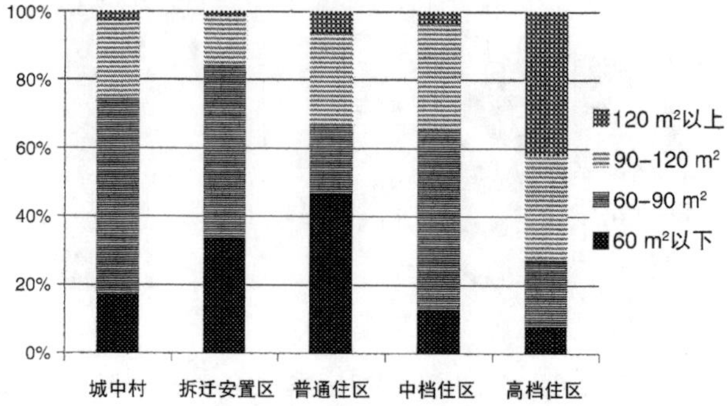

图 3-33　泰山园区不同类型住区
人群住房面积构成比例图
资料来源:本课题组根据调研数据绘制

住房面积的空间分布特征:由图 3-34 可见,住房面积在 60 m² 以下和 90—120 m² 的居住人群,均布在各类住区中。60—90 m² 的居住人群主要分布在浦珠路和大桥北路交叉口附近的新建中档住区。住房面积在 120 m² 以上的居住人群,主要集中在高档住区,其他类型住区分布较少。

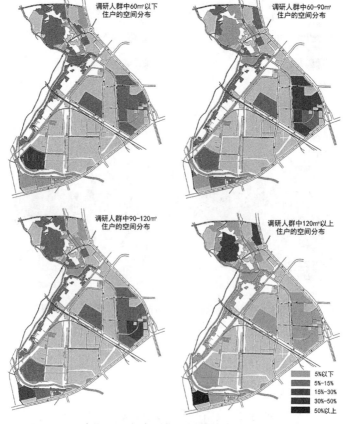

图 3-34　泰山园区各类型住区不同住房面积空间分布图
资料来源:本课题组根据调研数据绘制

4) 泰山园区居住空间的密度特征解析

（1）住区入住率

城中村、拆迁安置区、部分建成年代较早的普通及中档住区入住率在70%以上。大桥北路沿线住区入住率在50%—70%，高档住区和部分新建中档住区入住率在50%以下（图3-35）。不同的入住率水平反映不同住区投资性购房和实际需求购房的比例，投资性购房占比较高、高档住区房屋租金高导致租房人群少是高档住区入住率较低的两大原因。

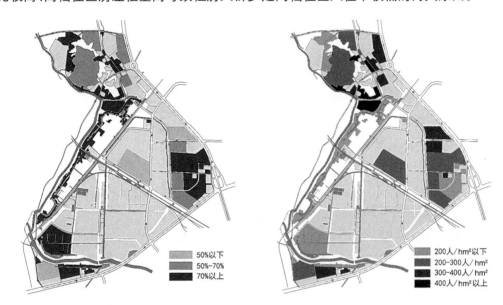

图 3-35 泰山园区各住区入住率空间分布图　图 3-36 泰山园区各住区居住人口密度空间分布图
资料来源：本课题组根据调研数据绘制　　　　资料来源：本课题组根据调研数据绘制

（2）住区人口密度

泰山园区居住人口密度较高的住区主要为普通住区和拆迁安置区，在 400 人 /hm² 以上，中档住区以高层住宅为主，人口密度最大。普通住区租房人群多、入住率高等原因导致其居住人口密度也较高（图3-36）。

泰山园区居住人口密度呈现沿大桥北路和浦珠路向园区内部由高向低递减的规律，靠近朱家山河的城中村人口密度最低，为 170 人 /hm²。反映出泰山园区与主城交通条件较好、联系便捷的住区对居住人群的吸引力较强，而居住人口的空间集聚有利于城市各项公共服务设施的优化完善，使交通沿线住区更具吸引力。

5) 泰山园区居住空间的住区类型特征解析

（1）住区类型

表3-1和图3-7归纳分析了泰山园区现状各类住区的数量、入住户数及类型的空间分布。以各类住区的入住户数为统计口径，其中以中档住区占比最多，占泰山园区总入住户数的 46.1%，中档住区主要沿大桥北路和浦珠路分布，交通便利，具有较好的公共服务设施配套。高档住区占比为 17.8%，分布在朱家山河东岸，环境相对较好。城中村和拆迁安置区占比较少，分别为 15.9% 和 11.9%，靠近朱家山河，目前交通条件差、公共服务设施配套缺乏。普通住区占比最少，为 8.3%，主要位于园区北部，在老工业企业周边分布。

（2）住区建设年代

根据泰山园区居住空间发展阶段，将住区建设年代分为1998年以前、1998—2004年、2004—2010年以及2010年以后四个阶段。

由图3-37可见，泰山园区居住空间的发展呈跳跃模式。1998年以前是老浦口区居住空间的扩张，分布在离主城较远的泰山园区北部和西部。1998—2010年，南京城市建设向新城区跨越式发展，部分人口和产业向江北疏散，离南京主城较近的泰山园区东部和南部地块进行了开发建设，以疏解主城区的发展压力。2004年以后新建的住区以中档及高档住区为主，同时建设了部分拆迁安置区。2010年以后，园区建设由扩张式发展转向内涵式发展，新增建设用地由园区边缘转向内部地块以及零星边角用地。

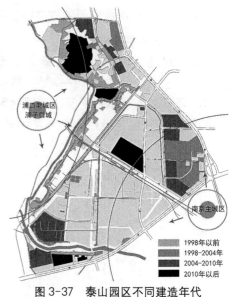

图3-37　泰山园区不同建造年代
住区空间分布图
资料来源：本课题组根据现状调研数据绘制

6）泰山园区居住空间的配套设施特征解析

（1）教育设施择位

总体态势：泰山园区有教育需求的家庭占居住人群的47%，教育设施择位为主城区的占9%，教育设施择位为新城区的占38%（图3-38）。

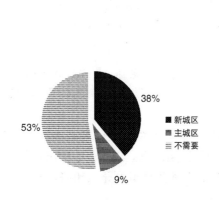

图3-38　泰山园区居住人群教育设施择位图
资料来源：本课题组根据调研数据绘制

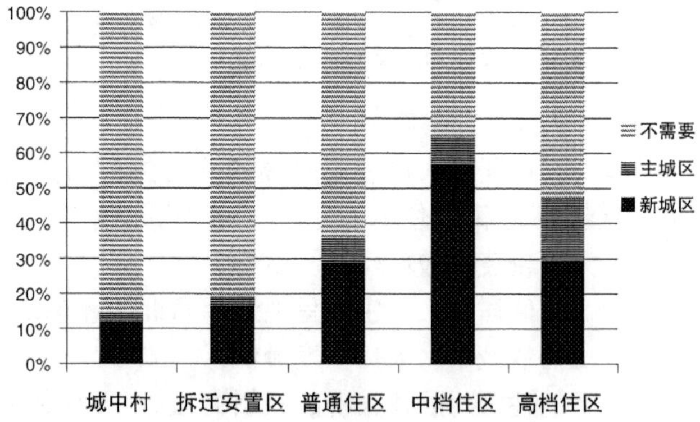

图3-39　泰山园区不同住区居住人群教育设施择位图
资料来源：本课题组根据调研数据绘制

不同住区类型的教育设施择位特征：由图3-39可见，住区档次越高，教育设施择位为主城区的家庭占比越高，高档住区居民家庭选择主城区教育设施的占比为18%。

教育设施择位的空间分布特征：选择主城区学校作为子女受教育地点的居住人群主要分布在大桥北路与浦珠路沿线的东部居住组团和澳林嘉园这一高档住区（图3-40）。这两地与主城区的交通联系最为便捷，小区房价也最高，故这部分人群对教育水平的要求较高。新城区的教育设施水平不能满足其要求，是造成该部分人群职住分离的原因之一。

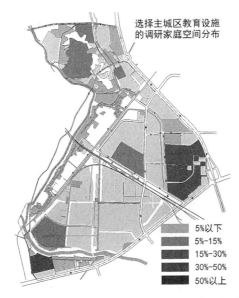

选择主城区教育设施
的调研家庭空间分布

5%以下
5%-15%
15%-30%
30%-50%
50%以上

图3-40 选择主城区教育设施的调研家庭空间分布图
资料来源:本课题组根据调研数据绘制

(2) 购物设施择位

总体态势:泰山园区选择在新城区购物的居住人群占比高达96%,选择在主城区购物的居住人群仅占4%(图3-41)。泰山园区绝大部分居住人群在新城区日常购物,主要原因是泰山园区邻近桥北商业中心,新城区商业服务设施配套齐全。

不同住区类型的购物设施择位特征:各类型住区大部分居住人群选择在新城区日常购物,中档及高档住区人群选择在主城区购买日常用品的占比略高(图3-42)。住区档次越高,与其经济状况相应,选择在本街道外购物的占比越高(部分中档住区与桥北商业中心在同一街道,故占比产生变化)。

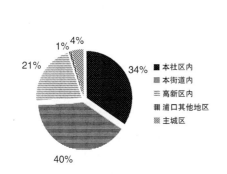

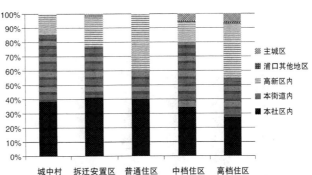

图3-41 泰山园区居住人群日常购物选择图
资料来源:本课题组根据调研数据绘制

图3-42 泰山园区不同住区居住人群日常购物选择图
资料来源:本课题组根据调研数据绘制

购物设施择位的空间分布特征:由图3-43可见,选择在主城区日常购物的居住人群主要分布在靠近长江大桥的东部居住区和高档住区。通过对该类人群就业地的统计,在主城区购物的人群中71%就业地在主城区,下班后顺道购物的人群较多。

(3) 医疗设施择位

总体态势:泰山园区居住人群常见病就医地选择在新城区医院的占比为75%,选择在主城区医院的占比为 25%(图 3-44),说明新城区医疗设施基本能满足泰山园区居住人群的就医需求。

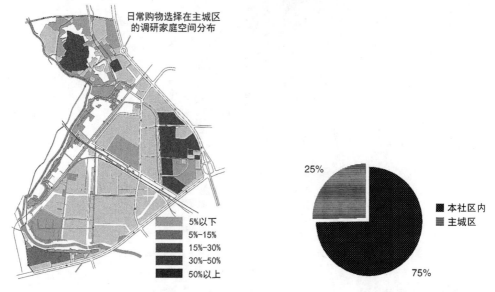

图3-43 日常购物选择在主城区的调研家庭空间分布图 图3-44 泰山园区居住人群常见病就医选择图
资料来源:本课题组根据调研数据绘制 资料来源:本课题组根据调研数据绘制

不同住区类型的医疗设施择位特征:与其经济状况相应,中档及高档住区的居住人群常见病就医地选择在主城区的比重较大,占30%以上。城中村、拆迁安置区和普通住区的居住人群常见病就医地选择在主城区的比重较小(图 3-45)。

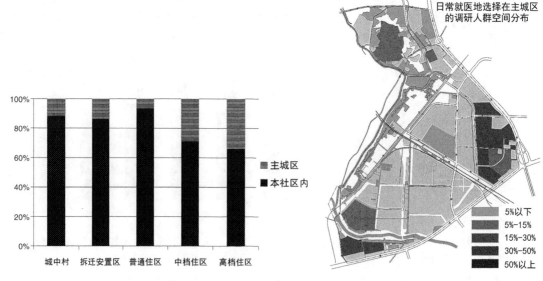

图 3-45 泰山园区不同住区居住人群 图 3-46 日常就医地选择主城区的
常见病就医选择图 人群空间分布图
资料来源:本课题组根据调研数据绘制 资料来源:本课题组根据调研数据绘制

医疗设施择位的空间分布特征:由图 3-46 可见,常见病就医地选择在主城区的居住人群主要集中在泰山园区东部及西南部的中档住区、高档住区,这部分人群经济状况较好,对就医费用不敏感,倾向于选择医疗水平更高的主城区医院。

(4)文娱设施择位

总体态势:泰山园区居住人群文娱设施选择在新城区的占比为83%,选择主城区的仅占17%(图3-47)。泰山园区居住人群以青年人群为主,故新城区文娱设施基本能满足泰山园区居住人群的文化娱乐需求。

不同住区类型的文娱设施择位特征:城中村、拆迁安置区和普通住区的居住人群选择主城区文娱设施的人数较少,均低于10%。与其经济状况相应,中档及高档住区的居住人群选择主城区文娱设施的比重相对较大,达20%以上(图3-48)。

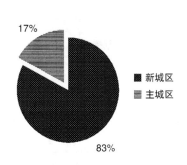

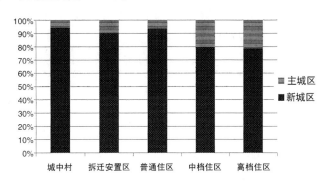

图3-47 泰山园区居住人群文娱设施选择图
资料来源:本课题组根据调研数据绘制

图3-48 泰山园区不同住区居住人群文娱设施选择图
资料来源:本课题组根据调研数据绘制

文娱设施择位的空间分布特征:由图3-49可见,选择主城区文娱设施的居住人群主要集中在泰山园区东部及西南部的中档住区、高档住区,这部分人群经济状况较好,消费能力强,对文娱设施的选择更多样。

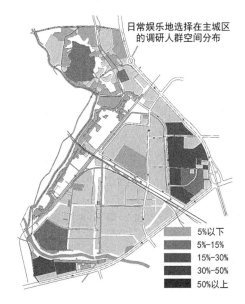

图3-49 选择主城区文娱设施的人群空间分布图
资料来源:本课题组根据调研数据绘制

3.1.4　江北副城泰山园区居住空间特征的主因子分析

运用 SPSS 软件对泰山园区居住空间单因子分析的 19 个输入变量进行因子降维分析，将具有相关性的多个因子变量综合为少数具有代表性的主因子，这些主因子能反映原有变量的大部分信息，从而能最大限度地概括和解释研究特征。

对 19 个输入变量进行适合度检验，测出 KMO 值（因子取样适合度）为 0.727，Bartlett's（巴特利特球形检验）的显著性 Sig. =0.000，说明变量适合做主因子分析①。

如表 3-4 所示，本次因子降维分析共得到特征值大于 1 的主因子 5 个，累计对原有变量的解释率达到 61.640%。

表 3-4　泰山园区居住空间研究的主因子特征值和方差贡献表

成分	解释的总方差								
	初始特征值			提取平方和载入			旋转平方和载入		
	合计	占方差的%	累积%	合计	占方差的%	累积%	合计	占方差的%	累积%
1	5.051	26.583	26.583	5.051	26.583	26.583	3.409	17.940	17.940
2	2.401	12.636	39.219	2.401	12.636	39.219	3.115	16.392	34.332
3	1.775	9.344	48.563	1.775	9.344	48.563	2.016	10.609	44.941
4	1.319	6.942	55.505	1.319	6.942	55.505	1.587	8.354	53.296
5	1.166	6.135	61.640	1.166	6.135	61.640	1.585	8.345	61.640
6	.983	5.171	66.811						
7	.908	4.781	71.593						
8	.798	4.200	75.792						
9	.727	3.827	79.619						
10	.665	3.502	83.121						

提取方法：主成分分析。仅列出前 10 个因子的特征值和方差贡献率，其他因子略。

资料来源：采用 SPSS 主因子分析后得出的相关数据汇总

采用最大方差法进行因子旋转，得到旋转成分矩阵。旋转后各主因子所代表的单因子如表 3-5 所示。综合分析荷载变量，将 5 个主因子依次命名为：阶层特征、居住状况、设施配套、住房水平、住区状况。

根据主因子旋转成分矩阵表（表 3-5）得到主因子与标准化形式的输入变量之间的数学表达式，进而得到不同居住人群的各主因子最终得分。最后将主因子与居住人群的空间数据进行关联，解析各主因子不同得分水平的居住人群的空间分布特征。

---

①　KMO 统计量用于比较变量之间的相关性，取值范围为 0—1，KMO 值越接近于 1，意味着变量之间的相关性越高。KMO 在 0.9 以上表示非常适合；0.8—0.9 表示比较适合；0.7—0.8 表示还好；0.6—0.7 表示中等；0.5 以下表示不适合做因子分析。Sig. <0.001 表示变量之间具有极其显著的相关性。

表 3-5 泰山园区居住空间研究的主因子旋转成分矩阵表

指标因子	成分				
	主因子 1	主因子 2	主因子 3	主因子 4	主因子 5
	阶层特征	居住状况	设施配套	住房水平	住区状况
住区区位	− .904	.121	− .015	.143	.081
住房均价	.867	.193	.013	− .038	− .015
个人月收入	.652	.162	.133	.084	.174
家庭月收入	.627	.374	.095	.221	− .023
学历水平	.566	.535	.230	− .154	.130
教育设施择位	.479	− .113	− .095	.391	.434
住区入住率	− .034	− .794	.016	− .204	− .138
年龄结构	− .057	− .676	− .246	.359	− .092
住区类型	.463	.643	.123	.028	.436
原户口所在地	.149	.572	− .112	− .163	.098
入住时间	− .130	− .543	− .310	.165	.304
医疗设施择位	.065	.028	.817	.004	.066
文娱设施择位	− .039	.263	.745	.124	.106
购物设施择位	.122	− .080	.630	− .005	.051
住房面积	.217	.100	.145	.694	.062
资产月收入	− .206	− .399	.128	.552	− .070
现有住房来源	− .048	− .108	− .071	.479	− .192
住区人口密度	− .228	.462	.099	− .119	.713
住区建设年代	.222	.067	.268	− .250	.671

提取方法:主成分。

旋转法:具有 Kaiser 标准化的正交旋转法。

a. 旋转在 7 次迭代后收敛。

资料来源:采用 SPSS 主因子分析后得出的相关数据汇总

根据各主因子的实际得分情况,将主因子得分水平分为高得分水平(得分＞0)和低得分水平(得分＜0)两种类型。

1) 主因子 1:阶层特征

阶层特征主因子的方差贡献率为 17.940%,主要反映的单因子有住区区位、住房均价、个人月收入、家庭月收入、学历水平、教育设施择位。

总体特征:如图 3-50,主因子 1 高得分水平人群占总数的 52%,主要特征为:大部分住区距离主城较近、住房价格在 7 000 元/m² 以上、学历水平在大专或本科以上、家庭月收入高、子女受教育地点不在本街道内。主因子 1 低得分水平人群占总数的 48%,主要特征为:

大部分住区距离主城较远、住房价格基本在 10 000 元 /m² 以下、学历水平在大专或本科以下，家庭月收入低、子女无教育需求或子女受教育地点选择在本街道内。

不同住区类型主因子 1 的构成特征：如图 3-51，主因子 1 低得分水平居住人群主要分布在城中村、拆迁安置区以及普通住区，城中村、拆迁安置区低得分水平人群占本住区居住人群的 90% 以上，普通住区的占居住人群的 40%。主因子 1 高得分水平居住人群主要分布在中档住区和高档住区，占这两类住区居住人群的 60% 以上。

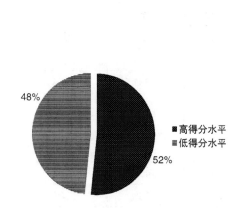

图 3-50　主因子 1 不同得分水平居住人群比例图　　图 3-51　各类住区主因子 1 不同得分水平居住人群构成图
资料来源：本课题组根据调研统计数据绘制　　　　　资料来源：本课题组根据调研统计数据绘制

主因子 1 的空间分布特征：如图 3-52，主因子 1 低得分水平人群主要分布在泰山园区的西部及北部的拆迁安置区和城中村。在部分高档、中档住区也有低得分水平人群分布，该类人群主要为城中村改造后得到较大金额补偿的原住民，他们选择在中、高档住区购房居住，而没有选择居住在拆迁安置区。主因子 1 高得分水平人群主要分布在泰山园区东部及南部的大桥北路与浦珠路沿线新建的中档住区和高档住区。

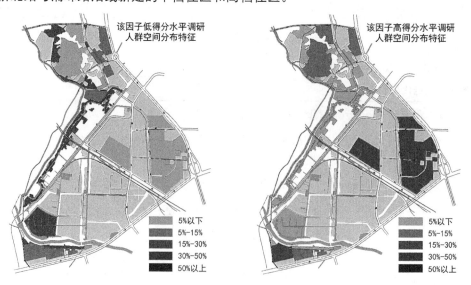

图 3-52　主因子 1 不同得分水平居住人群的空间分布特征图
资料来源：本课题组根据调研统计数据绘制

2）主因子2：居住状况

居住状况主因子的方差贡献率为16.392%，主要反映的单因子有住区入住率、年龄结构、住区类型、原户口所在地、入住时间。

总体特征：如图3-53，主因子2高得分水平人群占总数的61%，主要特征为：所在住区的入住率在70%以下、年龄结构主要在45岁以下、主要分布在中档住区和高档住区、大部分人群的原户口所在地非南京本地、入住时间主要在5年以下。主因子2低得分水平人群占总数的39%，主要特征为：主要分布在城中村、拆迁安置区及普通住区，住区入住率较高，年龄结构主要在45岁以上，原户口所在地以南京为主，大部分为浦口区，入住时间主要在5年以上。

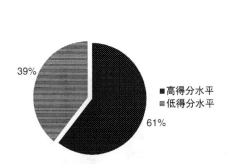

图3-53　主因子2不同得分水平居住
人群比例图
资料来源：本课题组根据调研统计数据绘制

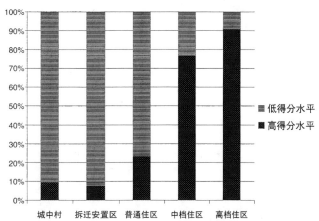

图3-54　各类住区主因子2不同得分
水平居住人群构成图
资料来源：本课题组根据调研统计数据绘制

不同住区类型主因子2的构成特征：如图3-54，在城中村、拆迁安置区以及普通住区内以主因子2低得分水平人群为主，占到了本住区调研人数的70%以上。中档住区和高档住区以主因子2高得分水平人群为主，占到了这两类住区总调研人数的70%以上。

主因子2的空间分布特征：如图3-55，主因子2低得分水平人群的空间分布相对均衡，除高档住区外其他类型住区均有相当数量的人群分布。主因子2高得分水平人群主要分布在泰山园区东部及南部的大桥北路与浦珠路沿线新建的中档住区和高档住区。

3）主因子3：设施配套

设施配套主因子的方差贡献率为10.609%，主要反映的单因子有医疗设施择位、文娱设施择位、购物设施择位。

总体特征：如图3-56，主因子3高得分水平人群占总数的55%，主要特征为：大多选择在泰山街道或者高新区其他地区购物，就医和文化娱乐活动主要选择在主城区或浦口其他地区。主因子3低得分水平人群占总数的45%，主要特征为：大多选择在泰山街道购物，就医和文化娱乐活动主要选择在高新区内。

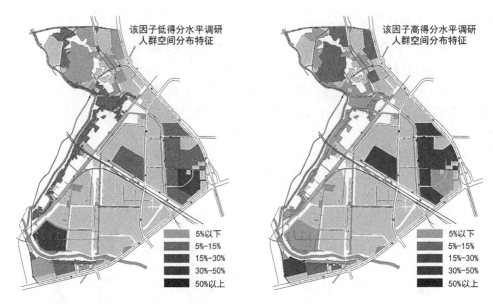

图 3-55 主因子 2 不同得分水平居住人群的空间分布特征图
资料来源:本课题组根据调研统计数据绘制

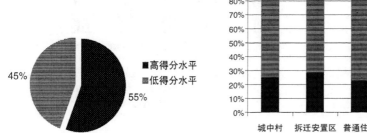

图 3-56 主因子 3 不同得分水平居住
人群比例图
资料来源:本课题组根据调研统计数据绘制

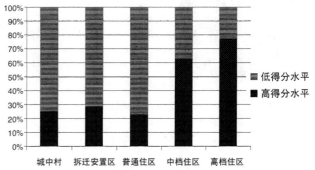

图 3-57 各类住区主因子 3 不同得分水平
居住人群构成图
资料来源:本课题组根据调研统计数据绘制

不同住区类型主因子3的构成特征:如图 3-57,主因子3低得分水平居住人群主要集中在城中村、拆迁安置区以及普通住区,占本住区居住人数的 70%以上。主因子3高得分水平居住人群主要集中在中档住区和高档住区,占这两类住区居住人数的 60%以上。

主因子3的空间分布特征:如图 3-58,主因子3低得分水平人群主要分布在泰山园区的西部及北部的拆迁安置区和城中村。主因子3高得分水平人群主要分布在泰山园区东部及南部的大桥北路与浦珠路沿线新建的中档住区和高档住区,该类人群的经济条件相对较好,对公共服务设施水平的要求相对较高,故就医和文化娱乐活动选择去主城区的人数较多。

4) **主因子 4:住房水平**

住房水平主因子的方差贡献率为 8.354%,主要反映的单因子有住房面积、资产月收入、现有住房来源。

总体特征:如图 3-59,主因子4高得分水平人群占总数的 49%,主要特征为:住房面积

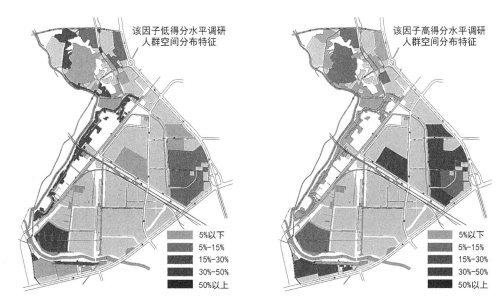

图 3-58 主因子 3 不同得分水平居住人群的空间分布特征图
资料来源:本课题组根据调研统计数据绘制

在 80 m² 以上、有较大比例人群有资产月收入、现有住房来源主要为自购或其他。主因子 4
低得分水平人群占总数的 51%,主要特征为:住房面积在 90 m² 以下、无资产月收入、现有住
房来源中继承和租赁的人群占一定比例。

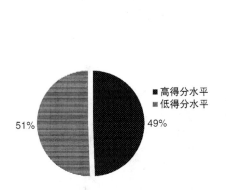

图 3-59 主因子 4 不同得分水平居住
人群比例图
资料来源:本课题组根据调研统计数据绘制

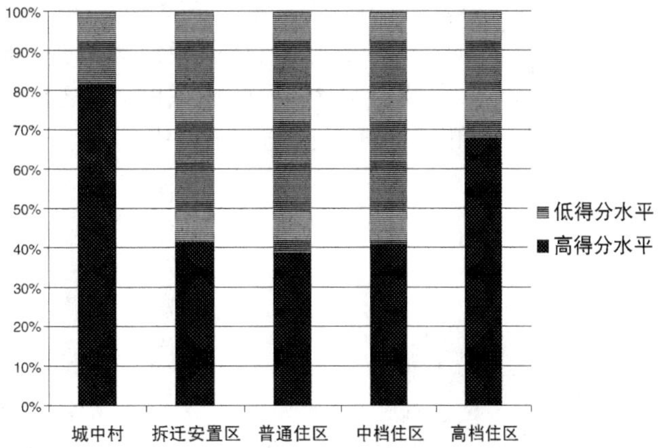

图 3-60 各类住区主因子 4 不同得分水平
居住人群构成图
资料来源:本课题组根据调研统计数据绘制

不同住区类型主因子 4 的构成特征:如图 3-60,主因子 4 高得分水平人群主要分布在高
档住区和城中村,主因子 4 低得分水平人群主要分布在拆迁安置区、普通住区及中档住区。

主因子 4 的空间分布特征:如图 3-61,主因子 4 高得分水平人群在泰山园区的各类住区
均有分布,没有明显的空间集聚现象。主因子 4 低得分水平人群主要分布在泰山园区东部、
大桥北路及浦珠路沿线的新建中档住区。

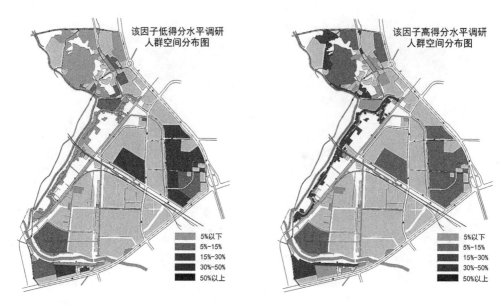

图 3-61　主因子 4 不同得分水平居住人群的空间分布特征图
资料来源:本课题组根据调研统计数据绘制

5) 主因子 5:住区状况

住区状况主因子的方差贡献率为 8.345%,主要反映的单因子有住区人口密度和住区建设年代。

总体特征:如图 3-62,该主因子高得分水平人群占总数的 45%,主要特征为:所在住区的人口密度在 200 人/hm² 以上、住区建设年代在 2004 年以后。该主因子低得分水平人群占总数的 55%,主要特征为:所在住区的人口密度在 300 人/hm² 以下、住区建设年代在 2004—2010 年和 1998 年以前这两个阶段。

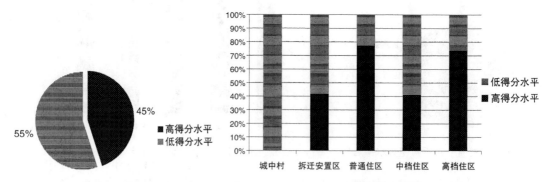

图 3-62　主因子 5 不同得分水平居住
人群比例图
资料来源:本课题组根据调研统计数据绘制

图 3-63　各类住区主因子 5 不同得分水平
居住人群构成图
资料来源:本课题组根据调研统计数据绘制

不同住区类型主因子 5 的构成特征:如图 3-63,主因子 5 低得分水平居住人群主要分布在城中村、拆迁安置区以及中档住区,占本住区居住人群的 60% 以上。主因子 5 高得分水平人群主要分布在普通住区和高档住区,占这两类住区居住人群的 70% 以上。拆迁安置区和中档住区不同得分水平人群的构成特征不明显,原因是这两类住区的建造年代在不同时间段均有分布,对主因子的分析产生了干扰。

主因子5的空间分布特征:如图3-64,主因子5高得分水平人群主要分布在泰山园区北部及西南部的普通住区和高档住区,距离主城区相对较远。主因子5低得分水平人群主要分布在泰山园区东部大桥北路和浦珠路沿线的新建中档住区、城中村、拆迁安置区,住区类型多样,公共设施配套和区位交通情况也有较大差别。

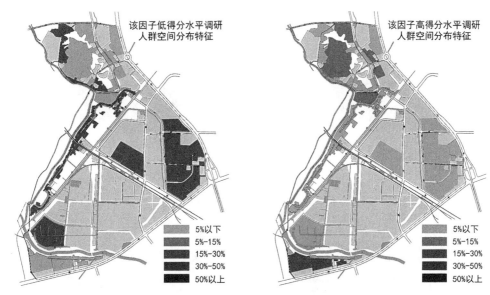

图3-64 主因子5不同得分水平居住人群的空间分布特征图
资料来源:本课题组根据调研统计数据绘制

3.1.5 江北副城泰山园区居住空间特征的聚类分析

将上述影响居住人群居住空间特征的5个主因子(阶层特征、居住状况、设施配套、住房水平、住区状况)作为变量,运用SPSS 19.0软件,对泰山园区居住人群调研样本进行聚类分析。这一方法有助于进一步了解泰山园区居住人群的结构特征,从而概要归纳不同类别居住人群在泰山园区的空间分布规律。

采用聚类分析方法,根据各主因子得分,得出聚类龙骨图,将居住人群调研样本分为五类,得到主因子的聚类结构,对其构成特征进行分析。

第一类:占居住人群总数的20%。泰山园区西部、南部的城中村、拆迁安置区及普通住区中该类人群占比较高。年龄在45岁以上,原户口所在地主要是南京地区,其中大部分为浦口区,以夫妻家庭和核心家庭为主,家庭月收入低(在6 000元以下),50%以上该类人群拥有资产性月收入。学历水平低(大都在大专或本科以下),职业类型构成多样化,入住时间在5年以上。住区建设年代主要为2004—2010年和1998年以前,住房均价在7 000元/m² 以下,住区入住率较高,住的人口密度在200人/hm² 以下。大部分人群的住房面积在90 m²以下,大多无子女教育需求,主要选择新城区内的购物、文娱、医疗设施(图3-65)。

第二类:占居住人群总数的17%。泰山园区北部、南部的中档及高档住区中该人群占比较高。主要为45岁以下的中青年,原户口所在地主要是非南京地区,以核心家庭和主干家庭为主，家庭月收入中等以上（大多数在 6 000—20 000 元），大多数无资产性月收入。学历水平中等以上（大专或本科以上），职业类型以企业员工、公司职员、工程技术人员及私营个体户为主。入住时间在 5 年以下，住区建设年代在 2004 年以后，住房均价在 1 万元/m² 以上，住区入住率在 70% 以下，住区人口密度为 200—300 人/hm²。大部分人群的住房面积在 70 m² 以上，子女受教育地点在新城区，购物、文娱、就医设施的区位选择较为平均（图 3-66）。

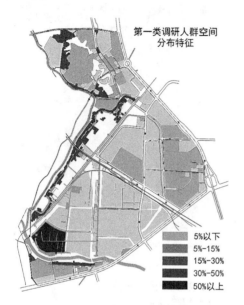

图 3-65　第一类居住人群空间分布图
资料来源：本课题组根据调研统计数据绘制

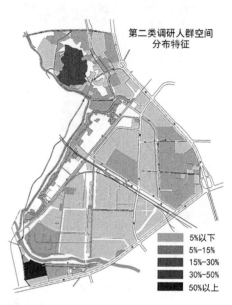

图 3-66　第二类居住人群空间分布图
资料来源：本课题组根据调研统计数据绘制

第三类：占居住人群总数的 21%。泰山园区北部、南部的拆迁安置区和中档住区中该类人群占比较高。主要为 25—45 岁的中青年，原户口所在地主要是江苏省内，其中 50% 为浦口区，以核心家庭和主干家庭为主，家庭月收入中等（大多数在 6 000—10 000 元），无资产性月收入。学历水平中等（主要为大专或本科），职业类型以企业员工、公司职员以及工程技术人员为主。入住时间在 5 年以下，住区建设年代在 2010 年以后，住房均价在 5 000—10 000 元/m²，住区入住率较高，住区人口密度在 300 人/hm² 以上。大部分人群的住房面积在 70 m² 以上，子女受教育地点在新城区，选择在新城区购物、就医和文化娱乐（图 3-67）。

第四类：占居住人群总数的 23%。泰山园区西部的中档住区中该类人群占比较高。主要为 25—45 岁之间的中青年，原户口所在地主要是江苏省内，以

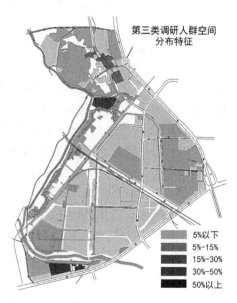

图 3-67　第三类居住人群空间分布图
资料来源：本课题组根据调研统计数据绘制

夫妻家庭、核心家庭以及主干家庭为主,家庭月收入高(大多数在1万元以上),大多数无资产性月收入。学历水平中等以上(大专或本科以上),职业类型以企业员工、公司职员、工程技术人员及私营个体户为主,入住时间在5年以下。住区建设年代在2004—2010年,住房均价在10 000元/m²以上,住区入住率在50%以上,住区人口密度在300人/hm²以下。住房面积主要在70 m²以上,子女受教育地点在新城区,选择在新城区购物和文化娱乐,医疗设施的选择多样化(图3-68)。

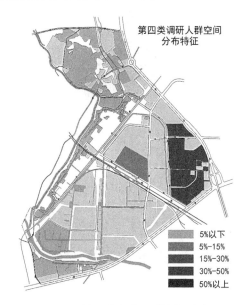 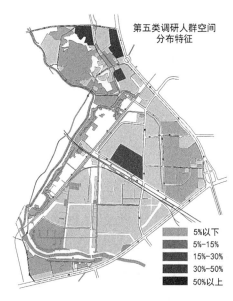

图3-68　第四类居住人群空间分布图
资料来源:本课题组根据调研统计数据绘制

图3-69　第五类居住人群空间分布图
资料来源:本课题组根据调研统计数据绘制

第五类:占居住人群总数的19%。泰山园区中部、北部的中档住区中该类人群占比较高。主要为35岁以下的青年人群,原户口所在地主要是非南京地区,以主干家庭为主,家庭月收入中等(大多数在6 000—10 000元),大多数无资产性月收入。学历水平中等以上(大专或本科以上),职业类型以企业员工和公司职员为主。入住时间在5年以下,住区建设年代在2004—2010年,住房均价在7 000—10 000元/m²,住区入住率在50%以上,住区人口密度在200人/hm²以上。住房面积主要在70 m²以上,子女受教育地点为新城区,主要选择新城区内的购物、文娱、医疗设施(图3-69)。

将五类居住人群的空间分布特征进行空间落位(图3-70),可得出泰山园区居住空间结构呈现圈层分布的形态特征(图3-71)。

第一类居住人群主要分布在泰山园区西部、南部的城中村、拆迁安置区及普通住区,交通条件差,公共服务设施相对落后,住区内部环境品质较差。

第二类居住人群主要分布在泰山园区北部和南部的中档及高档住区,住区景观环境较好,交通相对便捷。

第三类居住人群主要分布在泰山园区北部、南部的拆迁安置区和中档住区,交通条件相对较好,但住区内部环境品质一般。

第四类居住人群主要分布在泰山园区西部的中档住区,靠近长江大桥出入口,与南京主城区的交通联系最为便捷,公共服务设施完善。

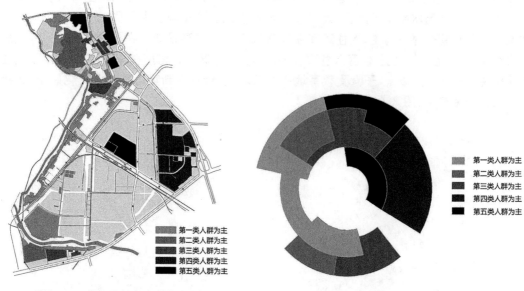

图 3-70   泰山园区五类居住人群
空间分布图
资料来源:本课题组根据调研统计数据绘制

图 3-71   泰山园区五类居住人群
空间分布模式图
资料来源:本课题组根据调研统计数据绘制

第五类居住人群主要分布在泰山园区中部、北部的新建中档住区,相较第四类人群,区位条件略差,住房均价稍低。

3.2   江北副城泰山园区就业空间特征研究

3.2.1   江北副城泰山园区就业空间概况

泰山园区就业空间用地主要有工业用地、商业服务业用地、公共管理与服务用地、教育科研用地。

泰山园区现有工业企业根据成立时间,可分为老企业和新建企业两种(表 3-6)。总工业用地面积 109.20 hm²。

老企业为成立年代较早的企业,厂房质量一般、设施陈旧,大都集中在梅桂营铁路以北,主要有以南京特种灯泡有限责任公司、南京钟表材料厂等为代表的传统制造业企业。

新建企业主要集中在小柳工业园,位于梅桂营铁路东侧、柳州路西侧以及星火路南侧区域。主要是以南车集团浦镇车辆厂、威孚金宁有限公司等为代表的先进制造业企业。

现状商业服务业用地主要集中分布在大桥北路西测、浦珠路北侧以及泰西路两侧区域,总用地面积 18.01 hm²。主要有商业零售和汽车 4S 店两种类型。

教育科研用地呈散点状分布,主要位于京沪铁路北侧,总用地面积 29.93 hm²。

公共管理与服务业用地较为分散,主要沿大桥北路与浦珠路沿线分布,总用地面积 11.06 hm²(图 3-72)。

图 3-72　泰山园区现状就业空间分布图
资料来源:本课题组根据现状调研结果绘制

3.2.2　江北副城泰山园区就业空间数据采集与指标因子遴选

1) 江北副城泰山园区就业空间数据采集

本书以问卷调查数据以及就业空间相关数据作为就业空间研究的前提和基础,综合运用问卷统计法、实地观察法、访谈法等多种方法对泰山园区就业人群进行数据采集。按就业单位对就业人群进行问卷发放,每个就业单位发放的问卷数量大致为员工人数的5%。剔除无效问卷,实地调研有效问卷 1 070 份,达到了社会调查抽样率不低于5%的要求(表 3-6)。

根据泰山园区现状产业特征,将泰山园区就业空间类型划分为制造业、商业服务业、公共服务业及教育机构四个类型,采取随机抽样的方法,达到了对泰山园区内不同就业人群、不同行业类别的全覆盖,保证了数据采集的科学性(图 3-73)。

制造业包括特种灯泡厂、钟表材料厂、浦口轨枕厂、英发天虹电子厂、德研电子、苏邦生物、南车集团浦镇车辆厂等21家工厂企业,回收有效问卷 634 份;商业服务业包括华润苏果超市、澳林家居生活广场、东风本田 4S 店、上海汽车 4S 店以及区内其他商业,回收有

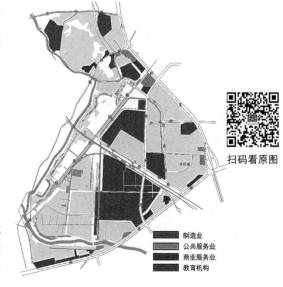

图 3-73　泰山园区现状行业类别空间分布图
资料来源:本课题组根据现状调研结果绘制

效问卷 150 份；公共服务业包括华侨广场大厦、行政办公单位和各类服务机构，回收有效问卷 136 份；教育机构包括调研区内的南京交通科技学校、南京浦口外国语学校、南京第十七中学等学校，回收有效问卷 150 份。

现状小柳工业园内小型制造业企业较多，呈产业链空间分布，围绕南车集团浦镇车辆厂集聚。根据企业规模和产业链布局将小柳工业园内企业分为四类（南车集团、轨枕厂、服务南车集团的电子制造企业以及一般中小型制造企业）进行问卷统计，便于对不同行业类别的空间分布特征进行因子分析。

表 3-6　泰山园区各类型就业单位调研信息一览表

行业类别	单位名称	地块位置	成立时间/年	占地面积/hm²	就业人数	有效问卷/份
制造业（老企业）	特种灯泡厂	东大路南侧	1979	7.50	1 000	
	钟表材料厂	火炬路西侧	1972	1.26	1 000	
	桥北保温材料厂	泰西路南侧	1999	1.51	250	
	浦口轨枕厂	星火路南侧	1988	13.79	500	
	苏兴车辆配件厂	点将台路东侧	1992	0.48	50	
	英发天虹电子厂	泰达路南侧	1980	2.75	438	
	合计		—	27.29	3 238	
制造业（新企业）	苏食集团	星火路北侧	2007	6.28	200	
	雷曼工贸	小柳工业园	2007	2.16	400	
	波斯颜料	小柳工业园	2005	0.82	50	
	永青食品	小柳工业园	2008	1.84	200	
	诚盟化工	小柳工业园	2009	0.80	260	634
	涤太太科技公司	小柳工业园	2003	0.29	300	
	德研电子	小柳工业园	2004	1.51	150	
	冠亚电源	小柳工业园	2001	0.98	200	
	宇能仪表	小柳工业园	2007	0.90	200	
	烁飞电子	小柳工业园	2006	1.08	250	
	威孚金宁公司	柳州路西侧	2003	19.50	1 000	
	泰克曼电子	小柳工业园	2007	0.68	195	
	苏邦生物	小柳工业园	2002	1.24	150	
	电研电力	小柳工业园	2009	3.50	380	
	浦镇车辆厂	柳州路西侧	2007	40.33	7 100	
	合计		—	81.91	11 035	
教育机构	南京交通科技学校	东大路南侧	1964	10.93	581	
	南京浦口外国语学校	星火路北侧	2012	11.00	98	
	南京第十七中学	梅桂营铁路北侧	1941	6.08	91	150
	小学	—	—	1.92	120	
	合计		—	29.93	890	

行业类别	单位名称	地块位置	成立时间/年	占地面积/hm²	就业人数	有效问卷/份
商业服务业	东风本田 4S 店	火炬南路北侧	2012	3.27	80	150
	上海汽车 4S 店	浦珠路西侧	2011	2.89	50	
	澳林家居生活广场	浦珠路北侧	2008	3.64	127	
	华润苏果超市	大桥北路西侧	2005	1.36	120	
	其他商业	—	—	6.85	3 000	
	合计		—	18.01	3 377	
公共服务业	华侨广场大厦	大桥北路西测	2008	1.36	2 000	136
	行政办公	—	—	6.24	310	
	服务机构	—	—	3.46	250	
	合计		—	11.06	2 560	

资料来源:本课题组根据企业走访调研和土地利用现状图相关信息汇总而成(2014)

2) 江北副城泰山园区就业空间特征研究的指标因子遴选

对于就业空间特征的研究,同样采用 SPSS 软件中的因子生态分析法,同时利用 GIS 软件将调研人群的各项属性数据与空间关联,实现研究成果的空间落位。

第 3.2 节主要从就业空间指标因子表(表 1-2)中的就业人群和就业空间两方面对泰山园区就业空间特征进行了分析研究。表 1-2 中通勤行为的相关指标因子,作为居住、就业空间共同的因子构成,在第 3.3 节江北副城泰山园区职住空间匹配的研究中用于对新城区居住、就业空间的职住关系的量化分析。

因此将第 1.5.3 节的"就业空间指标因子表"(表 1-2)中关于就业人群和就业空间的 25 个指标因子作为本节就业空间特征研究的指标体系。为使调研对象的特征类型实现空间落位,通过 SPSS 软件将各因子与行业类别因子关联,对调研问卷数据进行 Spearman 相关性分析(分析过程数据从略),剔除相关性较低的因子,遴选出最终的就业空间特征研究的因子指标体系(为方便泰山园区居住人群与就业人群的对比研究,对就业人群的部分指标因子进行保留)(表 3-7)。

表 3-7　泰山园区就业空间特征研究最终选取的指标因子表

研究对象	特征类型		一级变量	测度方式	备注
就业人群	社会属性	1	年龄结构	定距测度	按照年龄大小划分为 5 级
		2	原户口所在地	名义测度	调研对象的原户口所在地
		3	学历水平	顺序测度	根据学历高低划分为 4 级
		4	家庭类型	名义测度	按照家庭代际关系与人数划分成 4 类
	经济属性	5	个人月收入	顺序测度	个人月收入水平,按级划分为 5 级
		6	家庭月收入	顺序测度	家庭月收入水平,按级划分为 5 级

续表 3-7

研究对象	特征类型	一级变量		测度方式	备注
就业人群	经济属性	7	资产月收入	顺序测度	按调研人群有无资产月收入,划分为 2 类
		8	就业岗位	名义测度	按照人口统计标准规范,划分为 7 类
		9	专业职称	顺序测度	技能水平划分为初级、中级、高级 3 级
		10	工作年限	顺序测度	按照在目前单位工作年限划分为 4 级
就业空间	居住特征	11	居住方式	名义测度	根据一起居住的人群类别划分为 2 类
	密度特征	12	单位员工数	定距测度	根据单位的员工数量划分为 5 级
		13	单位人口密度	定距测度	根据单位每公顷的员工数量划分为 5 级
		14	市内同类单位数	定距测度	根据市域内相关单位的多少划分为 3 级
	单位类型	15	行业类别	名义测度	根据单位所属行业划分为 4 类
		16	单位成立时间	定距测度	根据泰山园区发展阶段划分为 4 级

资料来源:对就业人群和就业空间各因子进行 Spearman 相关性分析后剔除相关度低的因子得出

3.2.3　基于单因子的江北副城泰山园区就业空间特征分析

根据表 3-7 遴选出的 16 个指标因子的调研数据,从就业人群的社会属性、经济属性以及就业空间的居住特征、密度特征、单位类型这 5 个特征类型入手,采用 SPSS 软件的因子生态分析法,对泰山园区的就业空间特征进行分析研究。

1)泰山园区就业人群的社会属性解析

(1)年龄结构

总体态势:泰山园区就业人群中 25—35 岁的占总数的 39%,35—45 岁的占 42%,二者占总人数的 81%(图 3-74),泰山园区整体年龄结构以中青年为主。

不同行业类别的年龄结构特征:25—35 岁、35—45 岁的中青年就业人群是制造业、公共服务业、教育机构等就业人群的主体,达到每个行业类别人数的 80% 以上。商业服务业 45 岁以上就业人群达该行业类别的 45%,而 35 岁以下人群仅占 23%(图 3-75),可见商业服务业就业人群以中年以上人群为主。

年龄结构的空间分布特征:由图 3-76 可见,45 岁以下的就业人群主要分布在泰山园区中部的小柳工业园,主要就业单位为南车集团及其关联企业。45 岁以上就业人群主要为商业服务业及教育机构从业人员,分布在南京交通技术学院及泰西路、大桥北路、浦珠路沿线。

(2)原户口所在地

总体态势:泰山园区就业人群的原户口所在地以南京市为主,累计达到就业人群的 65%(图 3-77),可见泰山园区的企业对南京地区就业人口的吸引力较强,对江苏省外就业人口的吸引力相对最弱。

不同行业类别的原户口所在地特征:不同行业类别就业人群的原户口所在地构成差异较大(图 3-78)。制造业员工原户口所在地以南京市为主,达 65% 以上。相对于制造业,公

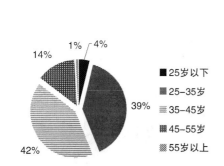

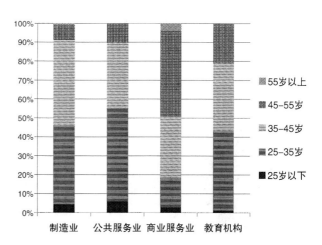

图 3-74 泰山园区就业人群年龄构成图
资料来源:本课题组根据调研数据绘制

图 3-75 泰山园区不同行业类别就业人群年龄构成图
资料来源:本课题组根据调研数据绘制

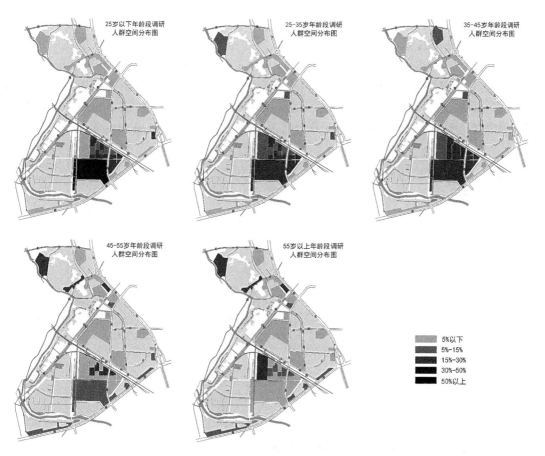

图 3-76 泰山园区不同年龄段就业人群空间分布图
资料来源:本课题组根据调研数据绘制

共服务业中原户口所在地为南京主城区和江苏省其他地区的就业人群占比增加,浦口本地的就业人口占比降低。商业服务业就业人群的原户口所在地主要为浦口区,占该行业类别人数的 72%。教育机构就业人群的原户口所在地为其他省市地区的人群占比最大,达该行业类别数的 38%。

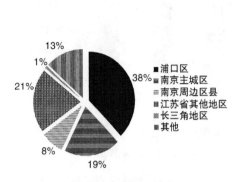

图 3-77　泰山园区就业人群原户口所在
地构成图
资料来源:本课题组根据调研数据绘制

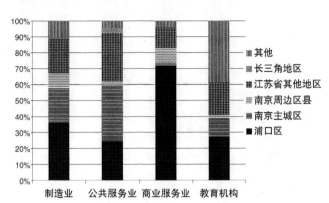

图 3-78　泰山园区不同行业类别就业人群原
户口所在地构成图
资料来源:本课题组根据调研数据绘制

　　原户口所在地的空间分布特征:由图 3-79 可见,原户口所在地为浦口区的就业人群主要散布在泰山园区道路沿线的商业零售店面、小柳工业园的南京轨枕厂及其关联企业,学历水平较低,以蓝领或服务岗位为主。原户口所在地为南京主城区的就业人群主要分布在园区内的公共服务业、南车集团及其关联企业,学历水平较高,多为大专或本科以上。原户口所在地为其他省市地区的就业人群主要分布在学校及小柳工业园的各类企业。

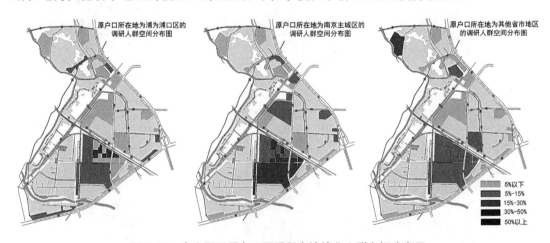

图 3-79　泰山园区原户口不同所在地就业人群空间分布图
资料来源:本课题组根据调研数据绘制

（3）学历水平

　　总体态势:泰山园区就业人群学历水平较高,大专以上学历占总数的 65%（图 3-80）,这是因为泰山园区以南车集团浦镇车辆厂、威孚金宁公司等先进制造业企业为主,对员工的学历要求较高。

　　不同行业类别的学历水平特征:由图 3-81 可知,公共服务业及教育机构就业人群的学历水平最高,大专或本科、研究生及以上学历占各类总数的 90% 以上,研究生及以上学历占比显著高于其他两类行业。制造业以大专或本科学历为主,占行业类别人数的60%。商业服务业就业人群学历水平较低,大专或本科以上学历只占2%。

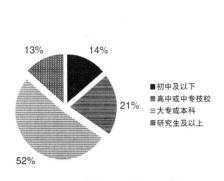

图 3-80　泰山园区就业人群学历
水平构成图
资料来源:本课题组根据调研数据绘制

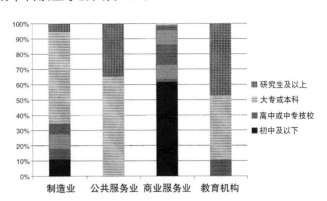

图 3-81　泰山园区不同行业类别就业人群
学历水平构成图
资料来源:本课题组根据调研数据绘制

学历水平的空间分布特征:由图 3-82 可见,初中及以下学历人群主要散布在在泰山园区道路沿线的商业零售店面、小柳工业园的南京轨枕厂及其关联企业,低学历人群主要从事

图 3-82　泰山园区不同学历水平就业人群空间分布图
资料来源:本课题组根据调研数据绘制

服务业和以体力劳动为主的传统制造业。高中或中专技校、大专或本科学历的就业人群主要集中在泰山园区中部的南车集团及其关联企业。研究生及以上学历人群主要分布在各类学校和公共服务业内。

　　（4）家庭类型

　　总体态势：核心家庭和夫妻家庭是泰山园区就业人群家庭类型的主体，二者分别占总数的 36％和 34％。主干家庭占比为 19％，单身家庭占比为 11％（图 3-83）。

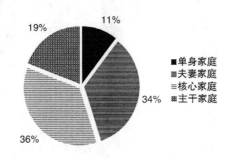

图 3-83　泰山园区就业人群家庭类型构成图
资料来源：本课题组根据调研数据绘制

　　不同行业类别的家庭类型特征：制造业和公共服务业中就业人群以核心家庭和夫妻家庭为主体，占 60％以上（图 3-84）。商业服务业中夫妻家庭占 50％，主要是子女已独立成家的中老年夫妻家庭。教育机构以夫妻家庭为主，其次为主干家庭。

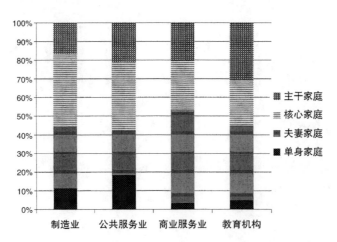

图 3-84　泰山园区不同行业类别就业人群家庭类型图
资料来源：本课题组根据调研数据绘制

　　家庭类型的空间分布特征：由图 3-85 可见，就业人群中家庭类型为单身家庭的人群主要分布在公共服务业及泰山园区中部的南车集团及其关联企业。夫妻家庭的人群分布相对均衡，在各个行业类别中均占有一定数量。核心家庭和主干家庭的人群主要分布在泰山园区中部的制造业企业，主干家庭在泰山园区的学校和商业服务业也有部分分布。

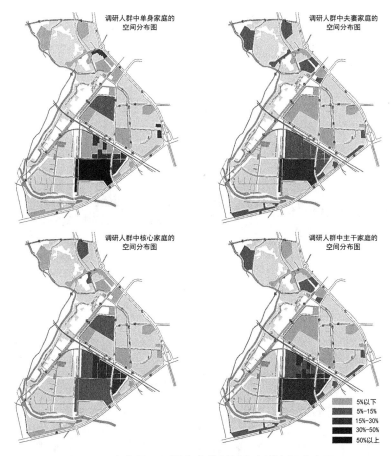

图 3-85 泰山园区不同家庭类型就业人群空间分布图
资料来源:本课题组根据调研数据绘制

2)泰山园区就业人群的经济属性解析

(1)家庭月收入

对就业人群月收入的调研包含个人月收入和配偶月工资收入两个指标,本书用家庭月收入来综合反映夫妻双方的月收入特征。

总体态势:泰山园区就业人群家庭月收入水平以6 000—10 000 元/月的中等收入水平占比最大,占41%(图 3-86),其次为 10 000—20 000 元/月的中高收入和2 640—6 000 元/月的低收入就业人群,分别占34%和 14%。2 640 元/月以下和 20 000 元/月以上的就业人群数量较少。

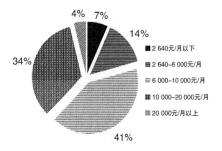

图 3-86 泰山园区就业人群家庭月收入构成图
资料来源:本课题组根据调研数据绘制

不同行业类别的家庭月收入特征:如图 3-87 所示,制造业人群家庭月收入以 10 000—20 000 元/月的中高收入为主,占 46%,其次为6 000—10 000/月 元的中等收入,占30%以上;公共服务业人群家庭月收入以 6 000—10 000 元/月的中等收入为主,占48%,但 20 000 元/月以上的高收入也占有较大比例,达 22%;商业服务业

人群家庭月收入以6 000—10 000
元/月的中等收入为主,占54%;教
育机构人群家庭月收入以6 000—
10 000 元/月和 10 000—20 000 元/
月为主,分别占42%和35%。

**家庭月收入的空间分布特
征:**由图 3-88 可见,家庭月收入
在2 640 元/月以下的就业人群
主要分布在泰山园区的商业服务
业和一般制造业企业,其他产业
空间分布较少。家庭月收入在
2 640—6 000 元/月的就业人群
均衡分布在泰山园区的商业服务
业和小柳工业园内的各类制造业

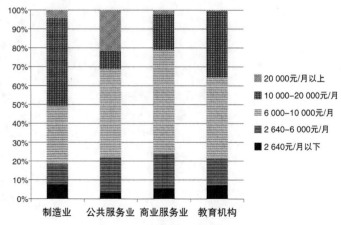

图 3-87   泰山园区不同行业类别就业人群家庭月
工资收入构成
资料来源:本课题组根据调研数据绘制

中。家庭月收入在 6 000—10 000 元/月的就业人群主要分布在泰山园区中部的小柳工业园。
家庭月收入在10 000—20 000 元/月的就业人群主要分布在公共服务业、商业服务业、教育机构
以及泰山园区中部的南车集团及其关联企业。家庭月收入在 20 000 元以上的就业人群主要集
中在泰山园区内的公共服务业内,其他产业空间分布较少。

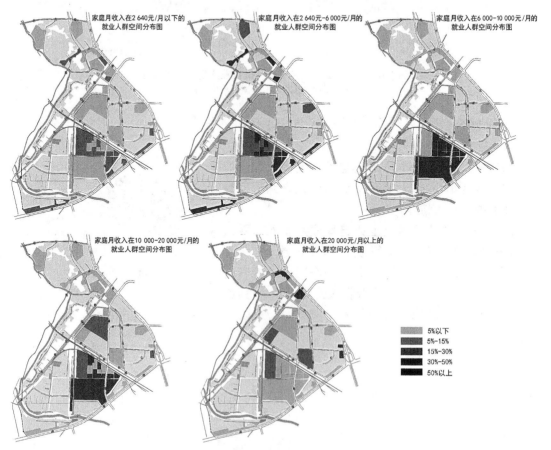

图 3-88   泰山园区不同家庭月收入就业人群空间分布图
资料来源:本课题组根据调研数据绘制

（2）资产月收入

总体态势：泰山园区绝大部分就业人群无资产月收入，具有资产月收入的就业人群仅占总数的 17%（图 3-89），以居住在浦口区的就业人群为主。

不同行业类别的资产月收入特征：如图 3-90 所示，商业服务业和制造业中具有资产月收入的就业人群比例分别为 28%、19%，而在公共服务业和教育机构中所占比例则很低。

资产月收入的空间分布特征：由图 3-91 可见，具有资产月收入的就业人群主要分布在泰山园区中部的制造业企业和泰山园区的商业服务业中，以从事低学历要求工作的人群为主。

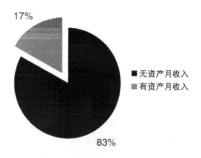

图 3-89　泰山园区就业人群资产月
收入构成图
资料来源：本课题组根据调研数据绘制

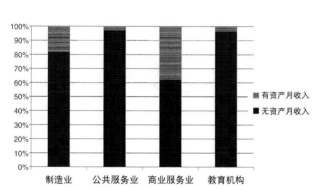

图 3-90　泰山园区不同行业类别就业人群资产
月收入构成图
资料来源：本课题组根据调研数据绘制

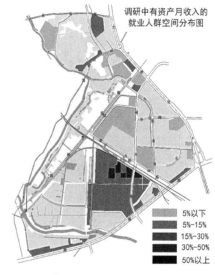

图 3-91　泰山园区具有资产月收入
就业人群空间分布图
资料来源：本课题组根据调研数据绘制

（3）就业岗位

总体态势：专业技术人员是泰山园区就业人群的主要就业岗位，占总数的 41%（图 3-92），生产设备操作人员、办公室行政人员以及管理人员，分别占总数的 19%、15%、12%，销售人员和后勤服务人员所占比例较低，反映出泰山园区的产业以制造业为主体。

不同行业类别的就业岗位特征：不同产业的就业岗位构成差别较大（图 3-93），制造业的就业岗位主要为专业技术人员和生产设备操作人员，公共服务业和教育机构的就业岗位以专业技术人员和办公室行政人员为主，商业服务业的就业岗位主要为销售人员。

就业岗位的空间分布特征：由图 3-94 可见，管理人员岗位主要分布在泰山园区中部的电子制造业企业、园区内的公共服务业以及学校；专业技术人员岗位主要分布在小柳工业园内的制造业企业和园区内的学校；泰山园区中部的制造业中生产设备操作人员岗位比较集中，在小柳工业园的小型机械制造企业内分布最多；办公室行政人员岗位则集中在教育机构和公共服务业。

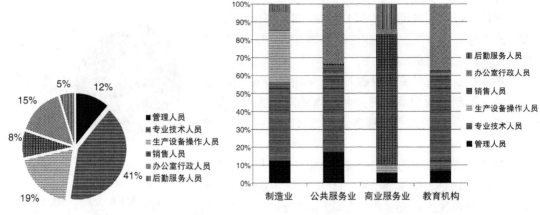

图 3-92 泰山园区就业人群就业岗位构成图
资料来源:本课题组根据调研数据绘制

图 3-93 泰山园区不同行业类别就业人群就业岗位构成图
资料来源:本课题组根据调研数据绘制

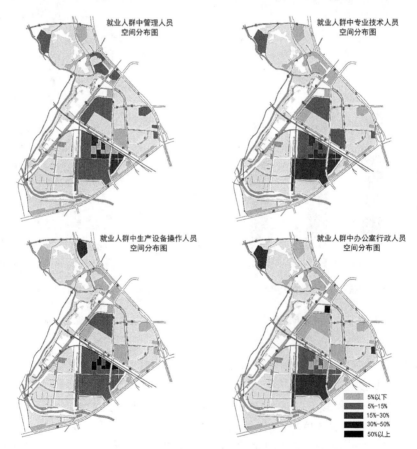

图 3-94 泰山园区不同就业岗位的就业人群空间分布图
资料来源:本课题组根据调研数据绘制

(4) 专业职称

泰山园区就业人群具有专业职称的占总数的 59%,其他 41% 的就业人群没有专业职称。下面对泰山园区就业人群的专业职称的构成进行分析。

　　总体态势:泰山园区就业人群的专业职称以中级职称为主,占总数的52%,初级职称和高级职称相对较少,均只占总数的24%(图3-95)。

　　不同行业类别的专业职称特征:如图3-96所示,泰山园区商业服务业中绝大部分就业人群不具有专业职称,在此不作比较。其他三个行业类别中专业职称的构成比较类似,均是以中级职称为主,均占45%以上,初级职称和高级职称占比约为25%,反映出泰山园区产业以制造业为主体的技术水平构成特征。

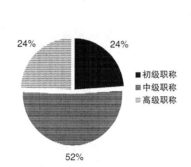

图3-95　泰山园区就业人群专业
职称构成图
资料来源:本课题组根据调研数据绘制

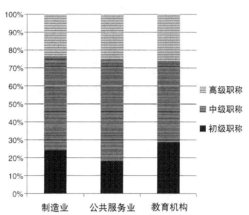

图3-96　泰山园区不同行业类别就业人群
专业职称构成图
资料来源:本课题组根据调研数据绘制

　　(5)工作年限

　　总体态势:在泰山园区企业工作年限在5年以上的就业人群占总数的65%,占比较大(图3-97),3—5年工作年限的占比为17%,3年以下的占比为18%。据问卷统计,工作年限在10年以上的人群当居住地与就业地相距较远时,选择更换就业地的仅为27.3%,可见工作年限显著影响就业人群的就业选择。

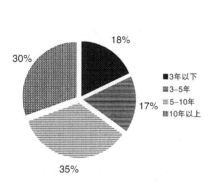

图3-97　泰山园区就业人群工作
年限构成图
资料来源:本课题组根据调研数据绘制

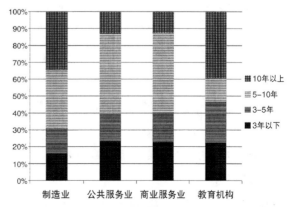

图3-98　泰山园区不同行业类别就业人群
工作年限构成图
资料来源:本课题组根据调研数据绘制

　　不同行业类别的员工工作年限特征:制造业就业人群工作年限在5年以上的占该类人群的70%以上,在10年以上的占34%(图3-98),即制造业员工普遍在企业工作较长年限。

公共服务业和商业服务业就业人群工作年限以 5—10 年为主,分别占该类人群的 48%、46%。教育机构就业人群工作年限以 10 年以上为主,占总数的 40%。

　　员工工作年限的空间分布特征:由图 3-99 可见,工作年限在 5 年以上的就业人群主要分布在泰山园区中部的南车集团及其关联企业,其他区域分布较少。

3) 泰山园区就业空间的居住特征解析

居住方式

　　与泰山园区就业人群的家庭结构相对应,89% 的就业人群与家人一起居住(图 3-100),11% 的就业人群的居住方式是独居或合租。根据调研结果,与家人一起居住的就业人群受到各种家庭因素的制约,职住分离程度较高。而独居或合租的就业人群,没有家庭因素的制约,一般选择距就业地点较近的居住地居住,职住分离程度较低。

　　如图 3-101 所示,各类产业就业人群的居住方式结构的构成一致,以与家人一起居住的为主,占该类人群的 85% 以上,独居或合租人群低于 15%。

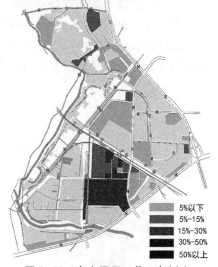

图 3-99　泰山园区工作 5 年以上
的就业人群空间分布图
资料来源:本课题组根据调研数据绘制

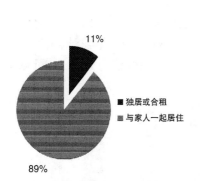

图 3-100　泰山园区就业人群
居住方式构成图
资料来源:本课题组根据调研数据绘制

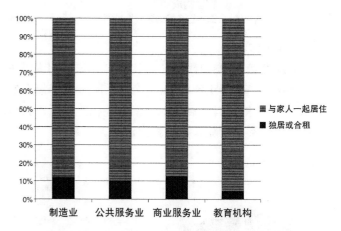

图 3-101　泰山园区不同行业类别就业人群
居住方式构成图
资料来源:本课题组根据调研数据绘制

4) 泰山园区就业空间的密度特征解析

(1) 单位员工数

　　如图 3-102 所示,泰山园区不同类型产业的企业就业人群数量规模及区位分布差异较大,泰山园区中部的制造业企业就业人群数量最大,散布在泰山园区其他区域的商业服务业和公共服务业的就业人群数量相对较少,教育机构的就业人群数量最少。反映出就业人群数量规模与行业类别显著相关。

(2) 单位人口密度

　　由图 3-103 可见,泰山园区就业单位就业人口密度较高的企业主要集中在园区中部的小柳工业园,劳动密集型制造业企业的就业人口密度在 300 人 /hm² 以上,主要企业有钟表材料厂、涤太太科技有限公司等;技术密集型制造业企业的就业人口密度在 100—300 人 /hm²,主要企业有园区中部的南车集团及其关联企业;商业服务业的就业人口密度一般在 100 人 /hm² 以下;南京轨枕厂因占地较大,就业人口密度也在 100 人 /hm² 以下。

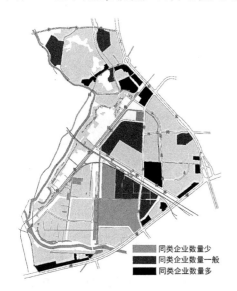

同类企业数量少
同类企业数量一般
同类企业数量多

图 3-102　泰山园区各就业单位
吸纳职工数量分析图
资料来源:本课题组根据调研数据绘制

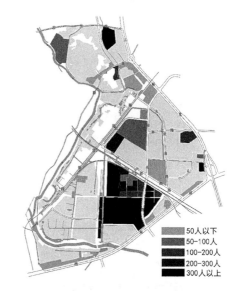

50人以下
50-100人
100-200人
200-300人
300人以上

图 3-103　泰山园区各就业单位
就业人口密度分析图
资料来源:本课题组根据调研数据绘制

（3）市内同类单位数

市内同类单位数越多,相关企业就业人群在本市内选择同类企业就业的余地越大,反之越低。

由图 3-104 可见,商业服务业和公共服务业在市内同类单位数量较多,反映出其择业时选择余地较大。泰山园区中部的中小型电子企业和一般机械制造业企业市内同类单位数居中。而南车集团和浦口轨枕厂因其行业的特殊性,市内同类单位数最低,其就业人群在本市内选择同类企业就业的余地最低,在面临职住分离时若想更换就业单位的难度最大,产生职住分离现象的可能性也最大。如上所述,市内同类单位数的多寡与该行业的类别显著相关。

5）泰山园区就业空间的单位类型特征解析

（1）行业类别

由图 3-73 可见,泰山园区的行业类别主要为制造业、商业服务业、公共服务业、教育机构四类。制造业企业主要集中在泰山园区中部的小柳工业园,目前小柳工业园内还有相当数量的工业保留地,先进制造业

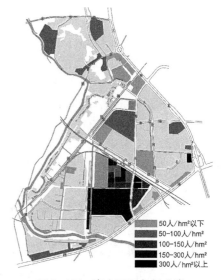

50人/hm²以下
50-100人/hm²
100-150人/hm²
150-300人/hm²
300人/hm²以上

图 3-104　泰山园区各行业类
别市内同类单位数比较图
资料来源:本课题组根据调研数据绘制

是当地政府的招商重点，其规模还将进一步扩大。商业服务业主要在大桥北路、浦珠路沿线呈带状分布。园区北部大桥北路和泰西路交叉口西侧，公共服务业相对集中。教育机构则均衡分布在泰山园区京沪铁路以北。

　　（2）单位成立时间

　　根据泰山园区的发展阶段，将单位成立时间划分为 4 级，分别为 1998 年以前、1998—2004 年、2004—2010 年以及 2010 年以后。

　　如图 3-105，泰山园区大部分单位在 2004—2010 年这个时间段成立，其单位员工人数占就业人群总数的 58%，仅制造业就有 21 家企业（表 3-6），主要企业为园区中部的南车集团及其关联企业。2010 年以后新成立的企业主要分布在小柳工业园周边地区，主要有相关电子制造企业、南京浦口外国语学校、部分商业服务业店面及公共服务业机构。成立在 1998 年以前的单位主要有南京特种灯泡厂等制造业企业和南京交通技术学院、南京第十七中学等单位。经过问卷统计发现，成立较早的企业员工在企业迁移时未更换就业单位的占 78.9%，反映老企业的员工对企业认同感强，更换工作单位的可能性较低。

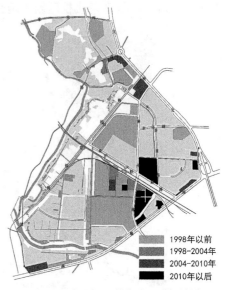

图 3-105　泰山园区单位成立时间统计图
资料来源：本课题组根据调研数据绘制

图例：
1998年以前
1998-2004年
2004-2010年
2010年以后

3.2.4　江北副城泰山园区就业空间特征的主因子分析

　　运用 SPSS 软件对泰山园区就业空间单因子分析的 16 个输入变量进行因子降维分析，将具有相关性的多个因子变量综合为少数具有代表性的主因子，这些主因子能反映原有变量的大部分信息，从而能最大限度地概括和解释研究特征。

　　对 16 个输入变量进行适合度检验，测出 KMO 值（因子取样适合度）为 0.703，Bartlett's（巴特利特球形检验）的显著性 Sig. = 0.000，说明变量适合做主因子分析。

　　如表 3-8 所示，本次因子降维分析共得到特征值大于 1 的主因子 5 个，累计对原有变量的解释率达到 69.943%。

　　采用最大方差法进行因子旋转，得到旋转成分矩阵。旋转后各主因子所代表的单因子如表 3-9 所示。综合分析荷载变量，将 5 个主因子依次命名为：职位收入、单位情况、年龄工龄、家庭结构、原籍资产。

　　根据主因子旋转成分矩阵表（表 3-9）得到主因子与标准化形式的输入变量之间的数学表达式，进而得到不同就业人群各主因子的最终得分。最后将主因子与就业人群的空间数据进行关联，解析各主因子不同得分水平的就业人群的空间分布特征。

　　根据各主因子的实际得分情况，将主因子得分水平分为高得分水平（得分＞0）和低得分水平（得分＜0）两种类型。

表 3-8　泰山园区就业空间研究的主因子特征值和方差贡献表

成分	解释的总方差								
	初始特征值			提取平方和载入			旋转平方和载入		
	合计	占方差的%	累积%	合计	占方差的%	累积%	合计	占方差的%	累积%
1	3.472	21.701	21.701	3.472	21.701	21.701	2.982	18.635	18.635
2	2.772	17.324	39.026	2.772	17.324	39.026	2.868	17.927	36.562
3	2.438	15.235	54.261	2.438	15.235	54.261	2.249	14.059	50.622
4	1.409	8.809	63.070	1.409	8.809	63.070	1.845	11.530	62.151
5	1.100	6.873	69.943	1.100	6.873	69.943	1.247	7.791	69.943
6	.932	5.823	75.765						
7	.671	4.194	79.959						
8	.570	3.560	83.519						
9	.550	3.438	86.957						
10	.459	2.868	89.825						

注:仅列出前10个主因子的特征值和方差贡献率,其他因子略。

资料来源:采用SPSS主因子分析后得出的相关数据汇总

表 3-9　泰山园区就业空间研究的主因子旋转成分矩阵表

指标因子	成分得分系数矩阵				
	成分				
	主因子1	主因子2	主因子3	主因子4	主因子5
	职位收入	单位情况	年龄工龄	家庭结构	原籍资产
就业岗位	-.687	-.126	-.009	.119	.051
专业职称	.738	.106	.040	-.133	-.262
学历水平	.694	-.060	-.531	.049	.094
个人月收入	.779	.061	.103	.260	.173
单位人口密度	.235	.476	-.243	-.113	-.267
单位员工数	.325	.744	-.102	-.010	.015
市内同类单位数	-.038	.907	.041	-.054	-.136
行业类别	-.028	-.802	.036	.072	.323
单位成立时间	-.023	-.813	-.074	-.044	-.287
工作年限	.434	.165	.711	.114	.130
年龄结构	.062	-.194	.845	.087	.052
居住方式	.110	-.017	.264	.837	.013
家庭类型	-.062	-.046	-.118	.834	-.118
家庭月收入	.490	-.020	.110	.664	.258
原户口所在地	.150	.069	-.345	-.247	.696
资产月收入	-.206	.093	.346	-.017	-.66

提取方法:主成分。
旋转法:具有Kaiser标准化的正交旋转法。

a. 旋转在9次迭代后收敛。

资料来源:采用SPSS主因子分析后得出的相关数据汇总

1) 主因子 1：职位收入

职位收入主因子的方差贡献率为 18.635%，主要反映的单因子有就业岗位、专业职称、学历水平和个人月收入。

总体特征：如图 3-106，主因子 1 高得分水平人群占总数的 53%，主要特征是：就业岗位以专业技术人员和管理人员为主，专业职称以中级及以上职称为主；学历水平大都为大专或本科及以上；个人月收入在 3 000—5 000 元/月档及以上，以中高收入为主。主因子 1 低得分水平人群占总数的 47%，主要特征是：就业岗位以生产设备操作人员、销售人员、办公室行政人员以及后勤服务人员为主，专业职称以初级及以下职称为主；学历水平大都为大专或本科及以下，其中高中及以下学历水平占 61%；个人月收入在 3 000—5 000 元/月档及以下，以中低收入为主。

不同行业类别主因子 1 的构成特征：如图 3-107，主因子 1 高得分水平就业人群主要分布在制造业、公共服务业及教育机构，但制造业和教育机构内低得分水平人群占比较大，接近总数的 40%，高得分水平人群无明显的数量优势。低得分水平人群主要分布在商业服务业，占比达 94%。

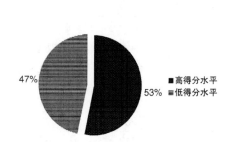

图 3-106　主因子 1 不同得分水平
就业人群比例图
资料来源：本课题组根据调研统计数据绘制

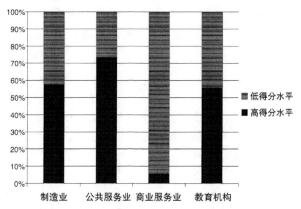

图 3-107　各行业类别主因子 1 不同得分水平
就业人群构成图
资料来源：本课题组根据调研统计数据绘制

主因子 1 的空间分布特征：如图 3-108，主因子 1 低得分水平就业人群均衡分布于泰山园区的就业空间中，除教育机构外，在各行业类别均有一定比例分布，反映各行业类别中均有一定的低收入、低学历的蓝领岗位需求。主因子 1 高得分水平就业人群主要分布在公共服务业、教育机构及泰山园区中部的南车集团及其关联企业，反映这些行业类别对高学历、高技能水平的就业岗位具有较大需求。

2) 主因子 2：单位情况

单位情况主因子的方差贡献率为 17.927%，主要反映的单因子有单位人口密度、单位员工数、市内同类单位数、行业类别和单位成立时间。

总体特征：如图 3-109，主因子 2 高得分水平人群占总数的 44%，主要特征是：单位人口密度在 100 人/hm² 以上，单位员工数大都在 100 人以下，市内同类单位数较多，行业类别为公共服务业、教育机构及商业服务业，单位成立时间在 1998 年以后。主因子 2 低得分水平

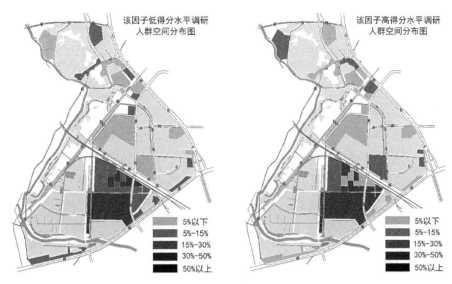

图 3-108 主因子 1 不同得分水平就业人群的空间分布特征图
资料来源：本课题组根据调研统计数据绘制

人群占总数的 56%，主要特征为：单位人口密度在 100 人/hm² 以下，单位员工数在 100 人以上，市内同类单位数较少或一般，产业类别为制造业，单位成立时间主要在 1998 年以前。

不同行业类别主因子 2 的构成特征：如图 3-110，主因子 2 高得分水平就业人群主要分布在公共服务企业、商业服务业及教育机构，在商业服务业及教育机构中占比为 100%；制造业中以主因子 2 低得分水平人群为主，占比为 80%。

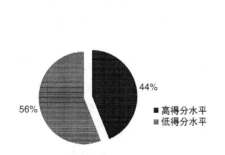

图 3-109 主因子 2 不同得分水平
就业人群比例图
资料来源：本课题组根据调研统计数据绘制

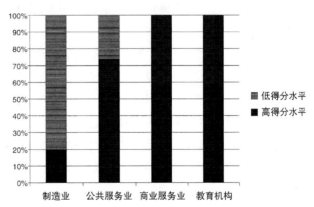

图 3-110 各行业类别内主因子 2 不同得分
水平就业人群构成图
资料来源：本课题组根据调研统计数据绘制

主因子 2 的空间分布特征：如图 3-111，主因子 2 低得分水平就业人群主要分布在制造业，以泰山园区中部的南车集团及其关联企业为主。主因子 2 高得分水平就业人群均衡分布于泰山园区的就业空间中，主要分布在商业服务业、教育机构及公共服务业内，在这三类产业中分布数量大致相当。

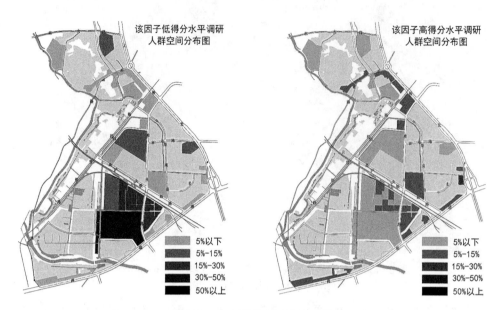

图 3-111   主因子 2 不同得分水平就业人群空间分布图
资料来源:本课题组根据调研统计数据绘制

3) 主因子 3:年龄工龄

年龄工龄主因子的方差贡献率为 14.059%,主要反映的单因子有就业人群的工作年限和年龄结构。

总体特征:如图 3-112,主因子 3 高得分水平人群占总数的 47%,主要特征为:大部分员工的工作年限在 7 年以上,年龄结构在 35 岁以上。主因子 3 低得分人群占总数的 53%,主要特征为:大部分员工的工作年限在 7 年以下,年龄结构在 35 岁以下。

不同行业类别主因子 3 的构成特征:如图 3-113,公共服务业就业人群主因子 3 以低得分水平为主,占该类就业人群的 68%。商业服务业就业人群主因子 3 以高得分水平为主,占该类就业人群的 63%。制造业和教育机构就业人群主因子 3 不同得分水平的占比大致相同,均为 50% 左右。

主因子 3 的空间分布特征:如图 3-114,主因子 3 高、低得分水平就业人群的泰山园区中部的制造业企业内都比较集中,反映泰山园区就业人群在制造业中的数量较大。主因子 3 高得分人群分布相对均衡,在商业服务业和教育机构内的比重也较大。

4) 主因子 4:家庭结构

家庭结构因子的方差贡献率为 11.530%,主要反映的单因子为就业人群的居住方式、家庭类型和家庭月收入。

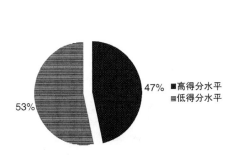

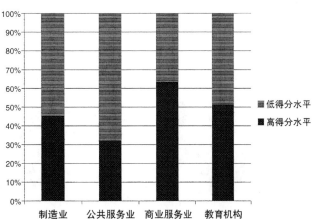

图 3-112 主因子 3 不同得分水平
就业人群比例图
资料来源:本课题组根据调研统计数据绘制

图 3-113 各行业类别主因子 3 不同得分
水平就业人群构成图
资料来源:本课题组根据调研统计数据绘制

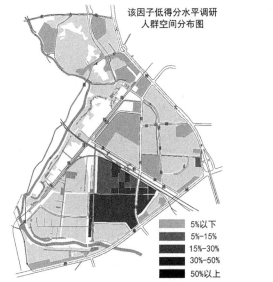

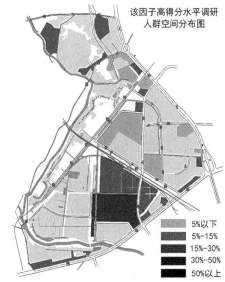

图 3-114 主因子 3 不同得分水平就业人群的空间分布特征图
资料来源:本课题组根据调研统计数据绘制

总体特征:如图 3-115,主因子 4 高得分水平人群占总数的 63%,主要特征为:居住方式为与家人一起居住、家庭类型为核心家庭和主干家庭、家庭月收入大都在 6 000 元以上。主因子 4 低得分水平人群占总数的 37%,主要特征为:居住方式为独居或合租的占比 30%、家庭类型为夫妻家庭和单身家庭、家庭月收入大都在 6 000 元以下。

不同行业类别主因子 4 的构成特征:如图 3-116,主因子 4 高得分水平就业人群主要分布在制造业、公共服务业及教育机构,占各类人群的 60% 以上。主因子 4 低得分水平就业人群主要分布在商业服务业,占该类人群的 65%,因为商业服务业对就业人群的技能要求低,就业者多为年青人及浦口区的中、高龄原住民。

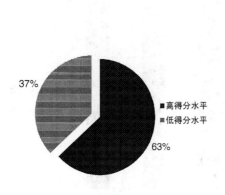
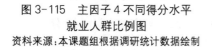

图 3-115 主因子 4 不同得分水平
就业人群比例图
资料来源:本课题组根据调研统计数据绘制

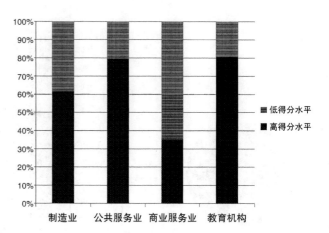

图 3-116 各行业类别主因子 4 不同得分
水平就业人群构成图
资料来源:本课题组根据调研统计数据绘制

主因子 4 的空间分布特征:如图 3-117,主因子 4 低得分水平人群主要分布在泰山园区中部的制造业企业和大桥北路、浦珠路沿线的商业服务业。主因子 4 高得分水平就业人群均衡分布于泰山园区的就业空间中,在各行业类别中均有一定比例分布,但泰山园区中部的制造业企业因为就业人口数量大,低得分水平人群在此的聚集度仍很高。

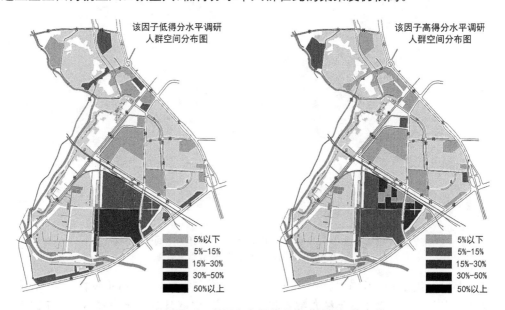

图 3-117 主因子 4 不同得分水平就业人群的空间分布特征图
资料来源:本课题组根据调研统计数据绘制

5) 主因子 5:原籍资产

原籍资产因子的方差贡献率为 7.791%,主要反映的单因子为就业人群的原户口所在地和资产月收入。

总体特征:如图 3-118,主因子 5 高得分水平人群占总数的 52%,主要特征为原户口所在地主要为非南京地区、均无资产月收入。主因子 5 低得分水平人群占总数的 48%,主要特征为:原户口所在地主要为南京本地,其中浦口区占71%;具有资产月收入的占该类人群的34%。

不同行业类别主因子5的构成特征:如图3-119,商业服务业就业人群主因子5以低得分水平为主,占该类就业人群的75%。教育机构就业人群主因子5以高得分水平为主,占该类就业人群的85%。制造业和公共服务业就业人群主因子5不同得分水平的占比大致相等,均为50%左右。

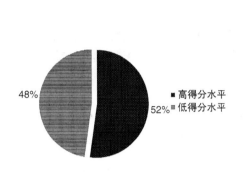

图3-118 主因子5不同得分水平
就业人群比例图
资料来源:本课题组根据调研统计数据绘制

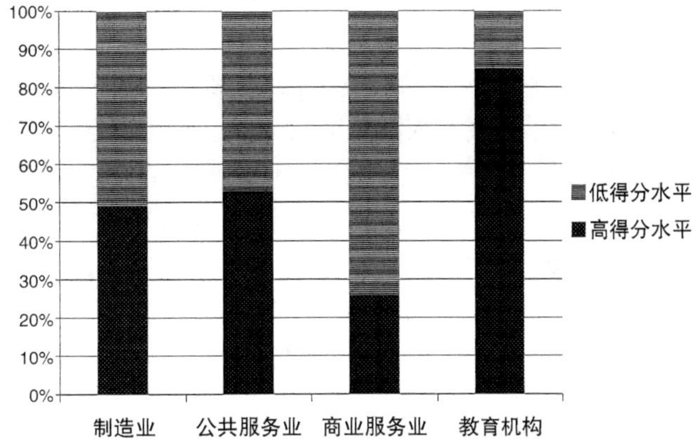

图3-119 各行业类别主因子5不同得分
水平就业人群构成图
资料来源:本课题组根据调研统计数据绘制

主因子5的空间分布特征:如图3-120所示,主因子5高、低得分水平的就业人群在泰山园区中部的制造业企业中比较集中,反映泰山园区就业人群在制造业中的数量较大。除此之外,低得分水平人群在大桥北路、浦珠路沿线的商业服务业中比重较大,高得分水平人群在泰山园区其他区域的教育机构和公共服务业中比重较大。

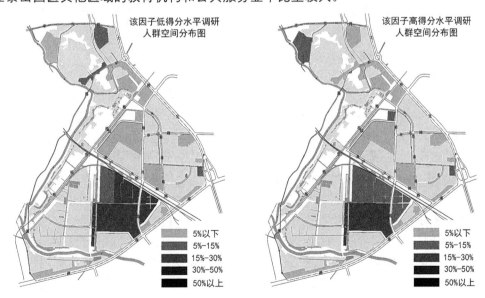

图3-120 主因子5不同得分水平就业人群的空间分布图
资料来源:本课题组根据调研统计数据绘制

3.2.5　江北副城泰山园区就业空间特征的聚类分析

将上述影响就业人群就业空间特征的 5 个主因子(职位收入、单位情况、年龄工龄、家庭结构、原籍资产)作为变量,运用 SPSS 19.0 软件,对泰山园区就业人群调研样本进行聚类分析。这一方法有助于进一步了解泰山园区就业人群的结构特征,从而概要归纳不同类别就业人群在泰山园区的空间分布规律。

采用聚类分析方法,根据各主因子得分,得出聚类龙骨图,将就业人群调研样本分为四类人群,得到主因子的聚类结构,对其构成特征进行分析。

第一类:占就业人群总数的 30%。泰山园区中部的制造业中该类人群占比较高。主要为 25—45 岁的中青年,原户口所在地主要是南京主城区和浦口区,家庭类型为夫妻家庭、核心家庭以及主干家庭,居住方式为与家人一起居住。家庭月收入中等(大多数在 6 000—10 000 元/月),大多数无资产月收入。学历水平中等以上(大专或本科以上),就业岗位以专业技术人员为主,专业职称为中、高级职称,工作年限在 5 年以上。市内同类单位少或一般,单位员工数在 200 人以上,单位成立时间主要在 1998 年以前,单位人口密度为 100—300 人/hm²(图 3-121)。

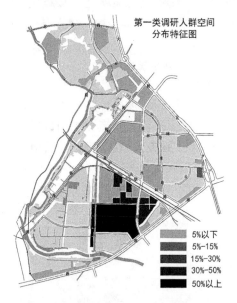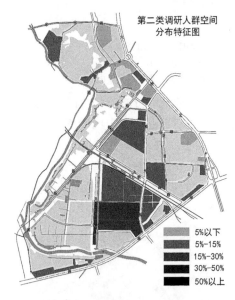

图 3-121　第一类就业人群空间分布图
资料来源:本课题组根据调研统计数据绘制

图 3-122　第二类就业人群空间分布图
资料来源:本课题组根据调研统计数据绘制

第二类:占就业人群总数的 50%。泰山园区中部的制造业中该类人群占比较高,商业服务业和京沪铁路以北的教育机构中该类人群占比中等。主要为 25—45 岁的中青年,原户口所在地主要是江苏省内,家庭类型为夫妻家庭、核心家庭以及主干家庭,居住方式为与家人一起居住,家庭月收入以 6 000—20 000 元/月的中高收入为主,大多数无资产月收入。学历水平构成多样化,不同学历占比均衡,就业岗位以专业技术人员为主,管理人员、生产设备操作人员、销售人员以及办公室行政人员也有一定占比,工作年限大多数在 5 年以上。市内同类单位数多或一般,单位员工数有 200 人以上和 100 人以下两种,单位成立时间有 1998 年以前和 2004 年以后两种,单位人口密度为 150 人/hm² 以下(图 3-122)。

第三类:占就业人群总数的 10％。泰山园区中部的制造业中该类人群占比较高。主要为 35—55 岁的中高龄人群,原户口所在地主要是浦口区,家庭类型为夫妻家庭和核心家庭,居住方式为与家人一起居住。家庭月收入主要为 2 640—6 000 元/月中低收入,大多数有资产月收入。学历水平低(高中或中专及以下),就业岗位以生产设备操作人员为主,大多数无专业职称,工作年限在 10—15 年。市内同类单位数较少或一般,单位员工数在 100 人以上,单位成立时间在 1998 年以前,单位人口密度为 50—150 人/hm²(图 3-123)。

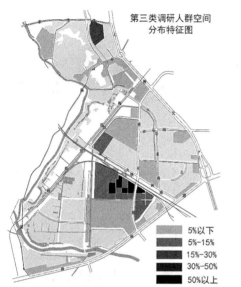

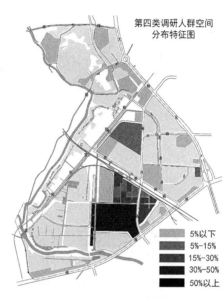

图 3-123　第三类就业人群空间分布图
资料来源:本课题组根据调研统计数据绘制

图 3-124　第四类就业人群空间分布图
资料来源:本课题组根据调研统计数据绘制

第四类:占就业人群总数的 10％。泰山园区中部的制造业中该类人群占比较高。主要为 35 岁以下的青年人群,原户口所在地多样化,构成均衡,家庭类型主要为单身家庭,居住方式为独居或合租。月收入低(大多数在 1 320—5 000 元/月),大多数无资产月收入。学历水平中等以上(大专或本科及以上),就业岗位以专业技术人员和办公室行政人员为主,工作年限在 3 年以下。市内同类单位少或一般,单位员工数在 200 人以上,单位成立时间有 1998 年以前和 2004—2010 年两种,单位人口密度构成均衡(图 3-124)。

将四类就业人群的空间分布特征进行空间落位(图 3-125),可得出泰山园区就业空间结构呈现圈层集聚加散点分布的形态特征(图 3-126)。

第一类就业人群主要分布在泰山园区中部的小柳工业园,主要就业在南车集团及依附于该企业的其他中小型电子制造业企业。

第二类就业人群分布较为分散,在园区内不同企业均有一定数量分布,但主要从事较高收入的职位。

第三类就业人群主要分布在泰山园区小柳工业园的中北部和泰山园区北部,主要就业在一般制造业企业。

第四类就业人群主要分布在泰山园区中部和北部,以新入职人群为主,所在企业主要为制造业。

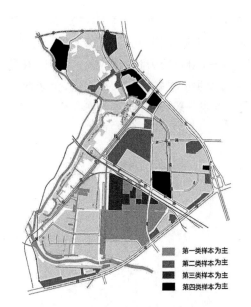
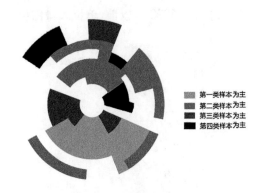

图 3-125　泰山园区四类就业人群空间分布图
资料来源：本课题组根据调研统计数据绘制

图 3-126　泰山园区四类就业人群空间分布模式图
资料来源：本课题组根据调研统计数据绘制

3.3　江北副城泰山园区居住就业空间失配研究

第 2.5 节对江北新城高新区组团基于行政单元的就业—居住平衡指数与基于研究单元的就业岗位数与适龄就业人口数的就业—居住总量测度两方面进行测算，发现其居住—就业总量相对均衡。然而通勤高峰时其与主城间有双向潮汐式交通拥堵，反映新城与主城间存在严重的职住失配现象。在第 3.1 节、第 3.2 节泰山园区居住、就业空间特征研究的基础上，第 3.3 节从居住、就业人群的通勤行为出发，进一步研究江北副城泰山园区职住空间的失配关系，以期揭示目前新城与主城间职住分离的内在原因。

3.3.1　基于通勤因子的泰山园区居住就业失配关系解析

选取表 1-1（居住空间指标因子表）、表 1-2（就业空间指标因子表）中通勤行为的四个客观特征：通勤时长、通勤工具、通勤费用及通勤距离作为居住—就业关系解析的因子指标。

1）**通勤时长**

通勤时长是衡量居住—就业分离程度最为直观的指标，是通勤距离和通勤工具综合作用的结果。

（1）总体态势

如图 3-127 所示，泰山园区职住人群通勤时长以 15—30 分钟的占比最高，达 41%；其次为

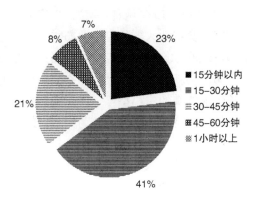

图 3-127　泰山园区职住人群通勤时长构成图
资料来源：本课题组根据调研数据绘制

15 分钟以内,占比为 23％;30—45 分钟的占比为 21％;45—60 分钟的占比为 8％;1 小时以上的占比为 7％。通勤时长超过 30 分钟的职住人群占总数的 36％。

(2) 居住人群的通勤时长构成特征

如图 3-128 所示,泰山园区内,住区档次越高,相应住区通勤时长 30 分钟以上人群所占比重越高。通勤时长 30 分钟以上居住人群在高档住区内占比最高,占该类住区人群的 52％;通勤时长 30 分钟以上居住人群在城中村和拆迁安置区内占比较低,低于 21％。

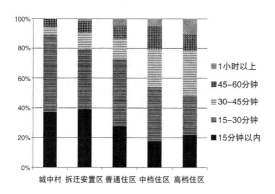

图 3-128　不同住区类型内居住人群
通勤时长构成图
资料来源:本课题组根据调研数据绘制

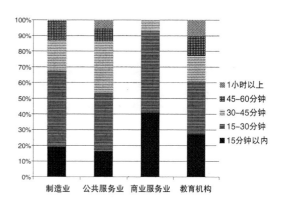

图 3-129　不同行业类别内就业人群通勤
时长构成图
资料来源:本课题组根据调研数据绘制

(3) 就业人群的通勤时长构成特征

如图 3-129 所示,泰山园区通勤时长 30 分钟以上的就业人群所占比重在不同行业类别内呈现不同的结构特征。其在公共服务业内占比最高,达 47％。其次为教育机构及制造业,占比在 32％以上。在商业服务业占比最低,仅为 7％,即在该行业内职住分离现象最少。

(4) 居住、就业人群的通勤时长构成特征对比分析

如图 3-130、图 3-131 所示,比较分析泰山园区居住、就业人群通勤时长的构成比例,居住人群通勤时长明显大于就业人群,通勤时长 1 小时以上的人群在居住人群中占比为 11％,而在就业人群中仅为 1％;通勤时长 30 分钟以上的人群在居住人群中占比为 38％,而在就业人群中为 32％。表明居住人群的职住分离程度比就业人群高。

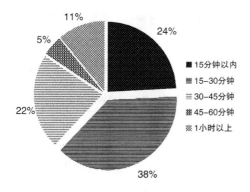

图 3-130　泰山园区居住人群通勤时长构成图
资料来源:本课题组根据调研数据绘制

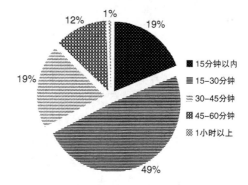

图3-131　泰山园区就业人群通勤时长构成图
资料来源:本课题组根据调研数据绘制

2）通勤工具

通勤工具是居住和就业人群综合权衡通勤时长、通勤费用和通勤便利度做出的选择。

（1）总体态势

如图 3-132 所示,泰山园区职住人群所选择的通勤工具中,私家车占比最高,达 26%;其次为公交车和班车,分别为 21% 和 19%。短距离通勤工具如电动车、自行车及步行所占比例较低,仅占 12%、10% 和 9%。因通勤距离较长,泰山园区较多职住人群选择私家车通勤,是造成新城与主城间交通拥堵的重要原因。

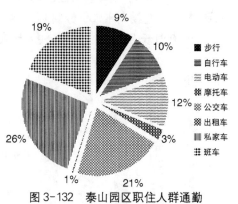

图 3-132　泰山园区职住人群通勤
工具构成图
资料来源:本课题组根据调研数据绘制

（2）居住人群的通勤工具构成特征

如图 3-133 所示,泰山园区内住区档次越高,选择私家车通勤的人群所占比重越高,选择非机动车或步行通勤的人群所占比重越低。选择私家车通勤的人群在城中村仅占 4%,选择非机动车及步行通勤的高达 73%。选择私家车通勤的人群在高档住区占 50%,而选择非机动车及步行通勤的仅占 16%。一般来说,住区档次越高,其居住人群的学历、技能越高,择业的范围越大,通勤距离可能越远,且其经济条件较好,所以选择私家车通勤的比例高。

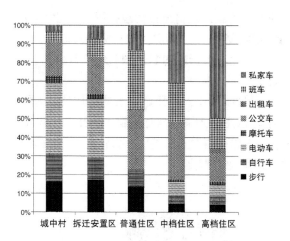

图 3-133　不同住区类型内居住人群通勤
工具构成图
资料来源:本课题组根据调研数据绘制

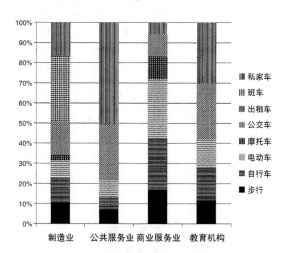

图 3-134　不同行业类别内就业人群通勤
工具构成图
资料来源:本课题组根据调研数据绘制

（3）就业人群的通勤工具构成特征

如图 3-134 所示,制造业就业人群以班车通勤为主,占比为 33%,这是因为制造业企业人数多、规模大。公共服务业人群以私家车通勤为主,占比为 51%。商业服务业人群以非机动车及步行通勤为主,累计占 72%。教育机构人群以私家车和公交车为主,分别为 30% 和 28%。私家车通勤在公共服务业中占比最高,在商业服务业中占比最低,非机动车通勤则恰好相反。在商业服务业、教育机构及公共服务业中,行业收入水平越高,就业人群选择私家车通勤的比例越高,在这三类行业中没有班车通勤。

(4)居住、就业人群的通勤工具构成特征对比分析

如图 3-135、图 3-136 所示,比较分析泰山园区居住、就业人群通勤工具的构成比例,居住人群相比就业人群更多地选择机动车作为通勤工具,居住人群机动车通勤比例为 71%,就业人群为 61%。其中,居住人群较多使用私家车通勤,占 31%,而就业人群仅占 21%。就业人群选择非机动车及步行通勤的占比为 39%,居住人群为 29%,即泰山园区就业人群较少选择机动车通勤,较多选择非机动车及步行通勤。

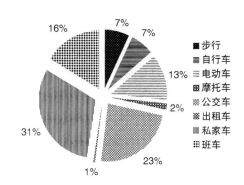
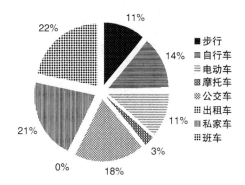

图 3-135 泰山园区居住人群通勤工具构成图　　图 3-136 泰山园区就业人群通勤工具构成图
资料来源:本课题组根据调研数据绘制　　　　资料来源:本课题组根据调研数据绘制

3)通勤费用

通勤费用由通勤距离和通勤工具决定,也会影响人们对通勤工具的选择。

(1)总体态势

如图 3-137 所示,泰山园区职住人群每月通勤费用以 100 元以下为主,占比 52%,该类人群以步行、非机动车、班车或公交车通勤为主。每月通勤费用在 300 元以上的人群主要选择私家车通勤,占总数的 23%。

(2)居住人群的通勤费用构成特征

如图 3-138 所示,泰山园区内住区档次越高,相应住区人群的每月通勤费用越高。每月通勤费用 300 元以上的人群在高档住区内占比最高,占该

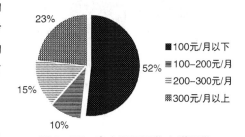

图 3-137 泰山园区职住人群通勤
费用构成图
资料来源:本课题组根据调研数据绘制

类住区人群的 48%;在城中村最低,仅占 7%。每月通勤费用 100 元以下的人群在高档住区内仅占 22%,而在城中村则占 53%。

(3)就业人群的通勤费用构成特征

如图 3-139 所示,公共服务业和教育机构就业人群每月通勤费用较高,200 元/月的占比达 56% 以上。商业服务业和制造业就业人群每月通勤费用较低,100 元/月以下的占 66%以上,主要原因是商业服务业人群大多为浦口区居民,通勤距离较短;而制造业人群选择班车通勤的比例较高,相应费用就低。

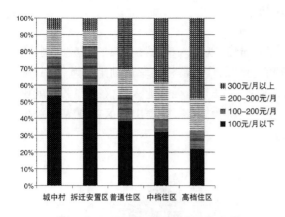

图 3-138 不同住区类型内居住人群
通勤费用构成图
资料来源:本课题组根据调研数据绘制

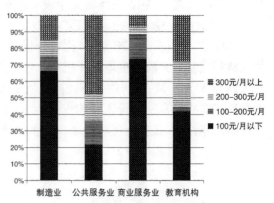

图 3-139 不同行业类别内就业人群
通勤费用构成图
资料来源:本课题组根据调研数据绘制

(4) 居住、就业人群的通勤费用构成特征对比分析

如图 3-140、图 3-141 所示,比较分析泰山园区居住、就业人群通勤费用的构成比例,居住人群的通勤费用明显高于就业人群,居住人群每月通勤费用在 300 元以上的占 33%,而就业人群只占 20%。每月通勤费用在 100 元以下的居住人群占 36%,就业人群则高达 59%。主要原因是就业人群选择班车、步行及非机动车通勤的比例较高,选择私家车通勤的比例较低。

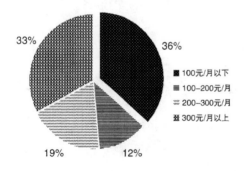

图 3-140 泰山园区居住人群通勤费用构成图
资料来源:本课题组根据调研数据绘制

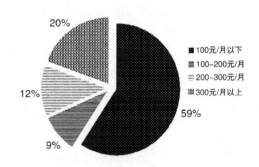

图 3-141 泰山园区就业人群通勤费用构成图
资料来源:本课题组根据调研数据绘制

4) 通勤距离

将调研人群居住地和就业地两者所在的行政分区的几何中心的直线距离作为通勤距离进行统计,按每 5 km 一档将泰山园区调研人群居住地和就业地几何中心间的直线距离分为 5 档(表 3-10)。

表 3-10 泰山园区调研人群通勤空间直线距离划分

居住地与就业地的直线距离	所属行政区划①	分档
直线距离≤5 km	浦口区	1
5 km<直线距离≤10 km	下关区、鼓楼区、六合区部分街道	2
10 km<直线距离≤15 km	六合区、栖霞区、玄武区、建邺区	3
15 km<直线距离≤20 km	白下区、秦淮区、雨花台区	4
直线距离>20 km	江宁区	5

资料来源:根据南京市行政区划图划分整理

(1)总体态势

根据泰山园区调研人群的居住地和就业地的空间分布情况,将职住人群的通勤目的地划分为浦口新城区、主城区及南京其他区(指六合区、栖霞区、江宁区)三类。

如图 3-142 所示,浦口区和主城区是泰山园区职住人群的两个主要通勤目的地,分别占总数的 59% 和 30%,南京其他区仅占 11%。较大的跨江通勤需求和仅南京长江大桥一条免费的过江通道是造成目前江北副城与主城间交通不畅、大桥拥堵的重要原因。

按居住就业分离的行政区划测度法,以是否居住且就业在新城区作为测度新城区居住就业分离的标准,则职住分离度为居住和就业不同在新城区的人数与居住或就业在新城区的总人数的比值,据此测算,泰山园区总体居住就业分离度为 0.41。

(2)居住人群的通勤距离构成特征

如图 3-143 所示,泰山园区内住区档次越高,相应住区就业在主城区的居住人群所占比重越高。就业地在浦口区的居住人群在城中村和拆迁安置区内占比较高,分别占该类住区人群的 83%、71%。就业地在主城区的居住人群在高档住区内占比最高,占该类住区人群的

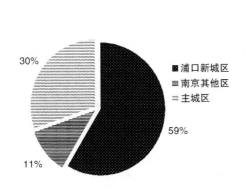

图 3-142 泰山园区职住人群通勤目的地构成图
资料来源:本课题组根据调研数据绘制

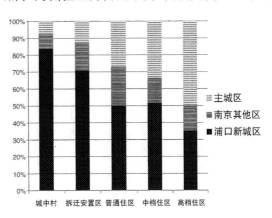

图 3-143 不同住区类型内居住人群就业地分布图
资料来源:本课题组根据调研数据绘制

① 2013 年 2 月,经国务院批准,南京行政区划调整,撤并部分行政分区,由于调研问卷发放时受访人群普遍对原行政区划印象深刻,且原行政区划较新版对主城区的划分更加细化,故此次研究仍采用原南京行政分区的名称与边界。

46%。就业地在南京其他区的居住人群在普通住区内占比最高,为23%,在其他类型住区内占比在10%左右。

按居住就业分离的行政区划测度法计算,泰山园区居住人群的居住就业分离度为0.47,高于园区职住人群的总体居住就业分离度(0.41),表明泰山园区居住人群的居住就业分离程度要大于就业人群。

从不同类型住区居住人群就业地所属行政分区的空间分布图可见(图3-144),城中村居住人群的通勤距离主要在5 km以内。住区档次越高,5 km以上通勤距离的居住人群在住区内的占比越高。从普通住区开始,就业地在主城区的居住人群比例增加明显,高档住区中就业地在主城区的人群占50%,反映高档住区居住人群的职住分离程度最大。跨江就业人群的主要就业地为下关区、鼓楼区,其次为建邺区、栖霞区,其他各区占比较低,均在5%以下。就业人群在距泰山园区最远的江宁区就业的占比仅为2%。

扫码看原图

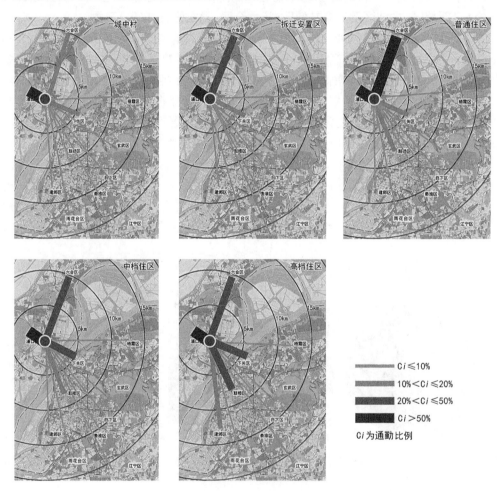

图3-144　不同类型住区居住人群就业地所属行政分区的空间分布图
资料来源:本课题组根据调研数据绘制

(3)就业人群的通勤距离构成特征

如图3-145所示,泰山园区就业人群的居住地在不同行业类别内呈现不同的结构特征。

居住在主城区的就业人群在公共服务业中占比最高，达52％；其次为制造业和教育机构，分别为35％、32％，在商业服务业内占比最低，仅为7％。可见行业收入水平越高，居住地在主城区的占比越高。

按居住就业分离的行政区划测度法，泰山园区就业人群的居住就业分离度为0.35，低于园区居住人群的居住就业分离度（0.47），表明泰山园区就业人群的居住就业分离程度相对较低。

从不同行业类别就业人群居住地所属行政分区的分布图可见（图3-146），商业服务业

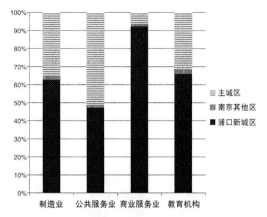

图3-145 不同行业类别就业人群居住地分布图
资料来源：本课题组根据调研数据绘制

就业人群的通勤距离主要在5 km以内。教育机构、公共服务业及制造业就业人群的通勤距离显著增加，通勤距离在5 km以上、需要跨江通勤的人群占比较多，跨江通勤人群的主要居住地为下关区和鼓楼区，其次为栖霞区，居住地位于其他各区的较少。

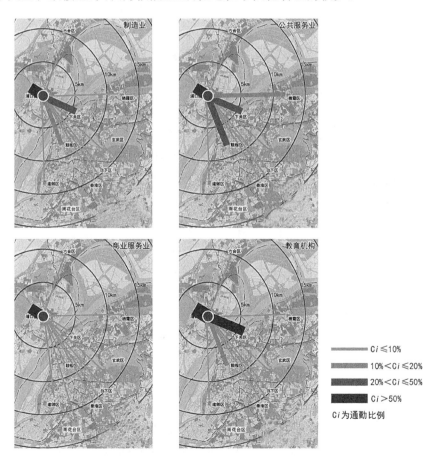

扫码看原图

图3-146 不同行业类别就业人群居住地所属行政分区分布图
资料来源：本课题组根据调研数据绘制

（4）居住、就业人群的通勤地点构成特征对比分析

如图 3-147、图 3-148 所示,比较分析泰山园区居住人群的就业地以及就业人群的居住地的构成比例,两者为主城区的比例大致相当,但有较大比例的居住人群的就业地为南京其他区,导致泰山园区居住人群的居住就业分离程度大于就业人群。参考图 3-144、图 3-146,与泰山园区居住人群和就业人群之间有较多通勤联系的行政区均为下关区和鼓楼区,其次为栖霞区和建邺区;居住人群与六合区之间的通勤联系相对较多。

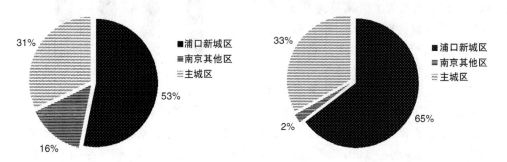

图 3-147　泰山园区居住人群就业地比例构成图　　图 3-148　泰山园区就业人群居住地比例构成图
资料来源:本课题组根据调研数据绘制　　　　　资料来源:本课题组根据调研数据绘制

3.3.2　泰山园区职住人群居住就业分离度测算

第 3.3.1 节通勤距离中分析了泰山园区调研人群居住就业分离的行政区划测度法,选取城市中某一特定地理单元,以居住地和就业地不都在这一地理单元的人数与在此居住或就业的总人数的比值作为该地区职住分离度的指标。这一测算方法忽略了居住或就业在该区域边缘但就业地或居住地在相邻地区的职住人群对测算结果的影响,因为此类人群从通勤时长、通勤距离来说,并不属于职住分离,职住分离的行政区划测度法将该类人群判定为职住分离,存在较大误差。下面试图综合考虑通勤行为各因子,对泰山园区职住分离程度进行更全面的测度。

1）基于通勤时长的泰山园区居住就业分离度测算

通过对国内外相关研究成果的总结可知,大部分学者采用 30 分钟作为界定通勤满意与否的标准,本次调研问卷的统计结果也显示,当通勤时长超过 30 分钟时,受访人群通勤满意度调查中"不满意"的比例大幅增加,同时根据《中国城市发展报告 2012》中的数据,南京平均通勤时长为 32 分钟,确定在南京新城区职住分离度测算中采用 30 分钟作为判断标准。

居住分离度

$$R_{\mathrm{s}} = \frac{R_{>30}}{N_{\mathrm{r}}}$$

式中:R_{s} 为泰山园区居住人群的居住分离度;$R_{>30}$ 为泰山园区居住人群中通勤时长大于 30 分钟的样本数;N_{r} 为泰山园区居住人群问卷调查的样本总数。

根据本次泰山园区居住人群调查问卷的数据,测算得出**泰山园区的居住分离度为** 0.40。

就业分离度

$$E_s = \frac{E_{>30}}{N_e}$$

式中：E_s 为泰山园区就业人群的就业分离度；$E_{>30}$ 为泰山园区就业人群中通勤时长大于30 分钟的样本数；N_e 为泰山园区就业人群问卷调查的样本总数。

根据本次泰山园区就业人群调查问卷的数据，测算得出**泰山园区的就业分离度为** 0.30。

居住—就业分离度测算

居住就业分离度 D_s 的计算方法为：

$$D_s = \frac{R_{>30} + E_{>30}}{N_{re}}$$

式中：D_s 为泰山园区居住及就业人群的居住—就业分离度；$R_{>30}$、$E_{>30}$ 分别为泰山园区居住、就业人群中通勤时长大于 30 分钟的样本数；N_{re} 为泰山园区居住、就业人群问卷调查的样本总数。

根据本次泰山园区居住、就业人群调查问卷的数据，测算得出**泰山园区的居住—就业分离度为** 0.35。

2) 基于通勤因子的泰山园区职住综合分离度的测算

由第 1.5.1 节所述可知，由于调研人群的社会经济属性不同，其对通勤工具的选择及对通勤费用的承受能力均会有所不同，采用通勤时长这个单一指标很难全面衡量新城区居住、就业人群的职住分离程度。为此，将调研人群对通勤的满意度——通勤便利程度作为变量，与通勤时长、通勤距离、通勤工具以及通勤费用做相关性分析，确定各自的权重。在对职住综合分离程度进行测算时，将四项指标因子的等级指数分别乘以各自权重，累加得到职住综合分离程度的等级，即：

职住综合分离度(S) = **通勤时长等级指数×**（**权重** 1）+ **通勤工具等级指数×**（**权重** 2）+ **通勤费用等级指数×**（**权重** 3）+ **通勤距离等级指数×**（**权重** 4）

（1）确定通勤因子等级指数

根据各个通勤因子二级变量的大小排序，确定各通勤因子的等级指数。

表 3-11 泰山园区居住、就业人群通勤因子等级指数

特征类型	数据和指数	变量	
通勤时长	样本数据	15 分钟以内	15—30 分钟
		30—45 分钟	45—60 分钟
		1 小时以上	
	等级指数（按时间长短）	1	2
		3	4
		5	
通勤工具	样本数据	步行、自行车	电动车、摩托车
		公交车	班车
		出租车、私家车	

特征类型	数据和指数	变量	
通勤工具	等级指数 （按平均速度大小）	1	2
		3	4
		5	
通勤费用	样本数据	100 元/月以下	100—200 元/月
		200—300 元/月	300 元/月以上
	等级指数 （按费用高低）	1	2
		3	4
通勤距离	样本数据	5 km 以内	5—10 km
		10—15 km	15—20 km
		20 km 以上	
	等级指数 （按空间距离远近）	1	2
		3	4
		5	

（2）确定居住、就业人群各通勤因子的权重值

将通勤便利度与通勤时长、通勤工具、通勤费用、通勤距离等 4 个指标因子进行 SPSS 相关性分析，分别得到 4 个因子的相关系数，即各通勤因子的权重（表 3-12）。

表 3-12　居住、就业人群通勤因子与通勤便利度的相关系数表

研究对象	通勤时长	通勤工具	通勤费用	通勤距离
	权重 1	权重 2	权重 3	权重 4
居住人群	0.724	0.314	0.354	0.569
就业人群	0.731	0.457	0.497	0.568

资料来源：课题组基于通勤因子统计数据的 SPSS 相关性分析得出

（3）泰山园区居住、就业人群职住综合分离度测算

居住人群的职住综合分离度测算

利用 SPSS 进行变量计算，测算出泰山园区居住人群的职住综合分离度得分（表 3-13）。统计分档后发现，职住综合分离度得分 4.28 是泰山园区居住人群职住不分离的临界值。当得分小于此值时，居住人群就业地为浦口区，通勤时长小于 30 分钟。得分在 4.28—5.88 时，居住人群通勤时长在 30—45 分钟，近半数人群认为通勤不便利，职住分离程度为低度分离。得分超过 5.88 时，居住人群认为通勤不便利或十分不便利，通勤时长超过 45 分钟，职住分离程度为高度分离。

表 3-13 泰山园区居住人群不同职住分离程度归档表

职住分离程度	职住综合分离度得分	通勤特征	比例
职住不分离	$S \leqslant 4.28$	就业地为浦口区,通勤时长小于 30 分钟,以非机动车、公交车和班车通勤为主	51.9%
低度分离	$4.28 < S \leqslant 5.88$	就业地主要为浦口区、六合区及相邻的下关区,通勤时长在 45 分钟以内,以私家车、班车和公交车通勤为主	26.0%
高度分离	$S > 5.88$	就业地为主城区及南京其他区,通勤时长在 45 分钟以上,以私家车、班车和公交车通勤为主	22.1%

资料来源:课题组根据调研统计数据,利用 SPSS 进行变量计算后整理得到

将职住低度分离及高度分离人群所占比例相加,得到**泰山园区居住人群职住综合分离度为** 0.48。

就业人群的职住综合分离度测算

同样测算出泰山园区就业人群的职住综合分离度得分(表 3-14)。统计分档后发现,职住综合分离度得分 5.07 是泰山园区就业人群职住不分离的临界值。当得分小于此值时,就业人群居住地为浦口区,通勤时长小于 30 分钟。得分在 5.07—6.37 时,就业人群通勤时长在 30—45 分钟,近半数人群认为通勤不便利,职住分离程度为低度分离。得分超过 6.37 时,就业人群认为通勤不便利或十分不便利,通勤时长超过 45 分钟,职住分离程度为高度分离。

表 3-14 泰山园区就业人群不同职住分离程度归档表

职住分离程度	职住综合分离度得分	通勤特征	比例
职住不分离	$S \leqslant 5.07$	居住地为浦口区,通勤时长小于 30 分钟,以非机动车、公交车和班车通勤为主	57.8%
低度分离	$5.07 < S \leqslant 6.37$	居住地主要为浦口区和下关区,通勤时长在 45 分钟以内,以私家车、班车和公交车通勤为主	20.8%
高度分离	$S > 6.37$	就业地为六合区和主城区的其他各区,通勤时长在 45 分钟以上,以私家车、班车和公交车通勤为主	21.4%

资料来源:课题组根据调研统计数据,利用 SPSS 进行变量计算后整理得到

将职住低度分离及高度分离人群所占比例相加,得到**泰山园区就业人群职住综合分离度为** 0.42。

将上述考虑通勤各因子权重后得出的泰山园区职住分离的居住人群和就业人群总数除以职住人群总数得出**泰山园区职住人群的职住综合分离度为** 0.45。

3.3.3 泰山园区职住空间失配特征解析

1) 基于职住分离度的泰山园区居住人群职住失配特征解析

(1) 基于职住分离度的泰山园区居住人群职住失配特征单因子分析

将表 3-3 遴选的居住空间特征研究的 19 个单因子与第 3.3.2 节得出的泰山园区居住

人群职住综合分离度得分做 Spearman 相关性检验，得到居住空间特征指标因子与职住综合分离度相关系数表（表 3-15）。

表 3-15　居住空间特征指标因子与职住综合分离度相关系数表

研究对象	特征类型	一级变量		Spearman 相关性检验	相关性分析
居住人群	社会属性	1	年龄结构	.085	无明显相关
		2	原户口所在地	.110*	弱正相关
		3	学历水平	.322**	正相关
	经济属性	4	个人月收入	.304**	正相关
		5	家庭月收入	.412**	正相关
		6	资产月收入	−.043	无明显相关
		7	现有住房来源	.025	无明显相关
		8	住房均价	.314**	正相关
居住空间	居住特征	9	住区区位	−.252**	负相关
		10	入住时间	.047	无明显相关
		11	住房面积	.396**	正相关
	密度特征	12	住区入住率	−.078	无明显相关
		13	住区人口密度	.120*	弱正相关
	住区类型	14	住区类型	.278**	正相关
		15	住区建设年代	.139**	正相关
	配套设施	16	教育设施择位	.297**	正相关
		17	购物设施择位	.086	无明显相关
		18	医疗设施择位	.173**	正相关
		19	文娱设施择位	.204**	正相关

**. 在置信度（双侧）为 0.01 时，二者显著相关。
*. 在置信度（双侧）为 0.05 时，二者相关。

资料来源：课题组根据调研问卷数据，对其进行相关性分析得出

将泰山园区居住空间特征的 19 个单因子与居住人群职住综合分离度进行相关性分析后，选取显著相关的学历水平、个人月收入、家庭月收入、住房均价、住区区位、住房面积、住区类型、住区建设年代、教育设施择位、医疗设施择位、文娱设施择位等 11 个因子。按各因子所属特征类型，对泰山园区居住人群职住失配特征进行分析。

① 社会属性：学历水平与职住分离度呈显著正相关

学历水平——学历越高，职住分离比例越高

居住人群中初中及以下学历人群职住分离的占比仅为 7％，高中或中专技校学历人群职住分离的占比为 24％，大专或本科学历人群职住分离的占比为 53％，研究生及以上学历人群职住分离的占比高达 63％。泰山园区就业岗位主要是制造业的蓝领岗位，高学历居住人

群只得选择更适合他们的主城区的就业岗位,但又无法负担主城高昂的房价,转而选择房价相对较低的泰山园区居住,导致职住分离度较高。

② 经济属性:个人月收入、家庭月收入、住房均价与职住分离度呈显著正相关

个人月收入——个人月收入越高,职住分离比例越高

中低收入群体(个人收入 3 000 元/月以下)中职住分离的占比为 24%,中等收入群体(个人收入 3 000—5 000 元/月)中职住分离的占比为 51%,中高收入群体(个人收入 5 000 元/月以上)中职住分离的占比为 60%。

家庭月收入——家庭月收入越高,职住分离比例越高

中低收入家庭(家庭收入 6 000 元/月以下)中职住分离的占比为 21%,中等收入家庭(家庭收入 6 000—10 000 元/月)中职住分离的占比为 43%,中高收入家庭(家庭收入 10 000 元/月以上)中职住分离的占比为 64%。

住房均价——住区平均房价越高,职住分离比例越高

泰山园区住房均价在 10 000 元/m² 以上的住区主要分布在泰山园区中部,距离长江大桥较近(参见图 3-27),与主城区交通便捷,较多就业地在主城的高收入、高学历人群选择在此居住。

泰山园区居住人群中相当一部分高收入人群,就业地在主城区,但又无法负担主城高昂的房价,或在总价相同的条件下选择居住面积更大、居住环境更好的新城区住房,导致职住分离度较高。

③ 居住特征:住区区位与职住分离度呈显著负相关、住房面积与职住分离度呈显著正相关

住区区位——距离主城区越远的住区,职住分离比例越低

对有不同区位特征的住区居民的职住分离人群的比重进行统计后发现,距长江大桥 2 000 m 以内的住区居民中职住分离人群的比重高达 68%,2 000 m 以上的住区居民中职住分离人群的比重仅为 34%。

靠近长江大桥的住区对就业地在主城但选择在新城区居住的人群吸引力更强。同时泰山园区城中村和拆迁安置区主要分布在距离大桥 2 000—3 000 m 的地域范围,这两类住区居住人群以浦口区原住民为主,就业地大部分选择在新城区,故职住分离度较小。

住房面积——住房面积较大的人群,职住分离的占比较高

居住人群中住房面积小于 60 m² 的人群职住分离的比例最低,为 24%;住房面积在 60—90 m² 的人群职住分离的比例为 45%;住房面积在 90—120 m² 的人群职住分离的比例最高,为 71%;住房面积在 120 m² 以上的人群职住分离的比例为 60%。

④ 住区类型——住区类型、住区建设年代与职住分离度呈显著正相关

住区类型——普通住区、中档住区和高档住区职住分离人群比例较高,城中村和拆迁安置区职住分离人群比例较低。

统计不同住区类型的居住人群的职住分离度发现,城中村居住人群中职住分离的比例仅为 11%,拆迁安置区中职住分离人群的比例为 17%,普通住区、中档住区中职住分离人群的比例均为 60%,高档住区中职住分离人群的比例为 53%。

城中村和拆迁安置区的居住人群主要为浦口区原住民,就业地主要为新城区。普通住区和中档住区区位条件较好,交通便捷,公共设施齐全,较多在主城就业的人群在此购房居住,职住分离度较高。

住区建设年代——新建住区内职住分离人群比例大于老住区

统计不同建造年代住区内居住人群的职住分离度发现,1998 年以前建造的住区中居住人群职住分离的比例为 11%,1998—2004 年建造的住区中职住分离的人群比例为 27%,2004—2010 年建造的住区中职住分离的人群比例为 56%,2010 年以后建造的住区中职住分离的人群比例为 50%。

泰山园区住区的不同建造年代反映了城市的发展阶段。2004 年以后,主城区房价大幅上升,浦口新城区的建设也渐成格局,大量无法负担主城高昂房价的主城区就业人群被迫选择在新城区择居,造成泰山园区 2004 年以后建造的住区内居民职住分离程度较高。

⑤ 配套设施——教育、医疗、文娱设施择位与职住分离度呈显著正相关

对选择不同教育、医疗、文娱设施区位的居住人群的职住分离度进行统计后发现,选择在主城区进行相应活动的居住人群大多为高学历、高收入,居住在靠近主城区的中档或高档住区,该类居住人群较大部分就业地为主城区,职住分离的人群比例较大。

因泰山园区沿大桥北路两侧已发展形成较高服务水平的休闲购物中心,园区居民普遍选择在新城区购物。

(2) 基于职住分离度的泰山园区居住人群职住失配特征主因子分析

将第 3.1.4 节通过因子降维分析得出的居住空间特征研究的 5 个主因子与居住人群的职住综合分离度做相关性分析,得到各主因子得分(表 3-16)。

表 3-16　泰山园区居住空间特征主因子与职住综合分离度相关系数表

指标因子	主因子 1	主因子 2	主因子 3	主因子 4	主因子 5
	阶层特征	居住状况	设施配套	住房水平	住区状况
Spearman 相关检验	.353**	.113*	.180**	.115*	.144*
相关性分析	正相关	弱正相关	正相关	弱正相关	弱正相关

提取方法:主成分。
旋转法:具有 Kaiser 标准化的正交旋转法。

资料来源:课题组根据调研问卷数据,对其进行相关性分析得出

由表 3-16 可知,与职住综合分离度具有显著相关性的主因子为阶层特征主因子和设施配套主因子。下面分别从这两个主因子出发,对泰山园区居住人群职住失配特征进行分析。

阶层特征——阶层特征主因子主要反映了住区区位、住房均价、个人月收入、家庭月收入、学历水平、教育设施择位等 6 个单因子。该主因子高得分水平居住人群的职住综合分离度较高,该类居住人群的主要特征为大部分住区距离主城较近、住房价格在 7 000 元/m² 以上、学历水平在大专或本科以上、家庭月收入高、子女受教育地点不在本街道内。

设施配套——设施配套主因子主要反映了医疗设施择位、文娱设施择位、购物设施择位这 3 个单因子。该主因子高得分水平居住人群的职住综合分离度较高,该类居住人群的主要特征为选择泰山街道或者高新区其他地区进行购物活动,就医地点和娱乐地点的选择主要为主城区或浦口其他地区。

(3) 基于职住分离度的泰山园区居住人群职住失配特征聚类分析

第 3.1.5 节通过对泰山园区居住人群进行聚类分析得出了五类人群。对这五类人群的职住综合分离度进行统计发现,职住不分离人群在第一类人群中所占比例较高,达 87%;职

住分离人群在第二至五类人群中所占比例都在 50％以上（图 3-149）。

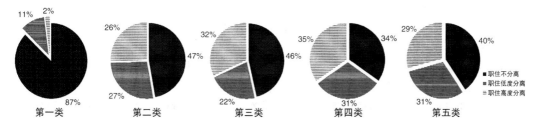

图 3-149 泰山园区居住人群职住分离比例构成图
资料来源：本课题组根据调研统计数据绘制

由于江北副城浦口区的城市建设沿长江呈带状展开，故沿长江的通勤距离较长，部分居住人群即使在浦口区就业，仍可能出现职住分离的现象。因此将泰山园区的职住分离居住人群分为三种：就业地在浦口区的职住分离人群、就业地在六合区的职住分离人群以及就业地在主城区的职住分离人群。

如图 3-150 所示，对聚类分析出的 5 类人群中职住分离的居住人群的就业地进行统计，并分别按所属行政分区进行空间落位，发现不同类群的职住分离人群的就业地分布差异较

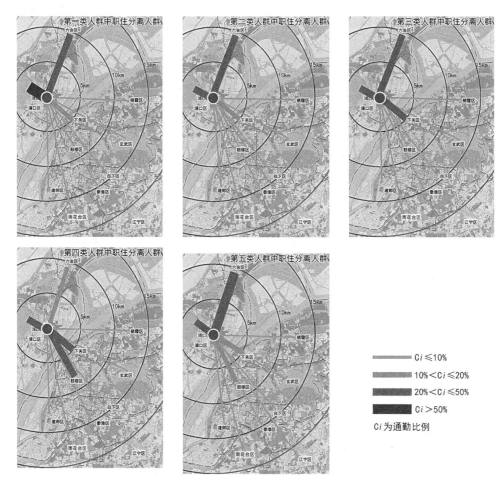

扫码看原图

$C_i \leqslant 10\%$
$10\% < C_i \leqslant 20\%$
$20\% < C_i \leqslant 50\%$
$C_i > 50\%$
C_i 为通勤比例

图 3-150 职住分离的居住人群就业地所属行政分区空间分布图
资料来源：本课题组根据调研统计数据绘制

大。第一类、第二类和第五类人群中职住分离人群的主要就业地为浦口区和六合区，就业地在主城区的较少；第三类人群中职住分离人群的就业地有20％在主城区，但就业地主要在距浦口区较近的下关区；第四类人群中职住分离人群的就业地有50％在主城区。参考图3-70，不同类群职住分离人群的就业地分布与其居住空间的区位有相关性。

在居住空间层面上，要实现泰山园区的职住空间的优化匹配，缓解新城区与主城之间的通勤压力，在泰山园区后续的产业发展中，应有选择地发展与第三类和第四类人群就业岗位需求相匹配的产业类别，引导这两类人群更多地选择在新城区就业，降低新城区的职住分离程度。

2）**基于职住分离度的泰山园区就业人群职住失配特征解析**

（1）基于职住分离度的泰山园区就业人群职住失配特征单因子分析

将第3.2.2节遴选的就业空间特征研究的16个单因子与第3.3.2节得出的泰山园区就业人群职住综合分离度得分做Spearman相关性检验，得到就业空间特征指标因子与职住综合分离度相关系数表（表3-17）。

表3-17　泰山园区就业空间特征指标因子与职住综合分离度相关系数表

研究对象	特征类型		一级变量	Spearman相关性检验	相关性分析
就业人群	社会属性	1	年龄结构	−.019	无明显相关
		2	原户口所在地	.037	无明显相关
		3	学历水平	.408**	正相关
		4	家庭类型	.270**	正相关
	经济属性	5	个人月收入	.410**	正相关
		6	家庭月收入	.530**	正相关
		7	资产月收入	−.236**	负相关
		8	就业岗位	−.356**	负相关
		9	专业职称	.467**	正相关
		10	工作年限	.252**	正相关
就业空间	居住特征	11	居住方式	.258**	正相关
	密度特征	12	单位员工数	.025	无明显相关
		13	单位人口密度	.122**	正相关
		14	市内同类单位数	−.031	无明显相关
	单位类型	15	行业类别	−.057	无明显相关
		16	单位成立时间	−.044	无明显相关

资料来源：课题组根据调研问卷数据，对其进行相关性分析得出

将泰山园区就业空间特征的16个单因子与就业人群职住综合分离度进行相关性分析后，选取显著相关的学历水平、家庭类型、个人月收入、家庭月收入、资产月收入、就业岗位、专业职称、工作年限、居住方式、单位人口密度等10个因子。按各因子所属特征类型，对泰

山园区就业人群职住失配特征进行分析。

① 社会属性:学历水平和家庭类型与职住分离度呈显著正相关

学历水平——学历越高,职住分离比例越高

就业人群中初中及以下学历人群中职住分离的占比仅为 3%,高中或中专技校学历人群职住分离的占比为 16%,大专或本科学历人群职住分离的占比为 58%,研究生及以上学历人群职住分离的占比高达 61%。高学历就业人群整体收入较高,对房价的承受能力较高,要求较好的公共设施配套,因而更多地选择公共服务配套较好的主城区居住。

家庭类型——主干家庭和核心家庭职住分离度高,单身和夫妻家庭职住分离度低

就业人群中单身人群职住分离的占比仅为 9%,夫妻家庭人群职住分离的占比为 36%,核心家庭人群职住分离的占比为 50%,主干家庭人群职住分离的占比高达 58%。

单身人群主要选择在就业地附近租房居住;夫妻家庭无子女教育方面的限制,选择在就业地附近居住的可能性较大;核心家庭和主干家庭在就业地附近居住的可能性受到配偶就业地和子女教育等方面的限制。

② 经济属性:个人月收入、家庭月收入、专业职称以及工作年限与职住分离度呈显著正相关,资产月收入和就业岗位与职住分离度呈显著负相关

工资收入——个人月收入或家庭月收入越高,职住分离比例越高

中低收入群体(个人收入 3 000 元/月以下)中职住分离的占比为 12%,中等收入群体(个人收入 3 000—5 000 元/月)中职住分离的占比为 42%,中高收入群体(个人收入 5 000元/月以上)中职住分离的占比为 57%。

学历较高的专业人员,有相当一部分是随企业郊迁而到新城区工作,但居住地并未迁移,仍居住在主城,导致职住分离程度较高。

资产月收入——资产月收入越高,职住分离比例越低

有资产月收入人群的职住分离比例仅为 24%,无资产月收入人群的职住分离比例为 59%。拥有资产月收入的就业人群主要为浦口区原住民,由于新城区建设,原住房被拆迁,因分户或原面积补偿而获得较大面积的拆迁安置房,通过房租收益得到资产月收入。该类人群普遍学历水平较低,就业选择受限,较多选择在新城区就业,从事的岗位以生产设备操作人员、销售人员和后勤服务人员为主,职住分离程度低。

就业岗位——管理人员、专业技术人员职住分离比例较高,生产设备操作人员、销售人员和后勤服务人员职住分离比例较低

管理人员职住分离的占比高达 71%,专业技术人员职住分离的占比为 61%,办公室行政人员职住分离的占比为 45%,生产设备操作人员、销售人员和后勤服务人员职住分离的占比均在 10% 以下。

专业职称——职称越高,职住分离比例越高

专业职称与工资收入、工作岗位呈明显相关,即高级职称就业人群的收入较高,从事的岗位一般为专业技术人员或管理人员,由上面的分析可知该类人群职住分离程度较高。

工作年限——工作年限越长,职住分离比例越高

工作年限 3 年以下的人群职住分离的占比为 30%,工作年限 3—5 年的人群职住分离的占比为 31%,工作年限 5—10 年的人群职住分离的占比为 59%,工作年数 10 年以上的人群职住分离的占比为 50%。

工作年限越长的就业人群对企业的认同感越高，当其就业地与居住地分离时，选择更换就业地的比例较低。

③ 居住特征：居住方式与职住分离度呈显著正相关

居住方式——与家人一起居住的就业人群职住分离比例较高

独居的就业人群一般也为租房人群，他们与合租的就业人群的租住地点通常距就业地较近，职住分离程度低。与家人一起居住的就业人群职住分离的占比为 46%，程度较高。

④ 密度特征：单位人口密度与职住分离度呈显著正相关

单位人口密度——单位人口密度越高，职住分离比例越高

单位人口密度较高的企业主要为高端制造业和公共服务业，该类企业员工普遍学历水平较高，收入较好，且较多企业为主城郊迁企业，员工中选择在主城区居住的人群比重较大，职住分离度高。而单位人口密度较低的企业主要为一般制造业企业和商业零售业，员工学历水平低，工资待遇相对较低，居住在新城区的就业人群所占比重较大，职住分离度低。

（2）基于职住分离度的泰山园区就业人群职住失配特征主因子分析

将第 3.2.4 节通过因子降维分析得出的就业空间特征研究的 5 个主因子与就业人群的职住综合分离度做相关性分析，得到各主因子得分表（表 3-18）。

表 3-18　泰山园区就业空间特征主因子与职住综合分离度相关系数表

指标因子	主因子 1	主因子 2	主因子 3	主因子 4	主因子 5
	职位收入	单位情况	年龄工龄	家庭结构	原籍资产
Spearman 相关检验	.451**	.089*	.029	.408**	.079*
相关性分析	正相关	弱正相关	无明显相关	正相关	弱正相关

提取方法：主成分。
旋转法：具有 Kaiser 标准化的正交旋转法。

资料来源：课题组根据调研问卷数据，对其进行相关性分析得出

由表 3-18 可知，与职住综合分离度具有显著相关性的主因子为职位收入主因子和家庭结构。下面分别从这两个主因子出发，对泰山园区就业人群职住失配特征进行分析。

职位收入——职位收入主因子主要反映就业岗位、专业职称、学历水平、个人月收入等 4 个单因子。该因子高得分就业人群的职住综合分离度较高，主要特征为：主要为专业技术人员和管理人员，大部分具有中等以上专业职称，学历水平高，以中高收入为主。

家庭结构——家庭结构主因子主要反映就业人群的家庭类型、居住方式和家庭月收入 3 个单因子。该因子高得分就业人群的职住综合分离度较高，主要特征为：家庭类型为核心家庭和主干家庭，居住方式为与家人一起居住，家庭月收入较高。

（3）基于职住分离度的泰山园区就业人群职住失配特征聚类分析

第 3.2.5 节通过对泰山园区就业人群进行聚类分析得出了四类人群，对这四类人群的职住综合分离度进行统计发现，职住分离人群在第一类和第二类人群中所占比例比在第三、第四类人群所占比例要高得多，分别为 59% 和 46%；职住不分离人群在第三类和第四类人群中所占比例很高，分别高达 96% 和 88%（图 3-151）。

如图 3-152 所示，将聚类分析出的第一和第二类人群中职住分离的就业人群的居住地

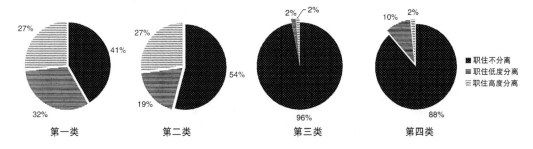

图 3-151 泰山园区就业人群职住分离比例构成图
资料来源:本课题组根据调研统计数据绘制

进行统计,并分别按所属行政分区进行空间落位,发现这两类人群中职住分离人群的主要居住地为主城的下关区和鼓楼区,在其他行政分区的比例较低。

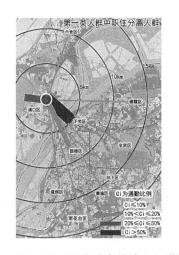

扫码看原图

图 3-152 职住分离的就业人群居住地所属行政分区空间分布图
资料来源:本课题组根据调研统计数据绘制

因此,在就业空间层面上,要实现泰山园区职住空间的优化匹配,缓解新城区与主城之间的通勤压力,应完善新城区公共设施配套和居住环境建设,尤其是加快中小学教育水平均等化建设,提出针对就业人群的迁居扶持政策,引导第一类和第二类就业人群更多地选择在新城区居住,降低新城区的职住分离程度。

3.3.4 泰山园区职住空间结构失配特征总结

在第 3.3.3 节泰山园区职住空间失配特征解析的基础上,对第 3.1.3 节、第 3.2.3 节中泰山园区居住、就业空间特征的单因子进行对比分析,总结出以下 4 个泰山园区职住空间结构失配的特征。

1) 泰山园区居住人群学历水平与就业空间结构失配

将泰山园区居住人群与就业人群的学历水平单因子进行比较分析,发现两者学历水平构成差异明显(图 3-153),研究生及以上学历在居住人群的占比为 21%,在就业人群的占比仅为13%,反映出泰山园区居住人群高学历的占比大,而就业空间所能提供的高学历岗位占比相对较少,高学历居住人群无法在泰山园区找到相应的岗位,导致这部分人群职住分离。

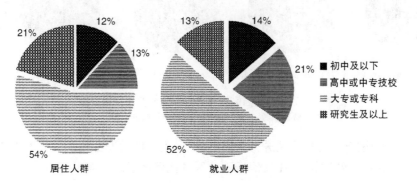

图 3-153　泰山园区居住人群与就业人群的学历水平构成比较
资料来源:本课题组根据调研数据绘制

高中或中专技校以下学历在居住人群的占比为25%,在就业人群的占比为35%,反映出泰山园区就业空间所能提供的低学历岗位占比大于居住人群低学历的占比,这部分岗位没有相应的居住人群来就业,造成居住人群中的低学历水平人群与就业空间所需失配。

2) 泰山园区居住人群收入水平与就业空间结构失配

将泰山园区居住人群与就业人群的个人月收入单因子进行比较分析,发现高收入水平的居住人群占比大于就业人群(图 3-154),个人月收入 5 000 元以上的居住人群占比为29%,就业人群的占比为21%。高收入水平占比的差异反映泰山园区无法为月收入 5 000元以上的居住人群提供足够的相应就业岗位。

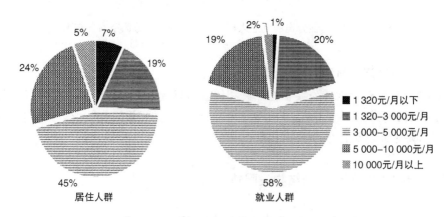

图 3-154　泰山园区居住人群与就业人群个人月收入构成比较
资料来源:本课题组根据调研数据绘制

个人月收入 3 000—5 000 元的居住人群占比为45%,就业人群的占比为58%,后者显著大于前者,反映出泰山园区这部分岗位没有相应的居住人群来就业。收入水平占比的差异造成居住人群收入水平与就业空间结构失配。

3) 泰山园区居住人群职业岗位与就业空间结构失配

将泰山园区居住人群与就业人群的职业岗位单因子进行比较分析,发现居住人群的就业类型多样,构成较为均衡,企业职工、公司职员、工程技术人员、机关事业单位人员、私营个体人员、服务业人员以及其他人员,分别占到了总人数的 25%、22%、16%、14%、11%、4%、8%。然而泰山园区就业空间以制造业企业为主,企业提供的就业岗位中专业技术人员和生产设备操作人员占到了 60% 以上。居住人群和就业人群职业岗位的差异,造成泰山园区无法为居住人群提供合适的岗位,居住人群职业岗位与就业空间结构失配。

因此,泰山园区需要增加商业服务、商务办公及金融服务等就业岗位,用以吸纳居住人群在新城区就业,降低职住分离程度。

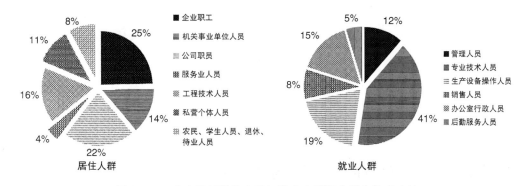

图 3-155 泰山园区居住人群与就业人群职业岗位构成比较

资料来源:本课题组根据调研数据绘制

4) 泰山园区就业人群择居要求与居住空间结构失配

第 3.3.3 节泰山园区职住空间失配特征解析中,泰山园区职住分离度较高的就业人群特征为:主要为 25—45 岁中青年就业人群,中高学历,中高收入,以主干家庭和核心家庭为主,专业职称较高,居住在主城区。该类就业人群认为与主城区相比,虽然泰山园区住房的性价比较高,居住环境相对优越,但目前各项配套设施尚不完善、住房类型相对简单,适合主干家庭和核心家庭的 90—120 m² 住房供给相对不足。就业人群择居要求与居住空间结构失配,导致无法吸引该类就业人群由主城迁居新城区。

4 科教型新城区——仙林副城仙鹤片区居住就业空间研究

4.1 仙林副城仙鹤片区居住空间特征研究

4.1.1 仙林副城仙鹤片区居住空间概况

1）仙林副城仙鹤片区的选取

本书中仙林副城居住就业空间的研究区域为仙林副城的现状建成区。仙林副城划分为仙鹤片区、白象片区、栖霞片区、新尧片区、灵山片区和青龙片区等6个片区（图4-1）。

新尧片区是仙林副城发展较早的片区，在炼油厂基础上发展起来，主要为工业用地，以就业功能为主，居住和公共服务设施不够完善。栖霞片区是依托栖霞镇和江南水泥厂发展而来，目前大部分还是以村镇居住为主。白象片区以高等教育、居住、科研产业功能为主，包括仙林大学城部分区域、液晶谷一期用地，目前处于建设阶段，科研和居住功能还不成熟。青龙片区和灵山片区是未来仙林副城发展的主要区域，现在基本处于未开发状态。仙鹤片区是仙林副城的启动区和中心区，是大学城集中布置的核心区域，是以发展高等教育、居住、办公和公共服务设施为主的综合社区，是在大学城的基础上发展起来的，现状已建成

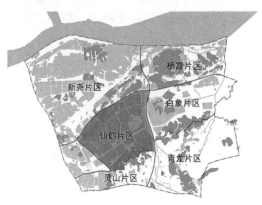

图4-1 仙鹤片区在仙林副城的区位
资料来源：本课题组根据《南京市仙林副城总体规划 2010—2030》土地利用现状图绘制

为较为完善的居住和教育科研新区,具有科教型新城区发展的典型性。因此本书选择仙林副城的仙鹤片区作为仙林副城居住就业空间的重点研究区域,对其进行问卷调研及数据分析。

2) 仙林副城仙鹤片区概况

仙鹤片区位于仙林副城的西南部,西至燕西线,东至绕越公路,北抵宁镇公路,南以灵山山脉为界,用地面积为24.08 km²。仙鹤片区是仙林新市区的启动区,是仙林大学集中区的主体地区,是以人力资源培养为主要功能,力争形成南京市最大的人才培养、出国留学培训基地。其用地布局以集中安排高等院校和配套的居住、公共设施等用地为主。

仙鹤片区的发展始于1998年南京师范大学仙林校区的建设。2001年南京市总体规划确定仙林新城为南京的三大新市区之一,仙鹤片区作为仙林大学城的主体地区,除了大力扩张高校建设用地之外,片区西部也初步形成居住板块,与高校用地形成分区明确、功能纯化的空间格局(图4-2)。

针对现状大学城建设中高等教育及科研功能与居住、公共服务功能发展不平衡的问题,2004年仙鹤片区规划提出"整合重组大学城功能布局,合理构筑综合社区,大学城与新市区协调发展"的规划思路(图4-3)。随着居住、公共服务功能的完善,片区功能得到整合,与高等院校配套的居住、公共服务设施得到了发展。

图4-2 仙鹤片区土地利用现状图(2002)　　　图4-3 仙鹤片区土地利用规划图(2004)

资料来源:仙林新市区仙鹤片区规划(2004)

2010年《南京市仙林副城总体规划(2010—2030)》提出仙鹤片区要重点发展高等教育、科技研发、居住及服务功能,加快片区中心的建设。空间布局上,整个片区以文苑路为界分为南北两个部分,北部形成高校集中区,南部形成高品质的生活居住区。在大学校区与生活居住区之间,规划布置大学城中心,近期也是新市区中心(图4-4)。

2011年编制的仙林副城仙鹤片区控制性详细规划,主要是对现有存量土地进行优化整合,提升城市功能,深化公共服务设施、市政设施的建设,规划城市建设用地面积为2 135.01 hm²①(图4-5)。至2013年仙鹤片区现状建设用地面积为1 853.3 hm²,已达到规划建设用地面积

---

① 数据来源:仙林副城仙鹤片区控制性详细规划(2011).

的 86.8%,仙鹤片区已接近完成规划建设规模。

 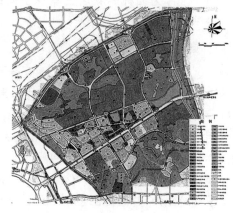

图 4-4　仙鹤片区土地利用规划图(2010)　　图 4-5　仙鹤片区土地利用规划图(2011)

资料来源:南京市仙林副城总体规划(2010—2030),仙林副城仙鹤片区控制性详细规划(2011)

3) 仙林副城仙鹤片区居住空间概况

现状仙鹤片区居住用地主要分布在片区的中部及西部。1998 年仙林新村安置小区开始建设,居住用地面积仅 128 hm²,是教育科研用地的 25%。2002 年片区居住用地面积为 46.47 hm²,占总建设用地的 6.30%[①];2013 年片区居住用地面积为 348.2 hm²,占总建设用地的 18.79%,年增长率为 20.11%。仙鹤片区居住空间的发展与仙林大学城的发展阶段具有较明显的联系,呈现四个阶段的发展过程(图 4-6)。

扫码看原图

图 4-6　仙鹤片区居住空间发展过程图(2002 年、2006 年、2010 年、2013 年居住用地分布)

资料来源:本课题组根据现状调研绘制

2002 年之前,大学城建设初期。1998 年,为安置仙林拆迁村民,在文枢东路建设拆迁安置区仙林新村。仙林大学城早期建设的商品房住区仙鹤山庄、雁鸣山庄位于仙鹤片区西北角,是以高档别墅和普通住宅为主的混合住区。

2003—2006 年,新建住区主要分布在仙鹤片区西部仙隐北路两侧,以低密度高档别墅住区为主。

2007—2010 年,地铁 2 号线开通,玄武大道快速化改造完成,大大缩短了仙林到主城的时空距离,新市区公共配套设施逐渐完善,仙鹤片区房地产开发全面铺开。住区建设沿仙林

① 　数据来源:仙林新市区仙鹤片区规划(2004).

大道两侧展开。仙林大道北侧靠近大学校区,多为中档住区;仙林大道南侧紧邻灵山,自然
环境优美,则主要为低密度高档别墅住区。

2011年至今,仙鹤片区居住空间建设已接近尾声,主要是对靠近灵山的南部区域和靠
近宁镇公路的北部区域进行填充,以普通和中档住区为主。

在以房地产和高校带动仙鹤片区启动与发展的背景下,居住用地的开发以市场化运作
的房地产项目为主,没有对为高校配套的居住用地进行有计划的储备。市场化开发的商品
住房定位偏高档,高校教师迁居新城区存在一定的难度。

4.1.2 仙林副城仙鹤片区居住空间数据采集与指标因子遴选

1)仙林副城仙鹤片区居住空间数据采集

本书以问卷调查数据以及居住空间相关
数据作为居住空间研究的前提和基础,综合运
用问卷统计法、实地观察法、访谈法等多种方
法对仙鹤片区居住人群进行数据采集。仙鹤
片区有26个已建成住区,入住14 275户,居住
人口4.43万人。居住人群的问卷发放以户为
单位,按社会调查抽样率不低于5%的要求,发
放问卷应不低于714份。剔除无效问卷,回收
有效问卷731份。问卷设计涵盖调查对象及
配偶,涉及的调查人数为1 350人(其中112人
为单身)。

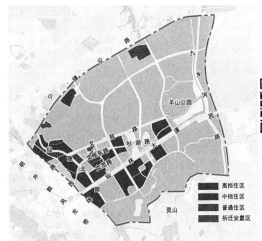

扫码看原图

根据住区的住房均价、建筑质量、环境品
质以及物业管理等特征,将仙鹤片区26个调
研住区划分为高档住区、中档住区、普通住区

图4-7 仙鹤片区现状住区类型分布图
资料来源:本课题组根据调研数据绘制

及拆迁安置区四种类型(表4-1)。高档住区回收有效问卷135份,中档住区回收有效问卷
358份,普通住区回收有效问卷155份,拆迁安置区回收有效问卷83份。问卷调查覆盖了仙
鹤片区所有住区类型,采取随机抽样方法,保证了数据采集的科学性。

表4-1 仙鹤片区现状住区信息一览表

住区类型	住区名称	所属社区	用地面积/hm²	容积率	建设时间/年	入住户数/户	有效问卷/份
高档住区	仙鹤山庄	仙鹤社区	5.56	0.67	2002	54	135
	听泉山庄	仙鹤社区	17.74	0.43	1999	211	
	沁兰雅筑	仙鹤社区	14.66	0.33	2003	93	
	香溪月园	仙鹤社区	3.28	0.80	2005	89	
	金陵家天下	仙鹤社区	11.83	0.83	2006	181	
	山居十六院	仙鹤社区	9.07	0.35	2008	54	

续表 4-1

住区类型	住区名称	所属社区	用地面积/hm²	容积率	建设时间/年	入住户数/户	有效问卷/份
高档住区	栖园	杉湖路社区	24.30	0.70	2009	285	
	东墅山庄	汇通社区	9.07	0.65	2009	59	
	汇杰文庭	汇通社区	14.71	0.69	2009	221	
	尚东花园	汇通社区	16.64	0.90	2008	809	
	山水风化	汇通社区	11.96	0.70	2008	250	
	依云溪谷	汇通社区	25.34	0.47	2010	319	
	合计		164.16	—	—	2 625	
中档住区	亚东城	亚东社区	29.71	1.42	2009	2 731	
	康桥圣菲	亚东社区	5.70	1.00	2007	570	
	赛世香樟园	杉湖路社区	10.42	2.30	2009	1 544	358
	东方天郡	杉湖路社区	15.48	2.20	2008	1 800	
	仙龙湾	汇通社区	21.70	1.20	2012	336	
	玲珑翠谷	文澜社区	15.16	1.05	2012	208	
	合计		98.17	—	—	7 189	
普通住区	仙鹤山庄	仙鹤社区	4.59	1.60	2002	351	
	咏梅山庄	仙鹤社区	6.59	1.14	2005	678	
	三味公寓	仙鹤社区	2.89	1.30	2010	102	
	雁鸣山庄	仙鹤社区	6.71	1.10	1998	505	155
	诚品城	文澜社区	22.37	1.20	2011	810	
	南师大茶苑	文澜社区	4.46	1.90	2008	201	
	鸿雁名居	文澜社区	10.77	1.60	2011	399	
	合计		58.38	—	—	3 046	
拆迁安置区	仙林新村	仙林新村社区	11.70	1.20	1998	1 415	83
	合计		11.70	—	—	1 415	

资料来源：本课题组根据现状小区调研和搜房网、365 房产网公布的相关小区信息汇总(2014)

2) 仙林副城仙鹤片区居住空间特征研究的指标因子遴选

对于居住空间特征的研究，采用 SPSS 软件中的因子生态分析法，同时利用 GIS 软件将调研人群的各项属性数据与空间关联，实现研究成果的空间落位。

第 4.1 节主要从居住空间指标因子表(表 1-1)中的居住人群和居住空间两方面对仙鹤片区居住空间特征进行分析研究。表 1-1 中通勤行为的相关指标因子，作为居住、就业空间共同的因子构成，在第 4.3 节仙鹤片区居住就业空间匹配度分析中用于对新城区居住就业空间的职住关系的量化分析。

　　根据仙鹤片区实际情况,选取居住空间指标因子表(表 1-1)中关于居住人群和居住空间的 25 个指标因子作为本节居住空间特征研究的指标体系。为使调研对象的特征类型实现空间落位,通过 SPSS 软件将各因子与住区类型因子关联,对调研问卷数据进行 Spearman相关性分析(过程数据从略),剔除相关性较低的因子,遴选出最终的居住空间特征研究的指标因子体系表(表 4-2)。

表 4-2　仙鹤片区居住空间特征研究最终选取的指标因子表

研究对象	特征类型		一级变量	测度方式	备注
居住人群	社会属性	1	年龄结构	定距测度	按照年龄大小划分为 5 级
		2	学历水平	顺序测度	根据学历高低划分为 4 级
		3	家庭类型	名义测度	按照家庭代际关系与人数划分成 6 类
	经济属性	4	个人月收入	顺序测度	个人月收入水平,按级划分为 5 类
		5	家庭月收入	顺序测度	家庭月收入水平,按级划分为 5 类
		6	现有住房来源	名义测度	根据调研人群现有住房来源划分为 5 类
		7	住房均价	顺序测度	调研人群住房的目前销售均价
居住空间	居住特征	8	住区区位	定距测度	按照小区到仙隐北路与宁镇公路交叉口的距离划分为 5 级
		9	入住时间	定距测度	根据居民的入住时间划分为 4 类
		10	住房面积	定距测度	根据居民的住房面积划分为 4 类
	密度特征	11	住区容积率	定距测度	根据住区的容积率划分为 5 类
		12	住区入住率	定距测度	根据住区的入住率划分为 3 类
		13	住区人口密度	定距测度	根据住区的人口密度划分为 4 类
	住区类型	14	住区类型	顺序测度	根据住区的不同档次划分为 4 级
		15	住区建设年代	定距测度	根据住区建设年代划分为 4 段
	配套设施	16	教育设施择位	名义测度	居民对教育设施的选择意向
		17	购物设施择位	名义测度	居民对商业设施的选择意向
		18	医疗设施择位	名义测度	居民对医疗设施的选择意向
		19	文娱设施择位	名义测度	居民对文娱设施的选择意向

资料来源:对居住人群和居住空间各因子进行 Spearman 相关性分析后剔除相关度低的因子得出

4.1.3　基于单因子的仙林副城仙鹤片区居住空间特征分析

　　根据表 4-2 遴选出的 19 个指标因子的调研数据,从居住人群的社会属性、经济属性以及居住空间的居住特征、密度特征、住区类型、配套设施这 6 个特征类型入手,采用 SPSS 软件的因子生态分析法,对仙鹤片区居住空间特征进行分析研究。

1) 仙鹤片区居住人群的社会属性解析

(1) 年龄结构

总体态势: 仙鹤片区居住人群中 25—35 岁占总数的 37%,35—45 岁占 27%,二者高达总人数的 64%(图 4-8),而江北副城泰山园区二者达总人数的 70%(图 3-8),表明新城区居住人群整体年龄结构呈年轻化特征,反映出南京新城区建成时间较短,居住在新城区的多为中青年人群。

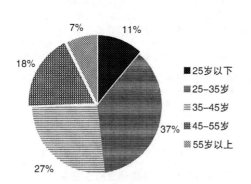

图 4-8   仙鹤片区居住人群年龄构成图
资料来源:本课题组根据调研数据绘制

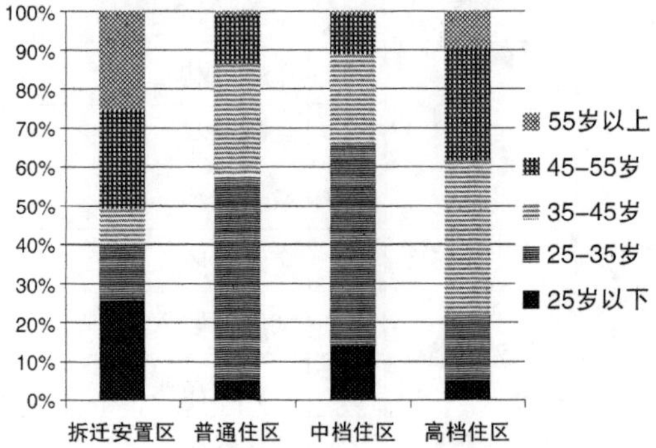

图 4-9   仙鹤片区不同住区类型居住人群年龄构成图
资料来源:本课题组根据调研数据绘制

不同住区类型的年龄结构特征: 不同类型住区调研人群的年龄结构差异较大(图 4-9)。拆迁安置区各年龄段人群比例较为均衡,25 岁以下和 55 岁以上人群均占 25% 以上,25—45 岁的人群占比较小,呈现明显的老龄化和少龄化现象。普通住区与中档住区以 25—35 岁的青壮年为主,均占人数的 50% 以上,年轻化程度高。高档住区以 35—45 岁的中年人群为主,占 40% 左右。

年龄结构的空间分布特征: 由图 4-10 可见,25 岁以下居住人群主要分布在拆迁安置区以及年代较早的住区内。此类住区建设年代早,住房面积小,房租较低,适合新就业人群临时租赁居住。

25—35 岁人群主要分布在仙鹤片区中部文枢东路、仙隐北路两侧的新建中档住区。这里靠近地铁站点,住区交通条件较好,与主城联系便捷。

35—45 岁人群分布相对均衡,主要分布在仙林大道和文枢东路周边的中档与高档住区。这里交通便利,公共配套设施完善。

45—55 岁和 55 岁以上的中老年人群主要分布在拆迁安置区,表明该类住区留守老人较多。这两类人群在靠近灵山和羊山湖公园周边的高档住区也有一定分布,反映出高档住区因住房总价较高,居住人群大多为中年以上的成功人士。

(2) 学历水平

总体态势: 如图 4-11,仙鹤片区居住人群大专及以上学历水平人群达到 85%,南京常住人口大专及以上文化程度人群占人口的 26.12%(第六次人口普查数据),仙鹤片区居住人群学历水平远高于南京平均水平,说明仙鹤片区居住人群受教育程度较高,但其中大专或本科占 66%,研究生及以上占 19%;而在产业型新城区江北泰山园区中,研究生及以上占 21%(图 3-14)。仙鹤片区高学历人群占比低于泰山园区,未体现片区高校聚集的特征,也说

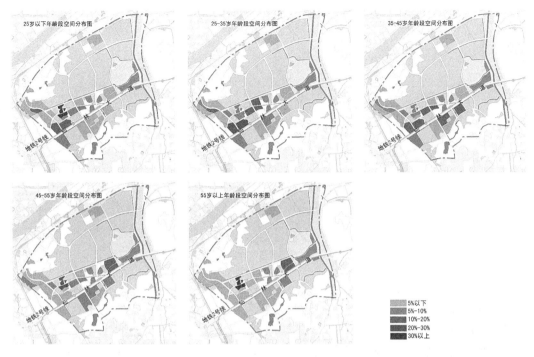

图 4-10　仙鹤片区不同年龄段居住人群空间分布图
资料来源:本课题组根据调研数据绘制

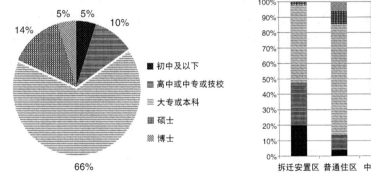

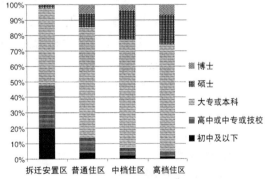

图 4-11　仙鹤片区居住人群学历水平构成图　　　图 4-12　仙鹤片区不同住区类型居住人群学历构成图
资料来源:本课题组根据调研数据绘制　　　　　资料来源:本课题组根据调研数据绘制

明片区高学历的高校教师并不居住在此。

不同住区类型的学历水平特征:由图 4-12 可见,不同住区类型居住人群的学历构成分布规律明显。住区档次越高,大专及以上学历人群所占比例越高。高中及以下学历人群在拆迁安置区所占比例达 48%,此类人群以仙林原住民为主,文化水平偏低。大专及以上学历人群在普通住区及中、高档住区分布都较多,在普通住区占 86%,在中、高档住区占 94% 以上,说明仙鹤片区对大学毕业生的截留作用明显。

学历水平的空间分布特征:如图 4-13,高中及以下学历人群主要分布在仙鹤片区西部的拆迁安置区、普通住区等生活成本相对较低的住区。大专及以上学历人群空间分布均衡,在各类型住区占比都较大，但更倾向选择仙林大道周边的中档和高档住区居住，这些住区环境较好，交通便利，配套设施齐全。

图4-13　仙鹤片区不同学历水平居住人群空间分布图
资料来源：本课题组根据调研数据绘制

（3）家庭类型

总体态势：如图4-14，仙鹤片区居住人群的家庭类型以核心家庭为主，占比高达50％。占据第二位的是单身家庭，占比为18％。调查结果显示，仙林副城的房租远低于主城，大学城毕业的大学生，即使就业地不在新城区，也首选在此居住。夫妻家庭所占比例为17％。隔代家庭和其他家庭的比例较低，均只占总数的1％。

不同住区类型的家庭类型特征：如图4-15所示，仙鹤片区不同类型住区中，核心家庭占比都较高，在35％以上，其中普通住区和高档住区占比最高，达56％以上。普通住区开发时间早，入住时间长；高档住区户型面积大，故这两者均以核心家庭为主。单身家庭在拆迁安置区占比最高，达34％。拆迁安置区房租低廉，适合单身人群或学生租住。夫妻家庭在各类型住区分布比较均衡，占比都在15％—20％之间。主干家庭在高档住区占比最高，达21％，反映出高档住区中家族化居住的比例较高。

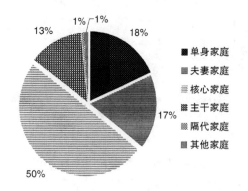

图4-14　仙鹤片区居住人群家庭类型构成图
资料来源：本课题组根据调研数据绘制

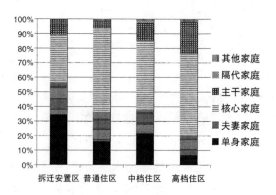

图4-15　仙鹤片区不同住区类型家庭类型构成图
资料来源：本课题组根据调研数据绘制

家庭类型的空间分布特征：由图4-16可见，单身家庭占比较高的住区主要为片区西部的拆迁安置区和中档住区，这些住区房租低廉，交通便捷，服务设施较完善，适合单身人群租住。

夫妻家庭在各类型住区中都有一定分布,占比较高的主要是文枢东路附近的拆迁安置区和文范路周边的中档住区。这些住区住房户型面积较小,房价适中,是夫妻家庭选择住房的主要考虑因素。

核心家庭在不同类型住区中都有一定比例的分布,空间分布也比较均衡。在片区中部核心区沿仙林大道两侧的中、高档住区中占比较高,主要是核心区交通便利,生活服务设施、教育设施配套齐全。

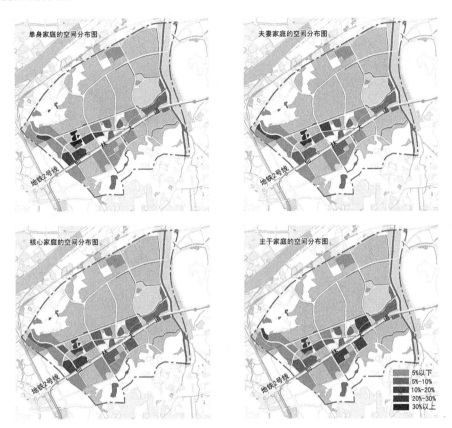

图 4-16　仙鹤片区不同家庭类型居住人群空间分布图
资料来源:本课题组根据调研数据绘制

仙鹤片区大部分住区建成时间较短,居住人群年龄结构呈年轻化特点,主干家庭占比较低,空间分布不均衡,在片区中部靠近灵山和羊山湖公园周边的高档住区占比较高,反映高档住区中家族化居住的比例较高。另外主干家庭在拆迁安置区也有一定分布,反映拆迁安置区部分家庭经济条件较差,子女结婚后无条件分户居住。

2)仙鹤片区居住人群的经济属性解析

(1)家庭月收入

对居住人群收入的调研包含个人月收入和配偶月工资收入两个指标,本书用家庭月收入来综合反映夫妻双方月工资收入特征。

总体态势:从图 4-17 可以看出,仙鹤片区居住人群家庭月收入水平整体较高,2 640 元以下的家庭月收入占比仅为 1%,10 000 元以上的中高家庭的收入占比达 52%;而江北副城泰山园区 2 640 元以下的占比为 8％,10 000 元以上的占比为 32％(图 3-17),说明科教型新城区仙林副城仙鹤片区的居住人群家庭月收入水平明显高于产业型新城区江北副城泰山园区。

不同住区类型的家庭工资收入特征:仙鹤片区不同住区类型家庭月收入比例构成的分布规律明显(图 4-18)。住区档次越高,10 000 元/月以上中高家庭收入在住区所占比例越高,不同月收入水平家庭呈明显的分住区档次分布的特征。家庭月收入达到 10 000 元以上的家庭在高档住区占比达 90％,20 000 元以上的占 47％。从高档住区到拆迁安置区家庭月收入水平逐渐降低,拆迁安置区的家庭月收入以 2 640—10 000 元为主,占该类型住区调研户数的 60％,家庭月收入较低。

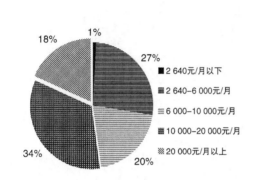

图 4-17 仙鹤片区居住人群家庭月收入构成图
资料来源:本课题组根据调研数据绘制

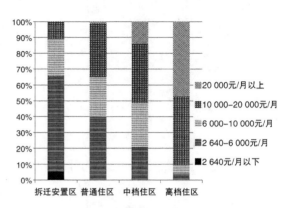

图 4-18 仙鹤片区不同类型住区家庭月收入构成图
资料来源:本课题组根据调研数据绘制

家庭工资收入的空间分布特征:仙鹤片区 2 460—6 000 元/月低收入家庭主要分布在拆迁安置区和房价较低、住房面积较小的普通住区,因为低收入家庭的经济负担能力只能选择房价和房租较低的这两类住区。6 000—10 000 元/月的中等收入家庭分布在片区中部文范路周边的中档住区。家庭月收入在 10 000—20 000 元的中高收入家庭主要分布在仙林大道两侧的中档住区和高档住区,但空间集聚特征不明显。家庭月收入在 20 000 元以上的高收入家庭空间集聚特征明显,集中分布在片区南部的紧邻灵山和羊山湖公园自然环境优美的高档住区(图 4-19)。

(2)现有住房来源

总体态势:仙鹤片区居住人群的住房来源以自购住房和租赁为主,占比分别为 58％和 22％;安置房和继承所占比例相对较低,分别为 8％和 7％;单位福利和单位宿舍所占比例都较小,仅占居住人群调研总数的 3％和 2％(图 4-20)。

不同住区类型的住房来源特征:如图 4-21,不同类型住区居住人群现有住房来源具有三方面特征:

① 随着住区档次的提高,自购住房人群比重逐渐增加,在中档及高档住区中所占比重超过 69％。

② 随着住区档次的提高,租赁房所占比例逐渐降低。在拆迁安置区中,租赁房占比为 33％,而在高档住区中租赁房占比仅为 7％。

③ 单位福利和单位宿舍主要集中在普通住区,两者占比达 10％,该类住区建成较早且

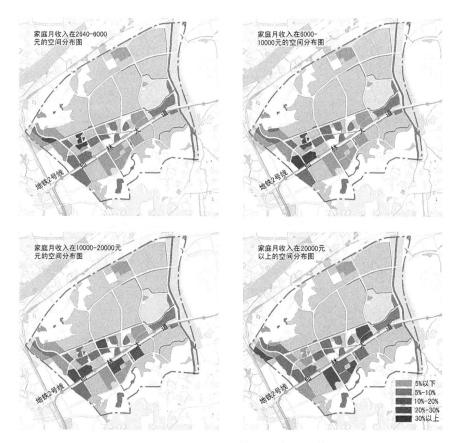

图 4-19 仙鹤片区不同家庭月收入空间分布图
资料来源：本课题组根据调研数据绘制

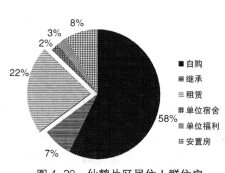

图 4-20 仙鹤片区居住人群住房
来源构成图
资料来源：本课题组根据调研数据绘制

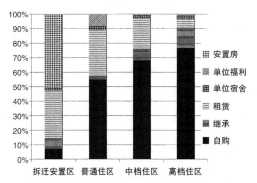

图 4-21 仙鹤片区不同住区居住人群住房
来源构成比例图
资料来源：本课题组根据调研数据绘制

以职工宿舍为主。

住房来源的空间分布特征：由图 4-22 可见，住房来源为自购房的居住人群主要集中在片区中部仙林大道两侧的中档住区和高档住区。

住房来源为继承的居住人群在文枢东路、杉湖西路和仙林大道周边的拆迁安置区、中档住区和高档住区中均有一定比例分布。

图 4-22　仙鹤片区不同住房来源居住人群空间分布图
资料来源：本课题组根据调研数据绘制

租房人群主要集中在文枢东路和仙隐北路两侧的拆迁安置区和普通住区，主要原因为拆迁安置区内由于拆迁补偿，较多居民拥有多套房产，用作出租以取得经济收入；普通住区建设年代久，租金便宜，生活和交通比较便利。

（3）住房均价

根据仙鹤片区 26 个调研住区 2013 年的住房均价，将住区划分为四档。从拆迁安置区到高档住区，住房均价随着住区档次的提高而逐渐升高。由图 4-23 可见，住房均价在 16 000 元 /m² 以下的住区占比较少，主要为拆迁安置区和部分普通住区，分布在文苑路及 312 国道周边。拆迁安置区建设年代早，住房质量和小区环境较差；312 国道周边的普通住区位于片区边缘，紧邻过境交通道路，噪音大，环境差，远离公共服务中心，故住房均价较低。住房均价在 16 000—18 000 元 /m² 的住区主要为普通住区，分布在片区西部，位于仙隐北路和文苑路周边，建设年代较早，住房质量一般。住房均价在 18 000—20 000 元 /m² 的住区主要为中档住区，分

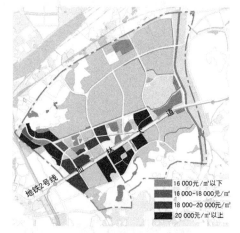

图 4-23　仙鹤片区调研住区房价分布图
资料来源：本课题组根据调研数据绘制

布在片区中、西部，位于仙隐北路、仙林大道和文枢东路周边，与主城区联系相对便捷，公共服务设施相对完善。住房均价在 20 000 元 /m² 以上的住区主要为高档住区，分布在景观资源较好的灵山、羊山湖、仙隐北路周边。住区类型、是否拥有较好的景观资源、与主城区的通勤便利程度和公共服务设施的分布是影响仙鹤片区住区住房均价的主要因素。

3）仙鹤片区居住空间的居住特征解析

（1）住区区位

以仙鹤片区各住区与仙隐北路与宁镇公路交叉口的直线距离对住区区位进行分析，分 1 000 m 以下、1 000—2 000 m、2 000—3 000 m、3 000—4 000 m 及 4 000 m 以上五档。

由图 4-24 可见，1 000 m 以内的住区，主要为分布在仙隐北路周边的普通住区和高档住

区,这类住区建设年代较早,靠近主城区。1 000—2 000 m 的住区主要是位于文苑路和文枢东路周边的拆迁安置区、普通住区和高档住区。2 000—3 000 m 的住区以中档住区为主,分布在片区的核心区域,配套设施健全。3 000—4 000 m 的住区主要为灵山和羊山湖周边的高档住区,自然环境优越。4 000 m 以上的住区分布在片区的东北角,为普通住区。考虑新城区居民到主城区的通勤便利程度,仙鹤片区的住区建设次序由仙隐北路起始,按区位的远近,由南往北、由西往东依次展开。

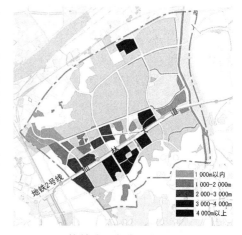

图 4-24 仙鹤片区各类型住区区位分析图
资料来源:本课题组根据调研数据绘制

(2) 入住时间

总体态势:仙鹤片区大部分居住人群入住时间较短,如图4-25 所示,1 年以下、1—3 年、3—5 年、5 年以上的占比分别为 24%、23%、23% 和 30%,反映出仙鹤片区主要以新入住居民为主,原住民较少。

不同住区类型的入住时间特征:仙鹤片区不同类型住区居住人群入住时间差异较大(图4-26)。拆迁安置区入住时间 5 年以上的人群占比达 55%,说明该类人群原住民较多。随着住区档次的提高,入住时间逐渐降低,拆迁安置区和普通住区以入住 5 年以上为主,而中档住区和高档住区以五年以下为主。

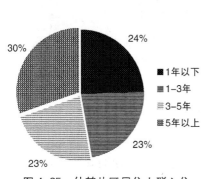

图 4-25 仙鹤片区居住人群入住时间构成图
资料来源:本课题组根据调研数据绘制

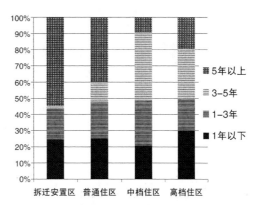

图 4-26 仙鹤片区不同住区类型居住人群入住时间构成图
资料来源:本课题组根据调研数据绘制

入住时间的空间分布特征:仙鹤片区入住时间在 1 年以下的居住人群在各类住区均有分布,占比较高的住区主要为分布在文枢东路南侧的拆迁安置区、仙隐北路两侧的普通住区和仙林大道两侧的中、高档住区。拆迁安置区和普通住区由于住房面积小、房租低,故租住人员多,而该类人群流动性大,居住时间短;仙林大道两侧占比较高的中、高档住区大多建成不久,居民入住时间较短。

入住时间在 1—3 年的居住人群空间分布相对均衡,占比较高的主要是位于文枢东路和文范路周边的拆迁安置区、中档住区。

　　入住时间在 3—5 年的居住人群集中分布在杉湖东路、杉湖西路和仙林大道周边的中档住区和高档住区，这类住区主要是在 2009 年以后建设的。

　　入住时间在 5 年以上的居住人群的空间分布不均衡，占比较高的主要是分布在仙隐北路和文苑路周边的拆迁安置区、普通住区和高档住区，这些住区建设年代较早。

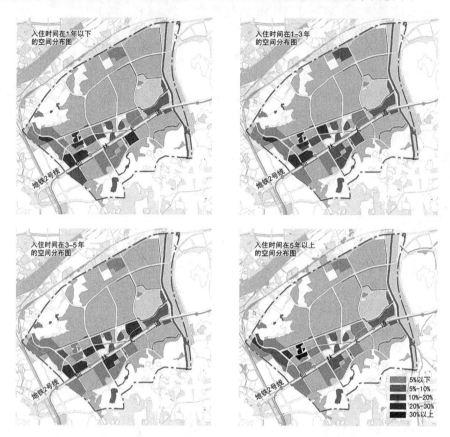

图 4-27　仙鹤片区不同入住时间居住人群空间分布图
资料来源：本课题组根据调研数据绘制

（3）住房面积

　　总体态势：仙鹤片区居住人群住房建筑面积 100 m² 以下的占比为 45％，100 m² 以上的占比高达 55％，其中 150 m² 以上占比为 25％（图 4-28）。仙鹤片区住房建筑面积整体较大，表明仙鹤片区因自然环境资源较好，故房地产开发定位较高，住宅户型以中、高档为主；与之相对，江北泰山园区则以刚需户型为主。

　　不同住区类型的住房面积特征：不同类型住区的住房面积呈现不同特征。从拆迁安置区到高档住区住房面积逐渐增大，拆迁安置区以 100 m² 以下刚需户型为主，占比高达 96％；普通住区住房面积仍以 100 m² 以下为主，但占比降到 68％；中档住区住房面积则以 100 m² 以上为主，占比为 62％；而高档住区住房面积明显较大，150 m² 以上占比高达 78％，表明该类住区购房人群经济收入较高。

　　住房面积的空间分布特征：由图 4-30 可见，住房面积在 50 m² 以下的居住人群占比较高的住区为片区西部的拆迁安置区、仙隐北路西侧的普通住区。

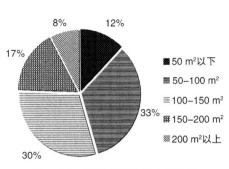

图 4-28 仙鹤片区居住人群住房
面积构成图
资料来源:本课题组根据调研数据绘制

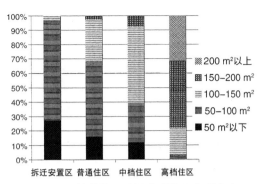

图 4-29 仙鹤片区不同类型住区人群住房
面积构成比例图
资料来源:本课题组根据调研数据绘制

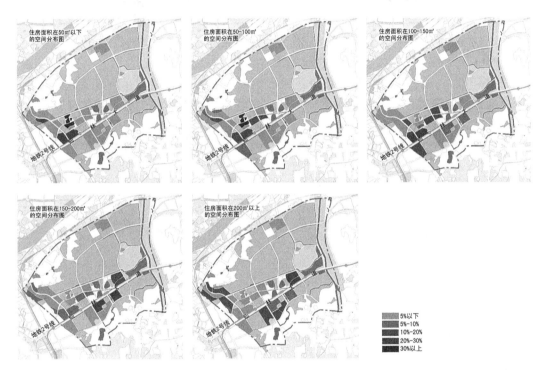

图 4-30 仙鹤片区各类型住区不同住房面积空间分布图
资料来源:本课题组根据调研数据绘制

　　住房面积在 50—100 m² 的居住人群占比较高的住区为片区西部的拆迁安置区、普通住区和中档住区,分布在仙隐北路、文枢东路和仙林大道周边,交通便捷,商业设施完善。

　　住房面积在 100—150 m² 的居住人群占比较高的住区为中档住区,分布在仙林大道、文枢东路两侧,处于片区核心,交通区位优越,配套设施健全。

　　住房面积在 150—200 m² 的居住人群主要居住在中档和高档住区,分布在片区中部的仙隐北路、仙林大道、文枢东路周边。

　　住房面积在 200 m² 以上的居住人群主要居住在高档住区,分布在环境良好的灵山、羊山湖、仙隐北路周边。

4）仙鹤片区居住空间的密度特征解析

（1）住区容积率

由图 4-31 可见，容积率在 0.7 以下的住区为高档住区，建筑类型多为别墅或花园洋房，主要分布在片区中、西部的自然环境较好的灵山、羊山湖、仙隐北路周边。

容积率在 0.7—1.0 的住区主要为中档和高档住区，以花园洋房或多层住宅为主，分布在仙林大道和文范路北侧。

容积率在 1.0—1.4 的住区主要为拆迁安置区和普通住区，以多层住宅为主，位于文苑路和仙隐北路周边。

容积率在 1.4 以上的住区主要为普通住区和中档住区，以小高层和高层住宅为主，分布在片区中部，位于文枢东路、文范路、宁镇公路周边。

仙鹤片区以中、高档住区为主，整体容积率较低，住区档次越高，住区容积率越低。

（2）住区入住率

经过对仙鹤片区调研范围内 26 个已建成住区物业管理部门的实地调查，发现仙鹤片区的住区入住率大都在 70％以上，住区档次越高，住区入住率相对较低。

如图 4-32，入住率在 85％以上的住区主要为拆迁安置区和仙隐北路周边建设年代在 2005 年之前的普通住区。入住率在 70％－85％的住区主要为位于仙隐北路的普通小区和文范路周边的中档住区。入住率低于 70％的住区主要为高档住区，分布在灵山北麓、羊山湖周边、仙隐北路两侧。部分高档住区是因建成不久，故入住率偏低；高档住区投资性购房占比较高，也是入住率较低的原因之一。

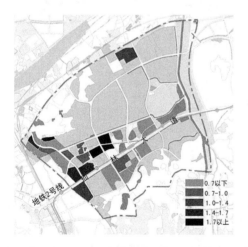

图 4-31　仙鹤片区各住区容积率空间分布图
资料来源：本课题组根据调研数据绘制

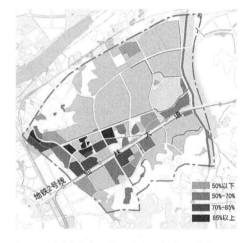

图 4-32　仙鹤片区各住区入住率空间分布图
资料来源：本课题组根据调研数据绘制

（3）住区人口密度

仙鹤片区居住人口密度较高的住区主要为片区西部的拆迁安置区和普通、中档住区，位于文枢东路、仙隐北路沿线，在 250 人/hm² 以上。中档住区是因以高层住宅为主，故人口密度高；拆迁安置区和普通住区是因租房人群多、入住率高等原因导致其居住人口密度较高（图 4-33）。

仙鹤片区居住人口密度呈现沿仙林大道和仙隐北路由西往东、由南往北由高向低递减的规律，靠近羊山湖、灵山周边的高档住区的人口密度最低，在 120 人/hm² 以下。反映出仙鹤片区与主城距离较近、轨道交通沿线等与主城联系便捷的住区对居住人群的吸引力较强。这类地区由于居住人口的空间集聚,新城区各项公共服务设施的配套也相对完善,导致更具吸引力。

5) 仙鹤片区居住空间的住区类型特征解析

(1) 住区类型

表4-1和图4-7归纳分析了仙鹤片区现状各类住区的数量、入住户数及类型的空间分布。若以各类住区的入住户数为统计口径,则中档住区占比最高,占仙鹤片区总入住户数的50.4%。中档住区主要分布于片区中部的文苑路、文范路周边,交通便利,具有较好的公共服务设施配套。普通住区占比为21.3%,位于仙隐北路周边的普通住区,建设

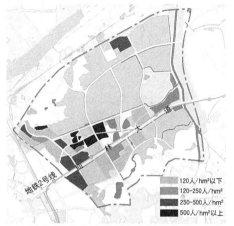

图4-33 仙鹤片区各住区居住人口
密度空间分布图
资料来源:本课题组根据调研数据绘制

年代较早,住房质量较差;位于片区北部、宁镇公路南侧的普通住区交通条件和配套设施均较差,建设年代较晚。高档住区占比为18.4%,主要沿灵山、羊山湖公园、明外郭风光带分布,自然环境优越。拆迁安置区占比最少,为9.9%,位于南京师范大学南侧,环境一般,但配套设施较为完善。

若以住区用地面积统计,则高档住区占比最高,占仙鹤片区总居住用地面积的49.3%,中档住区占29.6%,普通住区占17.6%,拆迁安置区占3.5%。

(2) 住区建设年代

依据仙鹤片区居住空间的发展阶段,将住区建设年代分为2003年以前、2003—2007年、2007—2010年以及2010年以后四个阶段。

由图4-34可见,仙鹤片区居住空间的发展呈现沿仙隐北路由南往北,再沿仙林大道由西往东的渐次开发建设的趋势。2003年以前建成的住区为仙鹤片区西北部的住区,紧邻片区通往312国道的出入口,位于仙隐北路、文苑路周边,主要为拆迁安置区、普通住区和早期的高档住区。2003—2007年建成的住区主要是对仙隐北路周边地块的填充,主要为普通住区和高档住区。2007—2010年是仙鹤片区房地产开发的快速发展期,建成住区最多,以中档住区、高档住区为主,主要位于片区中部,沿仙林大道两侧展开。2010年以来住区建设主要是对

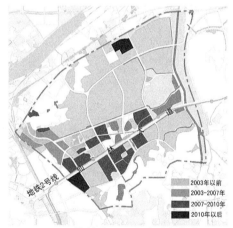

图4-34 仙鹤片区不同建造年代住区
空间分布图
资料来源:本课题组根据现状调研数据绘制

宁镇公路以南和灵山以北剩余地块的开发,住区类型为普通住区和中档住区。

6) 仙鹤片区居住空间的配套设施特征解析

(1) 教育设施择位

总体态势:仙鹤片区没有教育需求的家庭占居住人群的51%,主要是因为片区居住人群

年龄结构年轻，这点与江北泰山园区情况相似。教育设施择位为新城区的占34%；教育设施择位为主城区的占11%；择位为其他区的比例较低，占4%（图4-35）。

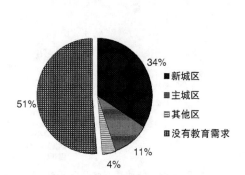

图4-35　仙鹤片区居住人群教育设施
择位构成图
资料来源：本课题组根据调研数据绘制

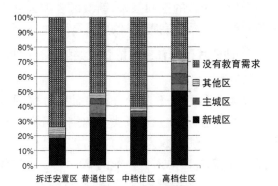

图4-36　仙鹤片区不同住区居住人群
教育设施择位构成图
资料来源：本课题组根据调研数据绘制

不同住区类型的教育设施择位特征：由图4-36可见，不同类型住区居住人群选择新城区教育设施的占比均较高，主要是仙林地区作为高校集中区，教育设施及教育水平都较好。高档住区居民家庭选择主城区教育设施的占比较高，占该类居住人群有教育需求的26%。

教育设施择位的空间分布特征：选择新城区学校作为子女受教育地点的居住人群在仙鹤片区的空间分布较为均衡，占比较高的主要分布在仙林大道、文枢东路、仙隐北路周边，这与仙鹤片区教育设施的分布情况相一致。

选择主城区学校作为子女受教育地点的居住人群主要集中在仙林大道周边的高档住区。高档住区居住人群经济收入高，对教育水平的要求较高，新城区的教育设施水平不能满足其要求。

图4-37　仙鹤片区不同教育设施择位的居住人群空间分布图
资料来源：本课题组根据调研数据绘制

（2）购物设施择位

总体态势：仙鹤片区选择在新城区购物的居住人群占比达76%，选择在主城区购物的居住人群占23%（图4-38）。但选择在新城区购物的比例低于江北泰山园区的96%

（图3-41），反映仙鹤片区购物设施的配置水平低于泰山园区。仙鹤片区不在新城区购物的占比为24%，其不在新城区购物的原因是新城区内服务日常生活的菜场、超市、便利店等覆盖率低，品种较少，价格较高。

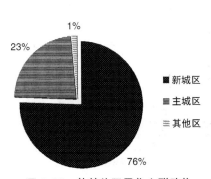

图4-38　仙鹤片区居住人群购物
设施择位构成
资料来源：本课题组根据调研数据绘制

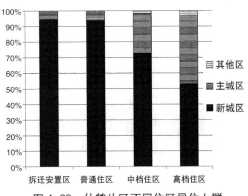

图4-39　仙鹤片区不同住区居住人群
购物设施择位构成
资料来源：本课题组根据调研数据绘制

不同住区类型的购物设施择位特征：仙鹤片区各类型住区大部分居住人群都选择在新城区日常购物，中档及高档住区人群选择在主城区购买日常用品的占比略高（图4-39）。住区档次越高，与其经济状况相对应，选择在新城区外购物的占比越高，高档住区居住人群选择在新城区外购物的比例占47%。

购物设施择位的空间分布特征：由图4-40可见，选择在新城区日常购物的居住人群空间分布较为均衡，占比较高的住区为仙林大道和文枢东路周边的拆迁安置区、普通住区及中档住区，这与仙鹤片区大型购物设施的分布情况相一致。

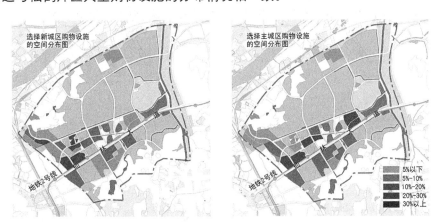

图4-40　仙鹤片区不同购物设施择位的居住人群空间分布图
资料来源：本课题组根据调研数据绘制

选择在主城区日常购物的居住人群占比较高的住区为仙林大道周边的中档和高档住区。

（3）医疗设施择位

总体态势：仙鹤片区居住人群常见病就医地选择在新城区医院的占比为62%；选择在主

城区医院的占比为36％；选择在南京其他区的比例较低，仅为2％（图4-41）。选择在主城区医院就医的比例高于江北泰山园区的25％（图3-44），反映仙鹤片区医疗设施虽然能满足片区居住人群的就医需求，但其配置水平低于泰山园区。

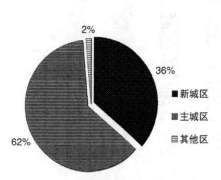

图4-41　仙鹤片区居住人群医疗
设施择位构成
资料来源：本课题组根据调研数据绘制

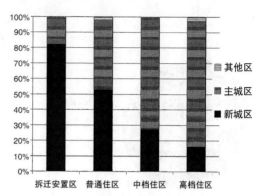

图4-42　仙鹤片区不同住区居住人群
医疗设施择位构成
资料来源：本课题组根据调研数据绘制

不同住区类型的医疗设施择位特征：由图4-42可见，与其经济状况相对应，中档及高档住区的居住人群常见病就医地选择在主城区医院的比重较大，占72％以上，反映出仙鹤片区医疗设施配置水平落后于主城区，与中高收入人群的要求差距较大。从高档住区到拆迁安置区，随着住区档次的降低，选择新城区医疗设施的比例逐渐增高，选择主城区医疗设施的比例逐渐降低，拆迁安置区居住人群常见病就医地选择在主城区医院的仅为18％，与该类住区居住人群经济水平较低有关。

医疗设施择位的空间分布特征：由图4-43可见，常见病就医地选择在新城区医院的居住人群主要集中在仙隐北路和文枢东路周边的拆迁安置区、普通住区和中档住区，这部分人群收入相对较低。

常见病就医地选择在主城区医院的居住人群主要集中在仙林大道周边的中档和高档住区，这部分人群经济状况较好，对就医费用不敏感，倾向于选择医疗水平更高的主城区医院。

图4-43　仙鹤片区不同医疗设施择位的居住人群空间分布图
资料来源：本课题组根据调研数据绘制

（4）文娱设施择位

总体态势：仙鹤片区居住人群文娱设施选择在新城区的占比为74％，选择在主城区的仅占24％（图4-44）。仙鹤片区以青年人群为主，新城区文娱设施基本能满足仙鹤片区居住人群的文化娱乐需求。选择主城区文娱设施的比例高于江北泰山园区的17％（图3-47），反映出其配置水平低于泰山园区。

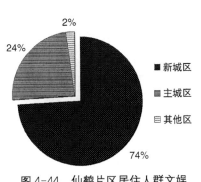

图4-44　仙鹤片区居住人群文娱
设施择位构成
资料来源：本课题组根据调研数据绘制

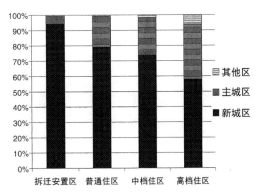

图4-45　仙鹤片区不同住区居住人群
文娱设施择位构成
资料来源：本课题组根据调研数据绘制

不同住区类型的文娱设施择位特征：仙鹤片区拆迁安置区和普通住区的居住人群选择主城区文娱设施的人数较少，拆迁安置区仅为5％，普通住区为20％。与其经济状况相对应，中档和高档住区的居住人群选择主城区文娱设施的比重相对较大，中档住区为25％，高档住区达35％（图4-45）。从拆迁安置区到高档住区，选择主城区文娱设施的比例逐渐增高。

文娱设施择位的空间分布特征：由图4-46可见，仙鹤片区选择新城区文娱设施的居住人群主要分布在文枢东路、文范路周边的拆迁安置区、普通住区和中档住区；选择主城区文娱设施的居住人群主要集中在仙鹤片区中部的中档和高档住区，位于仙林大道、灵山和羊山湖周边，这部分人群经济状况较好，消费能力强，对文娱设施的选择更多样化。

图4-46　仙鹤片区不同文娱设施择位的居住人群空间分布图
资料来源：本课题组根据调研数据绘制

4.1.4　仙林副城仙鹤片区居住空间特征的主因子分析

运用 SPSS 软件对仙鹤片区居住空间单因子分析的 19 个输入变量进行因子降维分析,将具有相关性的多个因子变量综合为少数具有代表性的主因子,这些主因子能反映原有变量的大部分信息,从而能最大限度地概括和解释研究特征。

对 19 个输入变量进行适合度检验,测出 KMO 值(因子取样适合度)为 0.718,Bartlett's(巴特利特球形检验)的显著性 Sig. =0.000,说明变量适合做主因子分析[①]。

表 4-3　仙鹤片区居住空间研究的主因子特征值和方差贡献表

成分	解释的总方差								
	初始特征值			提取平方和载入			旋转平方和载入		
	合计	占方差的%	累积%	合计	占方差的%	累积%	合计	占方差的%	累积%
1	6.896	36.295	36.295	6.896	36.295	32.295	3.342	17.591	17.591
2	2.461	12.955	49.250	2.461	12.955	49.250	3.206	16.872	34.462
3	1.872	9.853	59.103	1.872	9.853	59.103	2.948	15.516	49.979
4	1.290	6.789	65.892	1.290	6.789	65.892	2.784	14.651	64.630
5	1.083	5.701	71.593	1.083	5.701	71.593	1.323	6.963	71.593
6	.828	4.360	75.953						
7	.727	3.825	79.778						
8	.674	3.549	83.327						
9	.616	3.244	86.571						
10	.524	2.756	89.327						

提取方法:主成分分析。仅列出前 10 个因子的特征值和方差贡献率,其他因子略。

资料来源:采用 SPSS 主因子分析后得出的相关数据汇总

如表 4-3 所示,本次因子降维分析共得到特征值大于 1 的主因子 5 个,累计对原有变量的解释率达到 71.593%。

采用最大方差法进行因子旋转,得到旋转成分矩阵。旋转后各主因子所代表的单因子如表 4-4 所示。综合分析荷载变量,将 5 个主因子依次命名为:住区特征、阶层特征、住区密度、家庭结构、设施配套。

根据主因子旋转成分矩阵表(表 4-4)得到主因子与标准化形式的输入变量之间的数学表达式,进而得到不同居住人群的各主因子的最终得分。最后将主因子与居住人群的空间数据进行关联,解析各主因子不同得分水平居住人群的空间分布特征。

---

① KMO 统计量用于比较变量之间的相关性,取值范围为 0—1,KMO 值越接近于 1,意味着变量之间相关性越高。KMO 在 0.9 以上表示非常合适;0.8—0.9 表示比较适合;0.7—0.8 表示还好;0.6—0.7 表示中等;0.5 以下表示不适合做因子分析。Sig. <0.001 表示变量之间具有极其显著的相关性。

表 4-4　仙鹤片区居住空间研究的主因子旋转成分矩阵表

指标因子	成分				
	主因子 1	主因子 2	主因子 3	主因子 4	主因子 5
	住区特征	阶层特征	住区密度	家庭结构	设施配套
住区区位	.908	.026	−.088	.028	.041
住区建设年代	.907	.316	.074	−.030	.091
住房均价	.739	.393	−.354	.153	.146
住区类型	.665	.474	−.449	.102	.111
个人月收入	.095	.773	−.131	.140	.128
学历水平	.127	.697	−.013	−.091	.164
住房来源	−.275	−.683	.162	−.060	.282
家庭月收入	.285	.663	−.203	.481	.073
医疗设施择位	.300	.476	−.175	.471	−.058
住区容积率	.005	.030	.920	−.185	−.062
住区人口密度	−.124	−.277	.914	−.074	−.040
住区入住率	−.395	−.240	.603	−.012	−.272
年龄结构	.030	−.230	−.208	.790	.082
家庭类型	.148	.256	−.080	.727	−.158
入住时间	−.282	.073	.276	.676	.072
教育设施择位	.043	.091	−.104	.531	.011
住房面积	.359	.433	−.448	.459	.138
购物设施择位	.137	.010	−.047	.152	.822
文娱设施择位	.079	.202	−.334	−.315	.584

提取方法:主成分。

旋转法:具有 Kaiser 标准化的正交旋转法。

a. 旋转在 5 次迭代后收敛。

资料来源:采用 SPSS 主因子分析后得出的相关数据汇总

　　根据各主因子的实际得分情况,将主因子得分水平分为高得分水平(得分＞0)和低得分水平(得分＜0)两种类型。

1) 主因子 1:住区特征

　　住区特征主因子的方差贡献率为 17.591%,主要反映的单因子有住区区位、住区建设年代、住房均价和住区类型。

　　总体特征:四个单因子都与主因子 1 呈正相关。从图 4-47 可以看出,高得分水平占 55%,主要特征为:住区区位距离仙隐北路和宁镇公路交叉口远、住区建设年代较晚、住房均价高、住区类型以中档住区和高档住区为主。低得分水平占45%，主要特征为：住区区位距离仙隐北路和宁镇公路交叉口较近、住区建设年代较早、住房均价低、住区类型以拆迁安置区和普通住区为主。

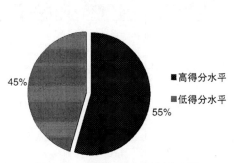

图4-47 主因子1不同得分水平
居住人群比例图
资料来源：本课题组根据调研统计数据绘制

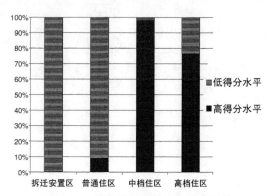

图4-48 各类住区主因子1不同得分
水平居住人群构成图
资料来源：本课题组根据调研统计数据绘制

不同住区类型主因子1的构成特征：如图4-48，仙鹤片区不同类型住区居住人群的得分水平构成特征鲜明，拆迁安置区和普通住区居住人群以低得分水平为主，占相应住区居住人群的90%以上；中档住区和高档住区居住人群以高得分水平为主，中档住区占98%，高档住区占76%，这是因为仙鹤片区早期建设的高档住区居住人群也有相当比例为低得分水平。

主因子1的空间分布特征：如图4-49，仙鹤片区主因子1高得分水平人群主要分布在片区中部的杉湖西路和文范路周边的中档住区及羊山湖公园周边和灵山北麓的高档住区。

主因子1低得分水平人群主要分布在靠近主城区的仙隐北路和文苑路周边的拆迁安置区、普通住区和高档住区。

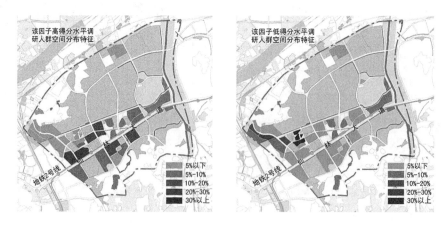

图4-49 主因子1不同得分水平居住人群的空间分布特征图
资料来源：本课题组根据调研统计数据绘制

2) 主因子2：阶层特征

阶层特征主因子的方差贡献率为16.872%，主要反映的单因子有个人月收入、学历水平、住房来源、家庭月收入和医疗设施择位。

总体特征：个人月收入、学历水平、家庭月收入和医疗设施择位与主因子 2 呈正相关，住房来源呈负相关。从图 4-50 可以看出，高得分水平的比例占 59％，主要特征为：个人月收入高、学历水平高、住房来源以自购为主、家庭月收入高、医疗设施选择在主城区的比例高。低得分水平的比例占 41％，主要特征为：个人月收入低、学历水平低、住房来源以租赁和安置房为主、家庭月收入低、医疗设施选择在新城区的比例高。

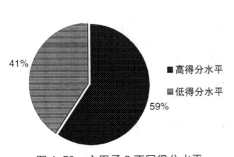

图 4-50 主因子 2 不同得分水平
居住人群比例图
资料来源：本课题组根据调研统计数据绘制

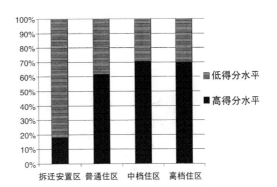

图 4-51 各类住区主因子 2 不同得分
水平居住人群构成图
资料来源：本课题组根据调研统计数据绘制

不同住区类型主因子 2 的构成特征：由图 4-51 可见，从拆迁安置区到高档住区，随着住区档次的提高，高得分水平人群的比例逐渐上升。拆迁安置区以低得分水平人群为主，所占比例为 81％；普通住区、中档住区和高档住区以高得分水平人群为主，所占比例均大于 60％。

主因子 2 的空间分布特征：如图 4-52，主因子 2 高得分水平人群主要分布在文枢东路、文范路周边的中档住区，仙林大道、仙隐北路周边的普通住区和高档住区。

主因子 2 低得分水平人群主要分布在仙隐北路、文枢东路和仙林大道周边的拆迁安置区、普通住区及中档住区。

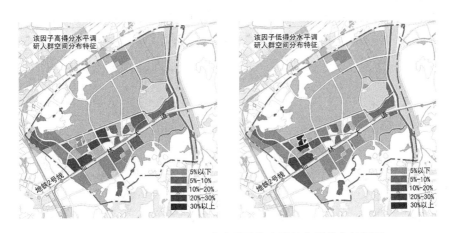

图 4-52 主因子 2 不同得分水平居住人群的空间分布特征图
资料来源：本课题组根据调研统计数据绘制

3) 主因子3:住区密度

住区密度主因子的方差贡献率为 15.516%,主要反映的单因子有住区容积率、住区人口密度和住区入住率。

总体特征:3 个单因子与主因子 3 呈正相关。从图 4-53 可以看出,主因子 3 高得分水平人群占总数的 59%,主要特征为:住区容积率高、住区人口密度大、住区入住率高。主因子 3 低得分水平人群占总数的 41%,主要特征为:住区容积率低、住区人口密度低、住区入住率低。

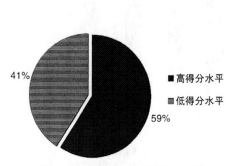

图 4-53　主因子 3 不同得分水平
居住人群比例图
资料来源:本课题组根据调研统计数据绘制

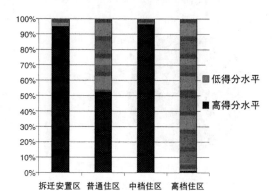

图 4-54　各类住区主因子 3 不同得分
水平居住人群构成图
资料来源:本课题组根据调研统计数据绘制

不同住区类型主因子 3 的构成特征:从图 4-54 可知,主因子 3 高得分水平居住人群主要集中在拆迁安置区和中档住区,拆迁安置区人口密度和入住率较高;中档住区是在 2009 年之后建设的,由多层向高层转变,容积率得到很大提高。普通住区的高得分水平与低得分水平的比例相当,早期建设的普通住区的人口密度较低,容积率低;后期建设的容积率有所提高。高档住区以低得分水平人群为主,占比达到 99%。

主因子 3 的空间分布特征:如图 4-55,主因子 3 高得分水平人群主要分布在仙隐北路、文枢东路周边的拆迁安置区、普通住区和中档住区。

主因子 3 低得分水平人群主要分布在仙隐北路周边的普通住区,灵山北麓、羊山湖公园和明外郭风光带周边的高档住区。普通住区雁鸣山庄有部分别墅,容积率低,入住率也较低。

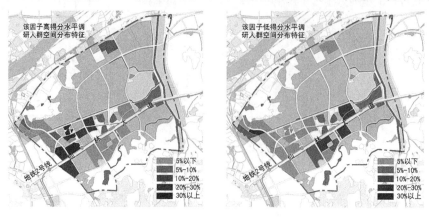

图 4-55　主因子 3 不同得分水平居住人群的空间分布特征图
资料来源:本课题组根据调研统计数据绘制

4) 主因子4:家庭结构

家庭结构主因子的方差贡献率为14.651%,主要反映的单因子有年龄结构、家庭类型、入住时间、教育设施择位、住房面积。

总体特征:5个单因子与主因子4呈正相关。从图4-56可以看出,主因子4高得分水平人群占总数的56%,主要特征为:年龄结构以35-55岁为主、家庭类型以核心家庭和主干家庭为主、入住时间较长、教育设施选择在主城区的比例高、住房面积大。主因子4低得分水平人群占总数的44%,主要特征为:年龄结构以35岁以下为主、家庭类型以单身家庭和夫妻家庭为主、入住时间短、教育设施选择在新城区的比例高、住房面积较小。

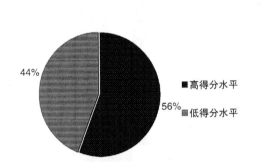

图4-56 主因子4不同得分水平
居住人群比例图
资料来源:本课题组根据调研统计数据绘制

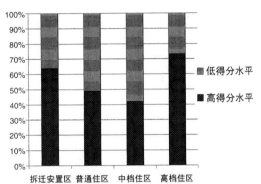

图4-57 各类住区主因子4不同得分
水平居住人群构成图
资料来源:本课题组根据调研统计数据绘制

不同住区类型主因子4的构成特征:从图4-57可知,主因子4高得分水平人群主要分布在拆迁安置区和高档住区,拆迁安置区的居民多为原住民,年纪偏大,家庭以核心家庭和主干家庭为主,因此高得分水平占的比例高。普通住区和中档住区的高得分水平与低得分水平的比例相差不大。

主因子4的空间分布特征:如图4-58,主因子4高得分水平人群主要分布在文苑路和仙隐北路周边的拆迁安置区和普通住区,文范路和仙林大道周边的中档住区及高档住区也有部分分布。

图4-58 主因子4不同得分水平居住人群的空间分布特征图
资料来源:本课题组根据调研统计数据绘制

主因子 4 低得分水平人群主要分布在仙隐北路和文苑路周边的拆迁安置区，以及仙林大道周边的中档住区。

5）主因子 5：设施配套

设施配套主因子的方差贡献率为 6.963％，主要反映的单因子有购物设施择位和文娱设施择位。

总体特征：2 个单因子与主因子 5 呈正相关。如图 4-59，该主因子高得分水平人群占总数的 26％，主要特征为：购物设施和文娱设施选择在主城区的比例高。该主因子低得分水平人群占总数的 74％，主要特征为：购物设施和文娱设施选择在新城区的比例高。

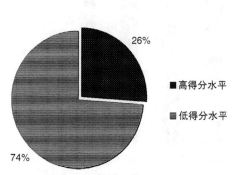

图 4-59　主因子 5 不同得分水平
居住人群比例图
资料来源：本课题组根据调研统计数据绘制

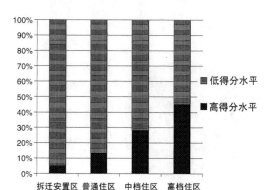

图 4-60　各类住区主因子 5 不同得分
水平居住人群构成图
资料来源：本课题组根据调研统计数据绘制

不同住区类型主因子 5 的构成特征：如图 4-60，各类型住区主因子 5 低得分水平人群都占大多数，拆迁安置区占 95％，普通住区占 87％，中档住区占 72％，高档住区占 55％，说明仙鹤片区居住人群大部分选择在新城区进行购物和文化娱乐活动。高档住区主因子 5 高得分水平人群占比相对较高，达 45％，是因其经济水平较高，对购物和文娱设施的要求较高，选择主城区的人数较多。

主因子 5 的空间分布特征：如图 4-61，主因子 5 高得分水平人群主要分布在仙林大道周

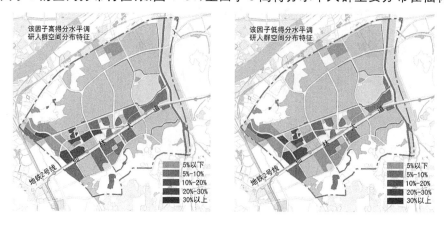

图 4-61　主因子 5 不同得分水平居住人群的空间分布特征图
资料来源：本课题组根据调研统计数据绘制

边的中档住区和高档住区。该类人群的经济条件相对较好,对公共服务设施水平的要求相对较高,购物和文化娱乐活动选择去主城区的人数较多。

主因子 5 低得分水平人群主要分布在仙隐北路、文枢东路和文范路周边的拆迁安置区、普通住区和中档住区。

4.1.5　仙林副城仙鹤片区居住空间特征的聚类分析

将上述影响居住人群居住空间特征的 5 个主因子(住区特征、阶层特征、住区密度、家庭结构、设施配套)作为变量,运用 SPSS 19.0 软件,对仙鹤片区居住人群调研样本进行聚类分析。这一方法有助于进一步了解仙鹤片区居住人群的结构特征,从而概要归纳不同类别居住人群在仙鹤片区的空间分布规律。

采用聚类分析方法,根据各主因子得分,得出聚类龙骨图,将居住人群调研样本分为四类人群,得到主因子的聚类结构,对其构成特征进行分析。

第一类:占居住人群总数的 9%,主要居住在拆迁安置区,年龄集中在 45 岁以上,以夫妻家庭和核心家庭为主,低收入比例高,学历水平偏低,安置房比例高。居民所居住的房屋价值在 16 000 元 /m² 以下,住房面积以 50—100 m² 为主,住区入住率在 85% 以上,容积率在 1.0—1.4,住区人口密度在 500 人 /hm² 以上,房屋建造年代早,入住时间在 5 年以上和 1 年以下的比例高。该类居民对新城区教育、医疗、娱乐、环境设施满意度高;对购物设施满意度低,购物选择非仙鹤片区的比例高(图 4-62)。

第二类:占居住人群总数的 35%,主要居住在普通住区和中档住区,年龄集中在 25—35 岁,以单身家庭和核心家庭为主,中等收入水平,学历水平一般,租赁房的比例高。居民所居住的住房价格主要在 16 000—18 000 元 /m²,住房面积在 100 m² 以下,住区入住率在 70% 以上,容积率以 1.0—1.7 为主,住区人口密度在 120—500 人 /hm²,房屋建造年代在 2006 年以前,入住时间在 3 年以上比例高。该类居民对新城区的教育、购物、娱乐和绿化设施比较满意;对医疗设施满意度一般,选择在主城区和新城区的比例相当(图 4-63)。

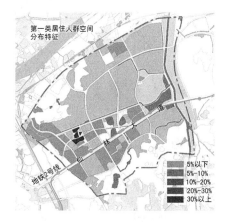

图 4-62　第一类居住人群空间分布图
资料来源:本课题组根据调研统计数据绘制

图 4-63　第二类居住人群空间分布图
资料来源:本课题组根据调研统计数据绘制

第三类:占居住人群总数的 25%,主要居住在高档住区,年龄集中在 35—55 岁,核心家庭比例高,中高等收入和高等收入比例高,本科及以上学历达到 70％,自购房比例高。居民所居住的房屋价格在 20 000 元 /m² 以上,住房面积集中在 150 m² 以上,住区入住率在 70％以下,容积率在 1.0 以下,住区人口密度在 120 人 /hm² 以下,房屋建造年代以 2007—2010 年为主,入住时间各时段均衡。该类居民对新城区的教育和绿化设施比较满意;对购物设施和娱乐设施满意度一般。对医疗设施满意度很低,故选择主城区的医院比例达到 94.5％(图 4-64)。

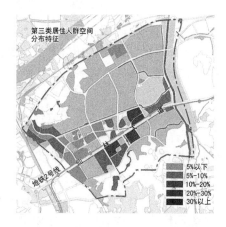

图 4-64　第三类居住人群空间分布图　　　　图 4-65　第四类居住人群空间分布图
资料来源:本课题组根据调研统计数据绘制　　　资料来源:本课题组根据调研统计数据绘制

第四类:占居住人群总数的 31％,主要居住在中档住区,年龄集中在 25—45 岁,以核心家庭为主,中等和中高等收入比例高,学历水平高(本科及以上学历达到 78.5％),自购住房比例达到 85.7％。居民居住的房屋价格集中在 18 000—20 000 元 /m²,住房面积大部分在 100—150 m²,住区的入住率在 70％以上,容积率在 1.4 以上,住区人口密度在 250 人 /hm² 以上,房屋建造年代以 2009 年以后为主,入住时间在 3 年以下为主。该类居民对新城区的购物、教育和娱乐、绿化设施比较满意;而对医疗设施的满意度较差,选择主城的比例高(图 4-65)。

将以上四类居住人群的空间分布特征进行空间落位(图 4-66),可以得出仙鹤片区居住空间结构呈现扇形集聚加散点分布的形态特征(图 4-67)。

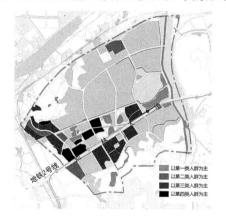

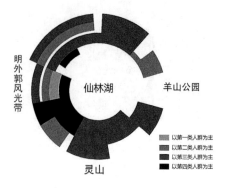

图 4-66　仙鹤片区四类居住人群空间分布图　　图 4-67　仙鹤片区四类居住人群空间分布模式图
资料来源:本课题组根据调研统计数据绘制　　　资料来源:本课题组根据调研统计数据绘制

第一类居住人群位于仙鹤片区中部,拥有较差的居住条件,配套设施比较完善。

第二类居住人群主要位于片区的北部和东部,拥有普通的住房条件,交通和配套设施相对欠缺。

第三类居住人群主要位于仙鹤片区的最外圈,拥有最好的居住条件,集聚在灵山北麓、羊山湖、古城头绿化带周边,自然景观良好。

第四类居住人群集中在仙鹤片区的核心,拥有中等的住房条件,商业、娱乐等配套设施健全,交通便利。

4.2 仙林副城仙鹤片区就业空间特征研究

4.2.1 仙林副城仙鹤片区就业空间概况

从南京近郊的农业化地区到南京主城功能扩散的重要承载地,从蔬菜、副食生产基地到集聚十数所国家及省属重点高校的全国一流大学集中区,仙鹤片区作为仙林副城的启动区,是仙林大学集中区的主体地区。仙鹤片区就业空间的发展呈现以下三个发展阶段(图 4-68)。

图 4-68　仙鹤片区就业空间发展过程图(2003 年、2008 年、2009 年)
资料来源:本课题组根据现状调研绘制

2003 年之前:20 世纪 90 年代之前,仙林地区一直是南京主城东部外围的农业化地区,2001 年南京城市总体规划修编,明确仙林为南京三大新市区之一,是南京城市空间"一疏散,三集中"的重要承载地。随着南京师范大学、南京邮电大学、南京财经大学、南京医科大学等一批高校陆续入驻,仙林大学集中区初具规模,成为南京科教产业革新的先行区与实践区。这一时期仙鹤片区就业空间由西往东发展,主要分布在片区北部的文澜路两侧。

2004—2008 年:这一时期仙鹤片区就业空间建设进入快速发展阶段,主要建设地块位于仙林大道以南和文澜路以北。高校建设大部分已完成,已有 13 所高校入驻,成为片区就业空间的主体部分,商业服务和公共服务等功能也已初步建设,但建设速度相对滞后。

2009 年以来:随着仙鹤片区大学集中区和居住开发的日趋成熟以及居民的陆续入住,新区的生活服务需求也越来越大,仙鹤片区加快了相关配套服务设施的建设。这一时期就业空间建设是对仙鹤片区未发展部分的填补式建设。

仙鹤片区就业空间现状产业用地面积共 877.6 hm²,主要有教育科研用地、公共管理与服务用地及商业服务业用地。其中教育科研用地面积为 801.8 hm²,占比高达 91.36%;公共管理与服务用地面积为 40.0 hm²,占比为 4.56%;商业服务业用地面积为 35.8 hm²,占比为 4.08%(图 4-69)。可见仙鹤片区产业用地比例失衡,教育科研用地占比过高。

扫码看原图

图 4-69　仙鹤片区就业空间现状用地分布图
资料来源:本课题组根据现状调研结果绘制

仙鹤片区以政府推动的基础设施建设、大学集中区建设和以市场为推动力的房地产项目为发展动力,导致高校用地和居住用地占主导地位,产业功能相对薄弱,功能的相对纯化不利于为新城居民提供就业岗位。各高校建设由于建设时序不一、开发建设主体不同,高校大型公共设施社会化共享的理念没有实现。新城公共服务设施用地虽然得到了预留与控制,但建设速度却相对滞后,居民日常生活的配套服务设施比较缺乏,地区活力不足[①]。

4.2.2　仙林副城仙鹤片区就业空间数据采集与指标因子遴选

1)仙林副城仙鹤片区就业空间数据采集

本书以问卷调查数据以及就业空间相关数据作为就业空间研究的前提和基础,综合运用问卷统计法、实地观察法、访谈法等多种方法对仙鹤片区就业人群进行数据采集。按就业单位对就业人群进行问卷发放,每个就业单位发放的问卷数量大致为员工人数的 5%。剔除无效问卷,实地调研有效问卷 1 485 份,达到了社会调查抽样率不低于 5% 的要求。

---

① 资料来源:南京仙林新市区规划回顾与评价,2008.

根据仙鹤片区现状产业特征,将仙鹤片区就业空间类型划分为教育科研机构、公共服务业及商业服务业三个类型,采取随机抽样的方法,达到了对仙鹤片区内不同就业人群、不同行业类别的全覆盖,保证了数据采集的科学性。其中教育科研机构发放有效问卷 876 份,公共服务业发放有效问卷 53 份,商业服务业发放有效问卷 556 份(表 4-5)。

表 4-5　仙鹤片区各类型就业单位调研信息一览表

行业类别	单位名称	地块位置	设立时间	占地面积 /hm²	就业人数	有效问卷 /份	备注说明
教育科研机构	南京师范大学	文苑路北侧	1998 年	122.92	3 830	876	"211"高校,综合师范类
	南京财经大学	文苑路北侧	2002 年	118.44	2 030		财经类二本院校
	南京邮电大学	文苑路北侧	2002 年	115.64	2 131		"2011 计划"的二本院校
	南京中医药大学	仙林大道南侧	2002 年	59.34	1 430		高等中医药重点建设高校
	南京理工大学紫金学院	仙境路东侧	2003 年	38.32	925		独立学院
	南京工业职业技术大学	羊山北路北侧	2004 年	69.18	1 130		公办普通高校
	南京信息职业技术学院	文澜路北侧	2004 年	56.55	1 055		高等职业技术学院
	南京技师学院	学海路西侧	2006 年	30.95	544		综合性职业学院
	南京师范大学中北学院	学林路东侧	1999 年	14.20	750		独立学院
	南京森林警察学院	文澜路东侧	2004 年	22.21	508		全日制普通高校
	应天职业技术学院	仙林大道南侧	2004 年	65.11	945		民办普通高校,幼师学校
	中共南京市委党校	仙林大道南侧	2008 年	23.52	233		市领导干部培训学校
	南京外国语学校仙林分校	仙林大道南侧	2004 年	23.76	1 080		民办学校,包括小学部、初中部和国际部
	南师大附属实验学校	文苑路南侧	2000 年	8.21	240		民办学校,包括初中部和高中部
	南京市仙林中学	仙隐北路东侧	2004 年	6.45	260		公办学校,包括小学部和初中部
	南京国际学校	仙林大道北侧	2004 年	9.89	91		招收在华外籍子弟的学校
	南京市紫东实验学校	燕西线东侧	2005 年	5.21	250		由两所中学、两所小学合并而成
合计				789.90	17 432		

续表 4-5

行业类别	单位名称	地块位置	设立时间	占地面积/hm²	就业人数	有效问卷/份	备注说明
公共服务业	仙林街道办事处	杉湖西路南侧	2005年	1.26	104	53	—
	仙林医院	学思路东侧	2007年	1.17	450		—
	大学城管委会	文苑路南侧	2002年	0.97	90		—
	南京市栖霞区政府	文枢东路北侧	2009年	1.19	230		—
	栖霞区城市管理局	宁镇公路南侧	2008年	2.50	55		—
	南京市公安局栖霞分局仙林派出所	文枢东路北侧	2010年	1.04	67		—
	南京市交管局第七分队	宁镇公路南侧	2010年	2.79	59		—
	合计	—		10.92	1 055		
商业服务业	金鹰奥莱城	杉湖西路北侧	2011年	2.79	1 900	556	综合商业中心
	大成名店公园	杉湖西路北侧	2005年	0.84	1 350		综合零售
	东城汇	文苑路南侧	2012年	3.84	1 600		综合商业中心
	南京爱尚街区购物广场	文枢东路南侧	2009年	4.60	1 753		综合零售
	物业公司(23个)	—	—	1.78	1 150		—
	部分零售餐饮店铺	—	—	6.94	3 300		个体餐饮、零售
	合计			20.79	11 053		

资料来源：本课题组根据企业走访调研和土地利用现状图相关信息汇总而成(2014)

2）仙林副城仙鹤片区就业空间特征研究的指标因子遴选

对于就业空间特征的研究，同样采用 SPSS 软件中的因子生态分析法，同时利用 GIS 软件将调研人群的各项属性数据与空间关联，实现研究成果的空间落位。

第 4.2 节主要从就业空间指标因子表（表 1-2）中的就业人群和就业空间两方面对仙鹤片区就业空间特征进行分析研究。表 1-2 中通勤行为的相关指标因子，作为居住、就业空间共同的因子构成，在第 4.3 节仙林副城仙鹤片区职住空间失配研究中用于对新城区居住、就业空间的职住关系的量化分析。

将就业空间指标因子表（表 1-2）中关于就业人群和就业空间的 25 个指标因子作为就业空间特征研究的指标体系。为使调研对象的特征类型实现空间落位，通过 SPSS 软件将各因子与行业类别因子关联，对调研问卷数据进行 Spearman 相关性分析（分析过程数据从略），剔除相关性较低的因子，遴选出最终的就业空间特征研究的因子指标体系表（表 4-6）。

表 4-6 仙鹤片区就业空间特征研究最终选取的指标因子表

研究对象	特征类型		一级变量	测度方式	备注
就业人群	社会属性	1	年龄结构	定距测度	按照年龄大小划分为5级
		2	学历水平	顺序测度	根据学历高低划分为5级
	经济属性	3	个人月收入	顺序测度	个人月收入水平,按级划分为5级
		4	家庭月收入	顺序测度	家庭月收入水平,按级划分为5级
		5	职业类型	名义测度	根据调查人群的职业,划分为5类
		6	就业岗位	名义测度	根据调查人群的岗位,划分为6类
		7	专业职称	顺序测度	根据调查人群的专业职称划分为5级
		8	工作年限	顺序测度	按照在目前单位工作年限划分为4级
就业空间	区位特征	9	单位区位	定距测度	按照单位到仙隐北路与宁镇公路交叉口的距离划分为5级
	密度特征	10	单位用地容积率	定距测度	根据单位用地的容积率划分为3类
		11	单位员工数	定距测度	根据企业的职工数划分为6级
		12	单位人口密度	定距测度	根据单位的人口密度划分为5级
	单位类型	13	单位性质	名义测度	根据企业类型划分5类
		14	行业类别	名义测度	根据企业所属行业划分为3类
		15	单位成立时间	定距测度	根据仙鹤片区发展阶段划分为3类

资料来源:对就业人群和就业空间各因子进行 Spearman 相关性分析后剔除相关度低的因子得出

4.2.3 基于单因子的仙林副城仙鹤片区就业空间特征分析

根据表 4-6 遴选出的 15 个指标因子的调研数据,从就业人群的社会属性、经济属性以及就业空间的区位特征、密度特征、单位类型这5个特征类型入手,采用 SPSS 软件的因子生态分析法,对仙鹤片区就业空间特征进行分析研究。

1) 仙鹤片区就业人群的社会属性解析

（1）年龄结构

总体态势:仙鹤片区就业人群 25—35 岁占总数的 50%,35—45 岁占 26%,二者高达总人数的 76%(图 4-70);而 25 岁以下及 55 岁以上所占比例较低,都只占 5%,说明仙鹤片区就业人群年龄结构以中青年为主。仙鹤片区 25—35 岁青年人群的占比明显大于江北泰山园区的 39%(图 3-74),表明仙鹤片区就业人群相比泰山园区更为年轻化。

不同行业类别的年龄结构特征:不同行业类别就业人群的年龄结构呈现不同的特征,商业服务业以年轻人为主,35 岁以下人群占比达 70%;公共服务业就业人群的年龄结构比较均衡,25—35 岁占 35%,35—45 岁占 30%,45—55 岁占 24%;教育科研机构则以中青年为主,25—35 岁占 51%,35—45 岁占 28%,45—55 岁占 15%(图 4-71)。

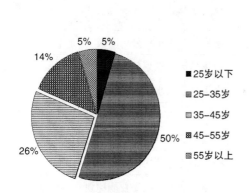

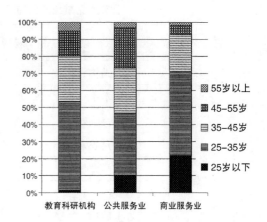

图 4-70   仙鹤片区就业人群年龄构成图   图 4-71   仙鹤片区不同行业类别就业人群年龄构成图
资料来源：本课题组根据调研数据绘制   资料来源：本课题组根据调研数据绘制

年龄结构的空间分布特征：由图 4-72 可见，25—35 岁就业人群占比较高，空间分布相对均衡。主要分布在文范路、文枢东路周边的商业服务业及片区北部的高校。

35—45 岁就业人群在仙鹤片区各行业均有分布，占比较高的主要是文澜路和文苑路周边的教育科研机构。

45—55 岁就业人群占比较高的主要是由主城郊迁的南京师范大学、南京邮电大学和南京财经大学三所重点高校，位于文苑路和文澜路；公共服务业中该类人群占比也较高。

图 4-72   仙鹤片区不同年龄段就业人群空间分布图
资料来源：本课题组根据调研数据绘制

（2）学历水平

总体态势：仙鹤片区就业人群大专学历以下占比仅为 23％，而大专及以上学历占总数的 77％。仙鹤片区为高校集中区，高学历就业人群占比较高，研究生及以上学历占 47％（图 4-73），而江北泰山园区研究生及以上学历仅占 13％（图 3-80）。两者相比，仙鹤片区因高校集聚，就业人群学历水平明显比泰山园区要高。

不同行业类别的学历水平特征：如图 4-74，教育科研机构就业人群学历水平最高，研究生及以上学历人群占该类型总数的 79％，博士学历的占比高达 25％；公共服务业以大专或本科学历人群为主，占 76％；商业服务业就业人群学历水平较低，60％左右为高中以下学历。

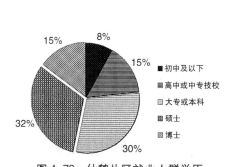

图 4-73　仙鹤片区就业人群学历
水平构成图
资料来源：本课题组根据调研数据绘制

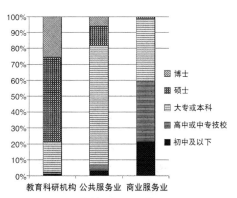

图 4-74　仙鹤片区不同行业类别就业
人群学历水平构成图
资料来源：本课题组根据调研数据绘制

学历水平的空间分布特征：由图 4-75 可见，仙鹤片区高中或中专技校学历就业人群占比较高的主要是文枢东路、文范路两侧及片区东北部的商业服务业。

大专或本科学历就业人群的空间分布比较均衡，主要分布在文澜路和仙林大道周边的高等院校及文枢东路周边的公共服务业。

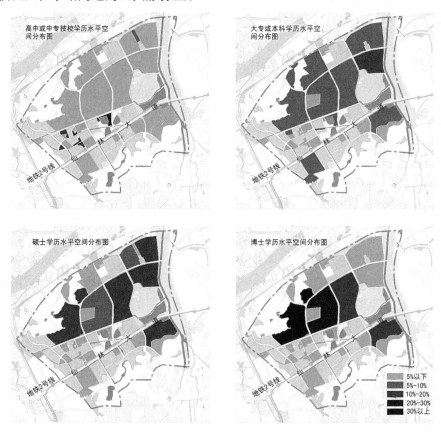

图 4-75　仙鹤片区不同学历水平就业人群空间分布图
资料来源：本课题组根据调研数据绘制

硕士学历就业人群占比较高的单位是分布于文澜路、仙林大道、文苑路周边的高等院校。

博士学历就业人群主要分布于仙鹤片区中部,占比较高的单位是位于文澜路和仙林大道的南京师范大学、南京财经大学、南京邮电大学及南京中医药大学这几所重点高校。

2) 仙鹤片区就业人群的经济属性解析

（1）家庭月收入

对就业人群月收入的调研包含个人月收入和配偶月收入两个指标,本书用家庭月收入来综合反映夫妻双方的月收入特征。

总体态势:仙鹤片区就业人群家庭月收入水平以 10 000—20 000 元/月的中高收入水平占比最大,占 37%(图 4-76);其次为 2 640—6 000 元/月的低收入水平和 6 000—10 000 元/月的中等收入水平就业人群,分别占 29% 和 25%。2 640 元/月以下和 20 000 元/月以上收入的就业人群数量较少。说明仙鹤片区就业人群以中高收入水平为主,相比江北泰山园区以 6 000—10 000 元/月的中等收入水平为主,仙鹤片区就业人群收入较高。

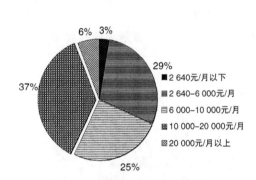

图 4-76　仙鹤片区就业人群家庭
月收入构成图
资料来源:本课题组根据调研数据绘制

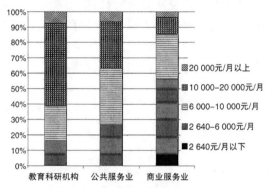

图 4-77　仙鹤片区不同行业类别就业
人群家庭月收入构成
资料来源:本课题组根据调研数据绘制

不同行业类别的家庭月收入特征:如图 4-77 所示,教育科研机构人群家庭月收入较高,以 10 000—20 000 元/月的中高收入为主,占 53%,其次为 6 000—10 000 元/月的中等收入,占 22% 以上;公共服务业人群家庭月收入中等,2 640—6 000 元/月、6 000—10 000 元/月和 10 000—20 000 元/月三档收入占比较均衡,在 28%—35% 之间;商业服务业人群家庭月收入较低,以 2 640—6 000 元/月为主,占 50%。

家庭月收入的空间分布特征:由图 4-78 可见,仙鹤片区家庭月收入在 2 640—6 000 元的就业人群占比较高的单位主要是文苑路和仙林大道之间的零售商业和大型综合商业,在文澜路两端的部分高校也有分布。

家庭月收入在 6 000—10 000 元的就业人群占比较高的单位主要是文澜路东段的高职中专院校,在文苑路和仙林大道之间的零售商业和大型综合商业也有部分分布。

家庭月收入在 10 000—20 000 元的就业人群在仙鹤片区主要分布在片区中部,相对集中在文苑路和文澜路之间的教育科研机构,特别是南京师范大学、南京财经大学、南京邮电大学等几所重点高校。

（2）职业类型

总体态势:教师科研人员是仙鹤片区就业人群的主要职业类型,占总数的 56%

图 4-78 仙鹤片区不同家庭月工资收入就业人群空间分布图
资料来源:本课题组根据调研数据绘制

(图 4-79),私营个体人员和商业服务人员的占比也较高,分别为 15%、14%;片区内机关社会团体人员和公司职员的占比则比较低,二者所占比例相加仅为 15%,反映仙鹤片区就业空间以高等院校和科研机构为主,是科教型新城区。

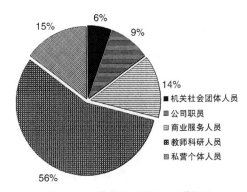

图 4-79 仙鹤片区就业人群职业
类型构成图
资料来源:本课题组根据调研数据绘制

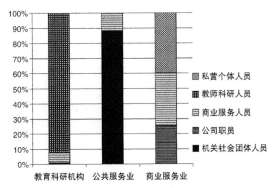

图 4-80 仙鹤片区不同行业类别就业
人群职业类型构成图
资料来源:本课题组根据调研数据绘制

不同行业类别的职业类型特征:由图 4-80 可见,教育科研机构以教师科研人员为主,比例占 92%;公共服务业以机关社会团体人员为主,占 89%;商业服务业中私营个体人员占比较高,为 40%,商业服务人员占 35%,公司职员占 25%,反映出仙鹤片区商业服务业中个体零售商业扮演重要角色。

职业类型的空间分布特征:由图 4-81 可见,仙鹤片区机关社会团体人员主要分布在文苑路、文枢东路周边的大学城管委会、街道办、栖霞区政府等行政单位及宁镇公路南侧的市交管局及城市管理局。

商业服务人员占比较高的是片区核心区域的零售商业和综合百货,位于文苑路、文枢东路和文范路一带。

教师科研人员占比较高的是文澜路周边及仙林大道南侧的高等院校。

私营个体人员占比较高的是文枢东路、文范路和文澜路周边的沿街零售商业及批发市场、农贸市场。

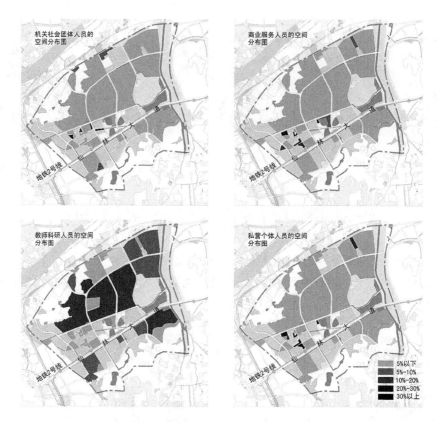

图4-81   仙鹤片区不同职业类型的就业人群空间分布图
资料来源：本课题组根据调研数据绘制

（3）就业岗位

总体态势：仙鹤片区就业人群的就业岗位以专业技术人员和销售人员为主，比例占44%和33%；办公室行政人员的比例也相对较高，占17%；其他类型的就业岗位所占比例都很低（图4-82）。

不同行业类别的就业岗位特征：由图4-83可见，教育科研机构以专业技术人员为主，比例占74%；公共服务业以办公室行政人员为主，占72%；商业服务业以销售人员为主，占88%。

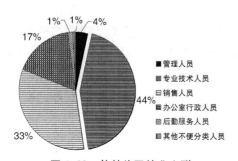

图4-82   仙鹤片区就业人群
就业岗位构成图
资料来源：本课题组根据调研数据绘制

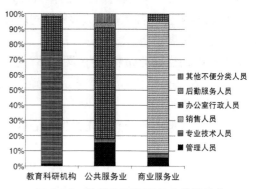

图4-83   仙鹤片区不同行业类别就业
人群就业岗位构成图
资料来源：本课题组根据调研数据绘制

就业岗位的空间分布特征：仙鹤片区专业技术人员主要分布在文澜路、仙林大道两侧的教育科研机构。

销售人员的就业空间分布不均衡，比例较高的是文枢东路、文范路两侧及文澜路北侧的沿街零售商业和综合商业。

办公室行政人员主要分布在文澜路、仙林大道两侧的高等院校和文枢东路周边的栖霞区政府、街道办等公共服务业。

图4-84　仙鹤片区不同就业岗位的就业人群空间分布图
资料来源：本课题组根据调研数据绘制

（4）专业职称

总体态势：仙鹤片区就业人群具有专业职称的占总数的62%，其他38%的就业人群没有专业职称。具有职称人群中以中级职称占比最高，占总数的33%；其次为副高职称，占总数的16%；初级职称占总数的8%；正高职称占总数的5%（图4-85）。

不同行业类别的专业职称特征：教育科研机构以中高级职称人群为主，中级及以上职称人群的占比为85%；公共服务业没有专业职称人数与有职称人数相近，有职称人数占52%，主要为中级职称，占37%；商业服务业以没有专业职称人群为主，没有职称的占比87%（图4-86）。

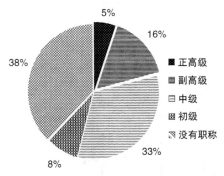

图4-85　仙鹤片区就业人群专业
职称构成图
资料来源：本课题组根据调研数据绘制

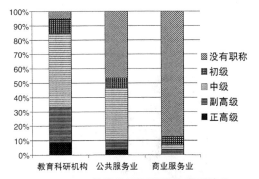

图4-86　仙鹤片区不同行业类别就业
人群专业职称构成图
资料来源：本课题组根据调研数据绘制

专业职称的空间分布特征：由图4-87可见，仙鹤片区具有副高职称的就业人群占比较高的单位主要是文澜路周边和仙林大道南侧的南京师范大学、南京邮电大学和南京财经大学等重点高校。

仙鹤片区具有中级职称的就业人群分布相对均衡,文澜路周边和仙林大道南侧的高等院校以及文枢东路两侧的公共服务业分布较多。

在仙鹤片区文枢东路周边和片区东北部的沿街零售商业及综合商业中,没有职称的就业人群所占比例较高。

图4-87 仙鹤片区不同专业职称就业人群空间分布图
资料来源:本课题组根据统计结果绘制

(5) 工作年限

总体态势:在仙鹤片区工作年限3年以下的就业人群占总数的41%,占比最高(图4-88),3—5年工作年限的就业人群占比为17%,5—10年及10年以上工作年限的占比均为21%。因为仙鹤片区建设时间晚于江北泰山园区,其就业人群工作年限普遍低于泰山园区(图3-97)。

不同行业类别的就业人群工作年限特征:教育科研机构中的高等院校大多由主城郊迁而来,其就业人群工作年限相对较长,工作年限5年以上人群占该类人群总数的45%。公共服务业就业人群工作年限相对也较长,工作年限5年以上人群占该类人群总数的41%,这与新城区建设之初公共管理部门就已设立有关。商业服务业工作年限在3年以下的人群占比最高,为78%(图4-89),主要是因为仙鹤片区建设时间晚,建成时间短,商业服务企业大多最近才入驻。

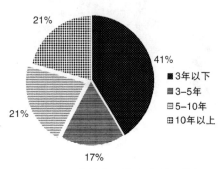

图4-88 仙鹤片区就业人群工作年限构成图
资料来源:本课题组根据调研数据绘制

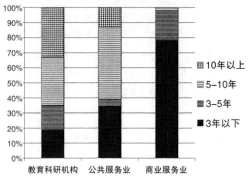

图4-89 仙鹤片区不同行业类别就业人群工作年限构成图
资料来源:本课题组根据调研数据绘制

就业人群工作年限的空间分布特征：仙鹤片区工作年限在 3 年以下的就业人群主要分布在文苑路、文枢东路、文范路、文澜路周边的沿街零售商业和综合商业，部分教育科研机构就业人群工作年限在 3 年以下的占比也较高。

工作年限在 3—5 年的就业人群的空间分布相对均衡，占比较高的主要是文澜路周边、仙林大道南侧的教育科研机构以及杉湖西路周边的商业服务业。

工作年限在 5—10 年的就业人群主要集中在文澜路、文苑路和仙林大道周边的重点院校及部分普通高校。

工作年限在 10 年以上的就业人群主要集中在文澜路周边、仙林大道南侧的南京师范大学、南京财经大学、南京邮电大学、南京中医药大学等高校，因南京师范大学是最早入驻仙鹤片区的高校，故该类人群占比最高。

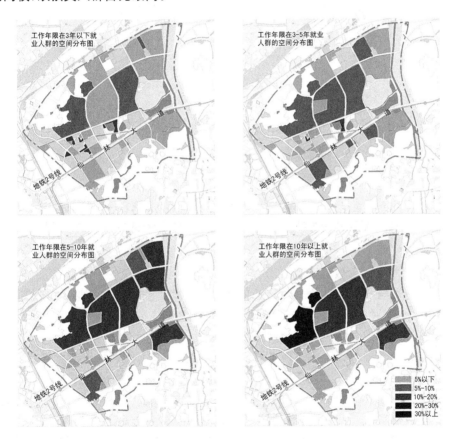

图 4-90　仙鹤片区不同工作年限就业人群空间分布图
资料来源：本课题组根据调研数据绘制

3）仙鹤片区就业空间的区位特征解析

单位区位

以仙鹤片区各就业单位和仙隐北路与宁镇公路交叉口的直线距离对单位区位进行分析，分 2 000 m 以内、2 000—3 000 m、3 000—4 000 m、4 000—5 000 m 及 5 000 m 以上共五档。

由图 4-91 可见，教育科研机构主要分布在片区的外围，而商业服务业和公共服务业主要集中在片区中心区域，即在 2 000—3 000 m 和 3 000—4 000 m。

4）仙鹤片区就业空间的密度特征解析

（1）单位用地容积率

仙鹤片区内教育科研用地较多，容积率较低，都在 1.0 以下，主要分布在仙鹤片区北部和东部。公共服务业的容积率在 1.0—2.0，主要分布在文枢东路周边和宁镇公路南侧。片区内商业服务业包括综合商业和沿街零售商业。文枢东路和文范路两侧的沿街零售商业地块的容积率在 1.0—2.0，而文苑路和杉湖东路周边的大型综合商业的容积率在 2.0 以上（图 4-92）。

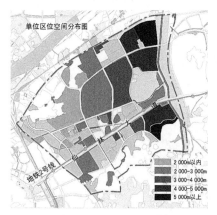

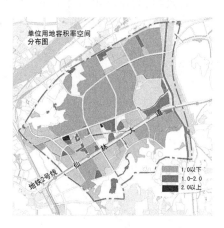

图 4-91　仙鹤片区各就业单位区位空间分布图　　图 4-92　仙鹤片区各就业单位用地容积率空间分布图
资料来源：本课题组根据调研数据绘制　　　　　　资料来源：本课题组根据调研数据绘制

（2）单位员工数

将仙鹤片区单位员工数划分为 100 人以下、100—500 人、500—1 000 人、1 000—2 000 人、2 000 人以上共五档。如图 4-93 所示，仙鹤片区不同类型行业的就业单位员工数及区位分布差异较大，仙鹤片区北部和东部的高等院校的就业单位员工数相对较大，而片区中部的公共服务业和商业零售业的就业单位员工数较小。

单位员工数在 100 人以下的单位主要是文枢东路、文范路周边的沿街零售商业、市场及部分公共服务业。100—500 人以下的单位主要是文苑路、文枢东路周边的栖霞区政府、街道办等公共服务业。500—1 000 人以下的单位主要是文澜路北侧和仙林大道南侧的教育科研机构。1 000—2 000 人以下的单位主要是文澜路和仙林大道周边的教育科研机构及文苑路的综合商业金鹰奥莱城。员工数在 2 000 人以上的单位是片区中部文澜路两侧的南师大、南财和南邮这三所重点高校。

（3）单位人口密度

将仙鹤片区的单位人口密度划分为五级。人口密度在 50 人 /hm² 以下的单位主要是片区北部和东部的高等院校。人口密度在 50—100 人 /hm² 的单位主要是文枢东路周边和宁镇公路南侧的公共服务业。人口密度在 100—200 人 /hm² 的单位主要是文枢东路和文澜路周边的公共服务业和部分沿街零售商业。人口密度在 200—400 人 /hm² 的单位主要是文枢东路和文范路周边的沿街零售商业。人口密度在 400 人 /hm² 以上的单位主要是文苑路周边的市场式商场（图 4-94）。即仙鹤片区单位就业人口密度较低的主要是高校等教育科研机构,就业人口密度较高的主要是商业服务业。

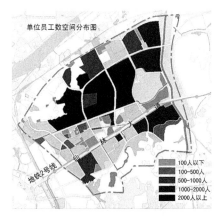

图 4-93 仙鹤片区各就业单位员工数
空间分布图
资料来源:本课题组根据调研数据绘制

图 4-94 仙鹤片区各就业单位人口
密度空间分布图
资料来源:本课题组根据调研数据绘制

5)仙鹤片区就业空间的单位类型特征解析

(1)行业类别

通过图 4-95 和表 4-6 可知,仙鹤片区行业类别主
要为教育科研机构、公共服务业、商业服务业三类,以教
育科研机构为主。教育科研机构主要分布在片区北部
和东部,位于文澜路周边和仙林大道南侧,包括高等院
校和中小学校。公共服务业主要分布在文枢东路周边
和宁镇公路南侧。商业服务业分布在片区的中心区域,
位于文枢东路、杉湖东路周边,包括沿街零售商业、市场
和综合商业。

(2)单位性质

仙鹤片区单位性质有国有单位、股份合资单位、
外商及港澳台商企业、个体企业这四类。国有单位主
要是教育科研机构和公共服务业,分布在片区北部、

图 4-95 仙鹤片区各就业单位行业
类别的空间分布图
资料来源:本课题组根据调研数据绘制

东部和中部,位于文澜路、仙林大道和文枢东路周边。股份合资单位主要是私立学校,分
布在片区中部,位于文枢东路和仙林大道两侧。外商及港澳台商企业有位于杉湖东路的
大型商场奥莱城。个体企业主要是沿街零售商业及市场式,位于文澜路、文枢东路和文范
路周边(图 4-96)。

(3)单位成立时间

根据仙鹤片区的发展阶段,将单位成立时间划分为 3 级,分别为 2003 年以前、2003—
2008 年以及 2008 年以后。

2003 年以前成立的单位为分布在文澜路两侧和仙林大道南侧的南京师范大学、南京财
经大学、南京邮电大学以及南京中医药大学等重点高校。2003—2008 年成立的单位以教育
科研机构和公共服务业为主,分布在文澜路、仙林大道、文枢东路周边。2008 年以来成立的
单位以商业服务业为主,主要分布在文澜路以北及文苑路、文范路周边(图 4-97)。

图4-96 仙鹤片区各就业单位
性质空间分布图
资料来源：本课题组根据调研数据绘制

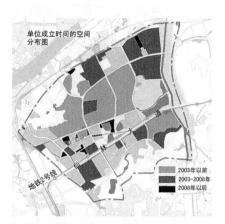

图4-97 仙鹤片区各就业单位成立时间
的空间分布图
资料来源：本课题组根据调研数据绘制

4.2.4 仙林副城仙鹤片区就业空间特征的主因子分析

运用 SPSS 软件对仙鹤片区就业空间单因子分析的 15 个输入变量进行因子降维分析，将具有相关性的多个因子变量综合为少数具有代表性的主因子，这些主因子能反映原有变量的大部分信息，从而能最大限度地概括和解释研究特征。

对 15 个输入变量进行适合度检验，测出 KMO 值（因子取样适合度）为 0.881，Bartlett's（巴特利特球形检验）的显著性 Sig. = 0.000，说明变量适合做主因子分析。

如表 4-7 所示，本次因子降维分析共得到特征值大于 1 的主因子 4 个，累计对原有变量的解释率达到 80.959%。

表 4-7 仙鹤片区就业空间研究的主因子特征值和方差贡献表

解释的总方差								
成分	初始特征值			提取平方和载入			旋转平方和载入		
	合计	方差的%	累积%	合计	方差的%	累积%	合计	方差的%	累积%
1	7.867	52.449	52.449	7.867	52.449	52.449	6.181	41.210	41.210
2	2.002	13.349	65.798	2.002	13.349	65.798	2.758	18.390	59.599
3	1.256	8.376	74.174	1.256	8.376	74.174	1.922	12.816	72.415
4	1.018	6.785	80.959	1.018	6.785	80.959	1.281	8.474	80.959
5	.647	4.314	85.272						
6	.446	2.974	88.246						
7	.401	2.675	90.921						
8	.328	2.188	93.109						

注：仅列出前 8 个主因子的特征值和方法贡献率，其他因子略。

资料来源：采用 SPSS 主因子分析后得出的相关数据汇总

采用最大方差法进行因子旋转,得到旋转成分矩阵。旋转后各主因子所代表的单因子如表 4-8 所示。综合分析荷载变量,将 4 个主因子依次命名为:单位情况、职位收入、职业工龄、区位特征。

表 4-8 仙鹤片区就业空间研究的主因子旋转成分矩阵表

成分得分系数矩阵				
指标因子	成份			
	主因子 1	主因子 2	主因子 3	主因子 4
	单位情况	职位收入	职业工龄	区位特征
单位人口密度	.924	− .226	− .087	− .183
行业类别	.921	− .222	− .147	− .162
单位用地容积率	.892	− .207	− .186	− .188
单位性质	.885	− .286	.162	− .167
单位员工数	− .807	.175	.203	− .154
单位成立时间	.768	− .099	− .171	.459
学历水平	− 524	.719	− .090	.015
专业职称	.453	− .724	− .215	.025
家庭月收入	− .227	.721	.194	.013
个人月收入	− .163	.695	.432	.011
就业岗位	.076	− .580	− .549	− .153
年龄结构	− .081	.230	.863	− .232
工作年限	− .264	.268	.781	.111
职业类型	− .391	.288	.683	− .089
单位区位	− .190	− .053	.067	.908

提取方法:主成分。

旋转法:具有 kaiser 标准化的正交旋转法。

a. 旋转在 7 次迭代后收敛。

资料来源:采用 SPSS 主因子分析后得出的相关数据汇总

根据主因子旋转成分矩阵表(表 4-8)得到主因子与标准化形式的输入变量之间的数学表达式,进而得到不同就业人群的各主因子最终得分。最后将主因子与就业人群的空间数据进行关联,解析各主因子不同得分水平就业人群的空间分布特征。

根据各主因子的实际得分情况,将主因子得分水平分为高得分水平(得分>0)和低得分水平(得分<0)两种类型。

1) 主因子 1:单位情况

单位情况主因子的方差贡献率为 41.210%,主要反映的单因子有单位人口密度、行业类别、单位用地容积率、单位性质、单位员工数、单位成立时间。

总体特征：从图 4-98 可以看出，主因子 1 高得分水平人群占总数的 49％，主要特征为：单位人口密度高、行业类别以公共服务业和商业服务业为主、单位容积率高、单位性质以外商及港澳台商企业和个体企业为主、单位员工数少，单位成立时间晚。主因子 1 低得分水平人群占总数的 51％，主要特征为：单位人口密度低、行业类别以教育科研机构为主、容积率低、单位性质以国有单位为主、单位员工数多，单位成立时间早。

不同行业类别主因子 1 的构成特征：如图 4-99，主因子 1 在不同行业类别构成特征明显。主因子 1 低得分水平就业人群主要分布在教育科研机构，占 87％；主因子 1 高得分水平就业人群主要分布在公共服务业和商业服务业，均占 98％以上。

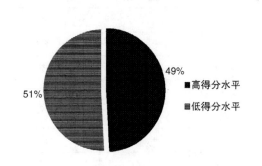

图 4-98　主因子 1 不同得分水平就业
人群比例图
资料来源：本课题组根据调研统计数据绘制

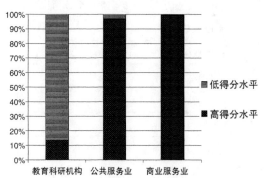

图 4-99　各行业类别主因子 1 不同得分水平
就业人群构成图
资料来源：本课题组根据调研统计数据绘制

主因子 1 的空间分布特征：如图 4-100，主因子 1 高得分水平就业人群主要分布在文枢东路、文范路周边和文澜路北侧的商业服务业和公共服务业。

主因子 1 低得分水平就业人群分布比较广，主要分布在片区北部和东部的教育科研机构，位于文澜路周边和仙林大道南侧。

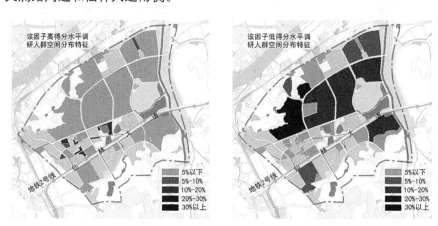

图 4-100　主因子 1 不同得分水平就业人群的空间分布特征图
资料来源：本课题组根据调研统计数据绘制

2）主因子 2：职位收入

职位收入主因子的方差贡献率为 18.390％，主要反映的单因子有学历水平、专业职称、家庭月收入、个人月收入和就业岗位。

总体特征：如图4-101，主因子2高得分水平人群占总数的50%，主要特征为：个人月收入和家庭月收入高、学历水平高、专业职称以正高级和副高级为主、就业岗位以管理者和专业技术人员为主。主因子2低得分水平人群占总数的50%，主要特征为：个人月收入和家庭月收入低、学历水平低、专业职称低、岗位以销售人员和办公室行政人员为主。

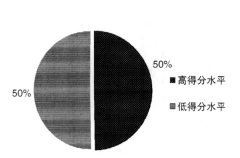

图4-101 主因子2不同得分水平就业
人群比例图
资料来源：本课题组根据调研统计数据绘制

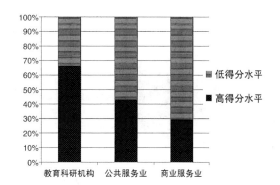

图4-102 各行业类别主因子2不同得分
水平就业人群构成图
资料来源：本课题组根据调研统计数据绘制

不同行业类别主因子2的构成特征：如图4-102，主因子2高得分水平就业人群主要分布在教育科研机构，占比为65%；公共服务业和商业服务业中以主因子2低得分水平人群为主，占比分别为57%、71%。

主因子2的空间分布特征：如图4-103，主因子2高得分水平就业人群主要分布在文苑路、文澜路、仙林大道周边的高校，以及文枢东路周边部分沿街零售商业和综合商业。

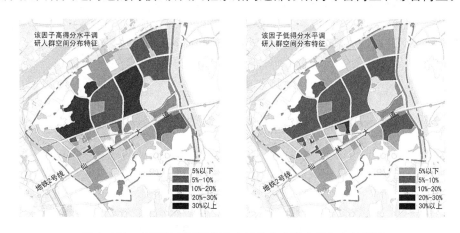

图4-103 主因子2不同得分水平就业人群空间分布特征图
资料来源：本课题组根据调研统计数据绘制

主因子2低得分水平就业人群主要分布在文澜路和仙林大道两侧的教育科研机构，以及文枢东路、文范路、杉湖西路周边的沿街零售商业、市场、综合商业。

3）主因子3：职业工龄

职业工龄主因子的方差贡献率为12.816%，主要反映的单因子有年龄结构、工作年限和职业类型。

总体特征：如图4-104，主因子3高得分水平人群占总数的37%，主要特征为：年龄大、工作年限长、职业类型以机关社会团体人员和教育科研人员为主。主因子3低得分水平人群占总数的63%，主要特征为：年龄小、工作年限短、职业类型以商业服务业人员和私营个体人员为主。

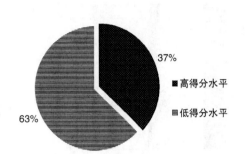

图4-104　主因子3不同得分水平就业
人群比例图
资料来源：本课题组根据调研统计数据绘制

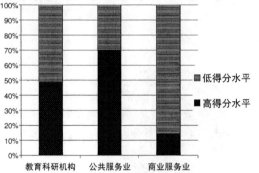

图4-105　各行业类别主因子3不同得分水平
就业人群构成图
资料来源：本课题组根据调研统计数据绘制

不同行业类别主因子3的构成特征：如图4-105，教育科研机构就业人群主因子3不同得分水平的占比大致平分，均为50%左右。公共服务业就业人群主因子3以高得分水平为主，占该类就业人群的70%。商业服务业就业人群主因子3以低得分水平为主，占该类就业人群的86%。

主因子3的空间分布特征：如图4-106，主因子3高得分水平人群主要分布在片区北部和东部的教育科研机构，位于文澜路周边和仙林大道南侧。

主因子3低得分水平就业人群主要分布在文枢东路和文范路两侧的沿街零售商业、市场和综合商业，文澜路周边和仙林大道南侧的教育科研机构也有部分分布。

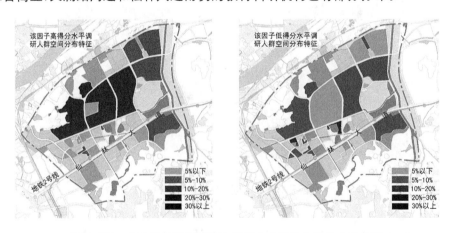

图4-106　主因子3不同得分水平就业人群的空间分布特征图
资料来源：本课题组根据调研统计数据绘制

4) **主因子4：区位特征**

区位特征主因子的方差贡献率为8.474%，主要反映的单因子为单位区位。

总体特征:如图4-107,主因子4高得分水平人群占总数的42%,主要特征为:单位距离仙隐北路与宁镇公路交叉口较远。主因子4低得分水平人群占总数的58%,主要特征为:单位距离仙隐北路与宁镇公路交叉口较近。

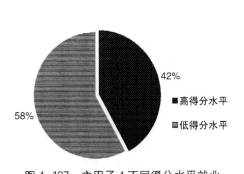

图4-107 主因子4不同得分水平就业
人群比例图
资料来源:本课题组根据调研统计数据绘制

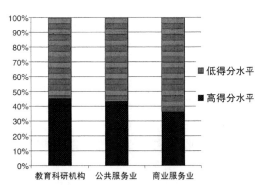

图4-108 各行业类别主因子4不同得分
水平就业人群构成图
资料来源:本课题组根据调研统计数据绘制

不同行业类别主因子4的构成特征:如图4-108,因仙鹤片区产业用地主要分布在片区北部、中部和东部,相对比较均衡,因此主因子4高得分水平和低得分水平占比大致相当。低得分水平人群占总数的比例略高,主因子4低得分水平就业人群教育科研机构占55%,公共服务业占58%,商业服务业占63%。

主因子4的空间分布特征:如图4-109,位于仙鹤片区西部的教育科研机构距离仙隐北路与宁镇公路交叉口较远,主因子4得分水平较高。仙鹤片区东部的商业服务业、公共服务业和东北部的教育科研机构距离仙隐北路与宁镇公路交叉口较近,主因子4得分水平较低。

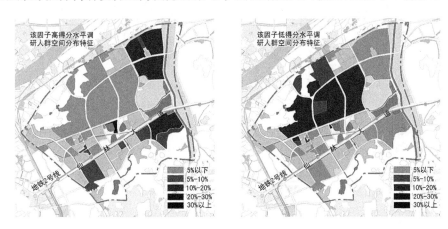

图4-109 主因子4不同得分水平就业人群的空间分布特征图
资料来源:本课题组根据调研统计数据绘制

4.2.5 仙林副城仙鹤片区就业空间特征的聚类分析

将上述影响就业人群就业空间特征的4个主因子(单位情况、职位收入、职业工龄、区位特征)作为变量,运用SPSS 19.0软件,对仙鹤片区就业人群调研样本进行聚类分析。这一方法有助于进一步了解仙鹤片区就业人群的结构特征,从而概要归纳不同类别就业人群在仙鹤片区的空间分布规律。

采用聚类分析方法,根据各主因子得分得出聚类龙骨图,将就业人群调研样本分为三类人群,得到主因子的聚类结构,并对其构成特征进行分析。

第一类:占就业人群总数的 22.5%,所属行业为教育科研机构和公共服务业,单位性质以国有企业为主。年龄集中在 35—55 岁,学历水平高(大专及以上占89%),个人月收入和家庭月收入较高(个人月收入在5 000元以上的占 67%),职业类型以教师科研人员和机关社会团体人员为主,职称较高(中级以上占 59%),岗

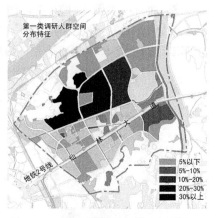

图 4-110　第一类就业人群空间分布图
资料来源:本课题组根据调研统计数据绘制

位以办公室行政人员和专业技术人员为主,工作年限长(5 年以上占 90%)。单位人口密度和单位用地容积率低,单位员工数以 2 000 人以上为主,单位成立时间早。单位区位以距离仙隐北路与宁镇公路交叉口 3 000 m 以内为主(图 4-110)。

第二类:占就业人群总数的 41.8%,所属行业为教育科研机构,单位性质以国有企业为主。年龄集中在 25—35 岁,学历水平高(大专及以上占 97%),个人月收入和家庭月收入较高(个人月收入在 5 000 元以上的占 47%),职业类型以教师科研人员为主,职称以中级职称为主,岗位以专业技术人员为主,工作年限以 5—10 年为主。单位人口密度和用地容积率低,单位员工数以 1 000 人以上为主,单位成立时间早。单位区位以距离仙隐北路与宁镇公路交叉口 2 000 m 以上为主(图 4-111)。

图 4-111　第二类就业人群空间分布图
资料来源:本课题组根据调研统计数据绘制

图 4-112　第三类就业人群空间分布图
资料来源:本课题组根据调研统计数据绘制

第三类:占就业人群总数的 35.6%,所属行业为商业服务业,单位性质以个体企业为主。年龄集中在 25—35 岁,学历水平低(大专以下比例达 58%),个人月收入和家庭月收入较低(个人月收入在 3 000 元以下的占 51%),职业以商业服务人员和私营个体人员为主,没有专业职称的比例高,岗位以销售人员为主,工作年限以 3 年以下为主。单位用地容积率在 1.0以上,单位人口密度高,单位员工数在 100 人以下和 1 000—2 000 人,单位成立时间晚。单

位区位距离仙隐北路与宁镇公路交叉口在 3 000 m 以内(图 4-112)。

将以上三类就业人群的空间分布特征进行空间落位(图 4-113),可以得出片区内就业空间结构呈现扇形集聚加散点分布的形态特征(图 4-114)。

图 4-113　仙鹤片区三类就业人群
空间分布图

资料来源:本课题组根据调研统计数据绘制

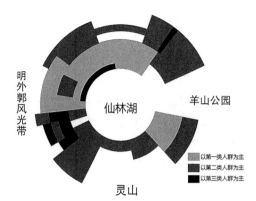

图 4-114　仙鹤片区三类就业人群空间
分布模式图

资料来源:本课题组根据调研统计数据绘制

第一类就业人群主要分布在文澜路、仙林大道和文枢东路周边。

第二类就业人群主要分布在文澜路、文苑路和仙林大道周边。

第三类就业人群主要分布在文枢东路、文范路周边及文澜路北侧。

4.3　仙林副城仙鹤片区居住就业空间失配研究

第 2.5 节对仙林副城仙鹤片区基于行政单元的就业—居住平衡指数与基于研究单元的就业岗位数与适龄就业人口数的就业—居住总量测度两方面进行测算,发现其居住—就业总量相对均衡。然而通勤高峰时其与主城间钟摆式交通拥堵,反映新城与主城间存在严重的职住失配现象。在第 4.1 节、第 4.2 节仙鹤片区居住、就业空间特征研究的基础上,第 4.3 节从居住、就业人群的通勤行为出发,进一步研究仙林副城仙鹤片区职住空间的失配关系,以期揭示目前新城与主城间职住分离的内在原因。

4.3.1　基于通勤因子的仙鹤片区居住就业失配关系解析

选取表 1-1(居住空间指标因子表)、表 1-2(就业空间指标因子表)中通勤行为的四个客观特征:通勤时长、通勤工具、通勤费用及通勤距离作为居住—就业关系解析的因子指标。

1) 通勤时长

(1) 总体态势

如图 4-115 所示,仙鹤片区职住人群通勤时长以 15 分钟以内的占比最高,达 38%;其次为 45—60 分钟,占比为 20%;30—45 分钟的占比为 19%,15—30 分钟的占比为 16%,1 小时以上的占比为 7%。通勤时长超过 30 分钟的职住人群占总数的 46%。

（2）居住人群的通勤时长构成特征

如图 4-116 所示，仙鹤片区内住区，档次越高，相应住区通勤时长 30 分钟以上人群所占比重越高。通勤时长 30 分钟以上居住人群在高档住区内占比最高，占该类住区人群的 57％；通勤时长 30 分钟以上居住人群在拆迁安置区内占比较低，为 27％。

（3）就业人群的通勤时长构成特征

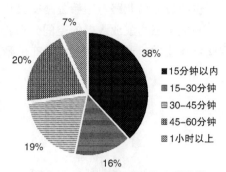

图 4-115　仙鹤片区职住人群通勤
时长构成图
资料来源：本课题组根据调研数据绘制

如图 4-117 所示，仙鹤片区通勤时长 30 分钟以上的就业人群所占比重在不同行业类别内呈现不同的结构特征。其在教育科研机构内占比最高，达 60％。其次为商业服务业，占比为 30％。在公共服务业占比最低，仅为 10％，即在该行业内职住分离现象最少。

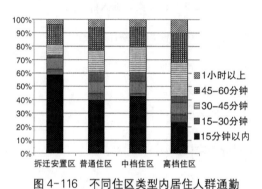

图 4-116　不同住区类型内居住人群通勤
时长构成图
资料来源：本课题组根据调研数据绘制

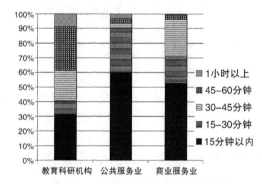

图 4-117　不同行业类别内就业人群
通勤时长构成图
资料来源：本课题组根据调研数据绘制

（4）居住、就业人群的通勤时长构成特征对比分析

如图 4-118、图 4-119 所示，比较分析仙鹤片区居住、就业人群通勤时长的构成比例，就业人群通勤时长明显大于居住人群，通勤时长 45 分钟以上的人群在就业人群中占比为 31％，而在居住人群中为 24％；通勤时长 30 分钟以上的人群在就业人群中占比为 52％，而在居住人群中为 42％。表明就业人群的职住分离程度比居住人群高。

2）通勤工具

（1）总体态势

如图 4-120 所示，仙鹤片区职住人群所选择的通勤工具中，私家车占比最高，达 32％；步行、班车、公交车和地铁的比例相差不多，分别为 14％、13％、13％、11％。公共交通建设不够完善，站点及交通路线覆盖不全，是公共交通出行比例较低的原因。因通勤距离较长，仙鹤片区较多职住人群选择私家车通勤，这是造成新城与主城间交通拥堵的重要原因。

（2）居住人群的通勤工具构成特征

如图 4-121 所示，仙鹤片区内住区档次越高，选择私家车通勤的人群所占比重越高，选择非机动车或步行通勤的人群所占比重越低。选择私家车通勤的人群在拆迁安置区占 18％，

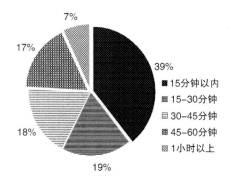

图 4-118 仙鹤片区居住人群通勤时长构成图
资料来源:本课题组根据调研数据绘制

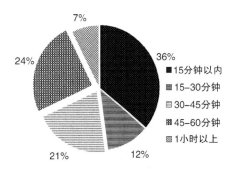

图 4-119 仙鹤片区就业人群通勤时长构成图
资料来源:本课题组根据调研数据绘制

选择非机动车及步行通勤的高达 53%。选择公交车通勤的人群在普通住区占比最高,达 34%。选择私家车通勤的人群在高档住区占比最高,达 68%,而选择非机动车及步行通勤的仅占 15%。一般来说,住区档次越高,其居住人群的学历、技能越高,其择业的范围越大,通勤距离可能越远,且其经济条件较好,所以选择私家车通勤的比例高。

(3) 就业人群的通勤工具构成特征

如图 4-122 所示,教育科研机构人群以私家车和班车为主,分别为 30% 和 24%。公共服务业人群以非机动车和私家车通勤为主,占比分别为 57% 和

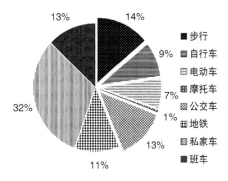

图 4-120 仙鹤片区职住人群通勤工具构成图
资料来源:本课题组根据调研数据绘制

37%,表明部分公共服务业就业人群的通勤距离较短。商业服务业人群以非机动车及步行通勤为主,累计占 42%。私家车通勤、非机动车及步行通勤都是在公共服务业中占比最高。在公共服务业、教育科研机构及商业服务业中,收入水平越高,就业人群选择私家车通勤的比例越高。教育科研机构因单位人数规模大,班车通勤比例最高;公共服务业及商业服务业没有班车通勤。

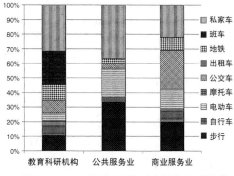

图 4-121 不同住区类型内居住人群通勤
工具构成图
资料来源:本课题组根据调研数据绘制

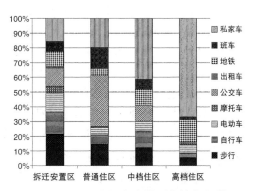

图 4-122 不同行业类别内就业人群
通勤工具构成图
资料来源:本课题组根据调研数据绘制

（4）居住、就业人群的通勤工具构成特征对比分析

如图 4-123、图 4-124 所示,比较分析仙鹤片区居住、就业人群通勤工具的构成比例,就业人群选择通勤工具的总体比例与居住人群大致相当,就业人群机动车通勤比例为 70%,居住人群为 66%,其中,就业人群私家车通勤比例为 31%,居住人群为 28%。居住人群选择非机动车及步行通勤占比为 34%,就业人群为 30%。就业人群使用班车、公交、地铁等大容量交通工具的比例与居住人群也相当,就业人群占 39%,居住人群占 38%,其中就业人群较多选择班车通勤,占 19%,居住人群较多选择公交车通勤,占 20%。

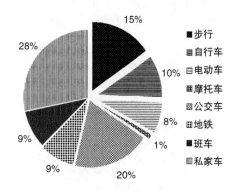

图 4-123   仙鹤片区居住人群通勤工具构成图
资料来源:本课题组根据调研数据绘制

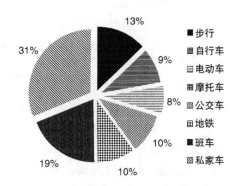

图 4-124   仙鹤片区就业人群通勤工具构成图
资料来源:本课题组根据调研数据绘制

3）通勤费用

（1）总体态势

如图 4-125 所示,仙鹤片区职住人群每月通勤费用以 100 元以下为主,占比 47%,该类人群以步行、非机动车、班车或公交车通勤为主。每月通勤费用在 300 元以上的人群主要选择私家车通勤,占总数的 28%。

（2）居住人群的通勤费用构成特征

如图 4-126 所示,仙鹤片区内住区档次越高,相应住区人群的每月通勤费用越高。每月通勤费用 300 元以上的人群在高档住区内占比最高,占该类住区人群的 63%;在拆迁安置区和普通住区较低,均只占 12%。每月通勤费用 100 元以下的人群在高档住区内仅占 16%,而在拆迁安置区则占 64%。

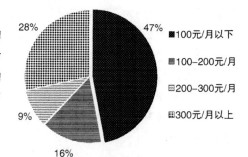

图 4-125   仙鹤片区职住人群通勤
费用构成图
资料来源:本课题组根据调研数据绘制

（3）就业人群的通勤费用构成特征

如图 4-127 所示,仙鹤片区不同行业类别的就业人群通勤费用构成差异不大,通勤费用大多较低。公共服务业和商业服务人员居住在栖霞区的比例较高,而教育科研机构提供班车。每月通勤费用 100 元以下的占比较高,约 60%;每月通勤费用 300 元以上的占比较低,约 20%。

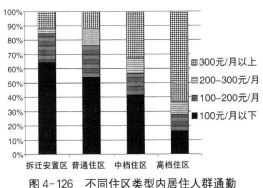

图 4-126 不同住区类型内居住人群通勤
费用构成图
资料来源:本课题组根据调研数据绘制

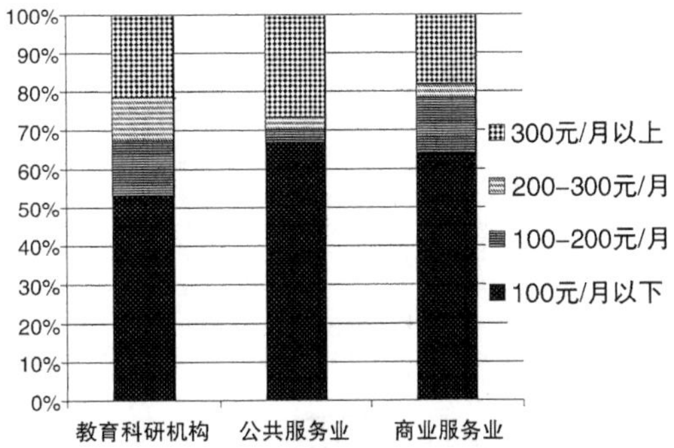

图 4-127 不同行业类别内就业人群
通勤费用构成图
资料来源:本课题组根据调研数据绘制

（4）居住、就业人群的通勤费用构成特征对比分析

如图 4-128、图 4-129 所示,比较分析仙鹤片区居住、就业人群通勤费用的构成比例,居住人群的通勤费用明显高于就业人群,居住人群每月通勤费用在 300 元以上的占 33%,而就业人群只占 21%。每月通勤费用在 100 元以下的,居住人群占 41%,就业人群则高达 55%。主要原因是就业人群选择班车通勤的比例较高,且高校教师上班时间相对自由,每月通勤次数相对较少,通勤费用也就相应较低。

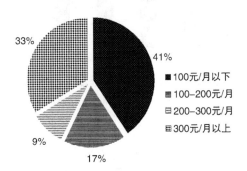

图 4-128 仙鹤片区居住人群通勤
费用构成图
资料来源:本课题组根据调研数据绘制

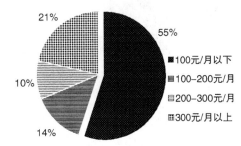

图 4-129 仙鹤片区就业人群
通勤费用构成图
资料来源:本课题组根据调研数据绘制

4）通勤距离

将调研人群居住地和就业地两者所在的行政分区的几何中心的直线距离作为通勤距离进行统计,按每 5 km 一档将仙鹤片区调研人群居住地和就业地几何中心间的直线距离分为五档(表 4-9)。

（1）总体态势

根据仙鹤片区调研人群的居住地和就业地的空间分布情况,将职住人群的通勤目的地划分为栖霞区、主城区、南京其他区(指浦口区、六合区、江宁区)三类。

如图 4-130 所示,栖霞区和主城区是仙鹤片区职住人群的两个主要通勤目的地,分别占总数的 53% 和 43%,南京其他区仅占 4%。大量通勤的目的地位于主城区,是造成目前仙林副城与主城间交通不畅、玄武大道通勤高峰拥堵的重要原因。

表4-9   仙鹤片区调研人群通勤空间直线距离划分

居住地与就业地的直线距离	所属行政区划①	分档
直线距离≤5 km	栖霞区	1
5 km＜直线距离≤10 km	玄武区	2
10 km＜直线距离≤15 km	下关区、白下区	3
15 km＜直线距离≤20 km	鼓楼区、江宁区、雨花台区、秦淮区	4
直线距离≥20 km	建邺区、浦口区、六合区	5

资料来源：根据南京市行政区划图划分整理

按居住就业分离的行政区划测度法，以是否居住且就业在新城区作为测度新城区居住就业分离的标准，则职住分离度为居住和就业不同在新城区的人数与居住或就业在新城区的总人数的比值，据此测算，仙鹤片区总体居住就业分离度为0.47。

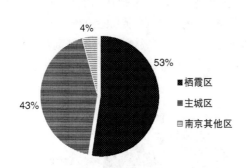

图4-130   仙鹤片区职住人群通勤目的地构成图
资料来源：本课题组根据调研数据绘制

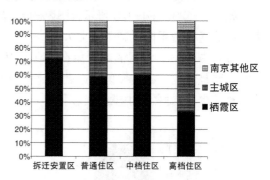

图4-131   不同住区类型内居住人群就业地分布图
资料来源：本课题组根据调研数据绘制

（2）居住人群的通勤距离构成特征

如图4-131所示，仙鹤片区内，住区档次越高，相应住区就业在主城区的居住人群所占比重越高。就业地在栖霞区的居住人群在拆迁安置区内占比最高，占该类住区人群的73%。普通住区和中档住区居住人群的就业地分布情况相似，在栖霞区的比例为60%左右，在主城区比例为35%左右。就业地在主城区的居住人群在高档住区内占比最高，占该类住区人群的60%。就业地在南京其他区的居住人群在各类住区内占比都较低，在5%左右。

按居住就业分离的行政区划测度法计算，仙鹤片区居住人群的居住就业分离度为0.46，低于片区职住人群的总体居住就业分离度（0.47），表明仙鹤片区居住人群的居住就业分离程度要小于就业人群。

从不同类型住区居住人群就业地所属行政分区的空间分布图可见（图4-132），拆迁安置区居住人群的通勤距离主要在5 km以内。普通住区居住人群的就业地在5 km以上的比例占41%，中档住区居住人群的就业地在5 km以上占40%，高档住区居住人群的就业地在

---

① 2013年2月，经国务院批准，南京行政区划调整，撤并部分行政分区，由于调研问卷发放时受访人群普遍对原行政区划印象深刻，且原行政区划较新版对主城区的划分更加细化，故此次研究仍采用原南京行政分区的名称与边界。

5 km 以上的比例占 67%,反映出高档住区人群的职住分离程度最大。

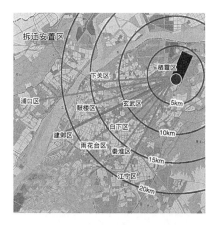
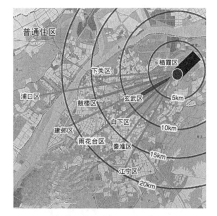

扫码看原图

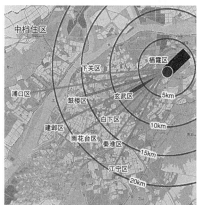
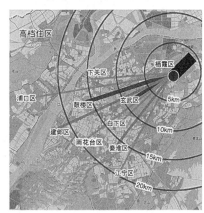

图 4-132　不同类型住区居住人群就业地所属行政分区的空间分布图
资料来源:本课题组根据调研数据绘制

(3) 就业人群的通勤距离构成特征

如图 4-133 所示,仙鹤片区就业人群的居住地在不同行业类别内呈现不同的结构特征。公共服务业和商业服务业就业人群的居住地构成状况相似,都以栖霞区为主,占 80% 左右,在主城区的比例都较低。居住在主城区及南京其他区的就业人群在教育科研机构中占比最高,占该类就业人群的 58%,在栖霞区的比例为 42%,因为有较高比例的高校是由主城区搬迁过来的。

按居住就业分离的行政区划测度法计算,仙鹤片区就业人群的居住就业分离度为 0.51,高于片区居住人群的居住就业分离度(0.46),表明仙鹤片区就业人群的居住就业分离程度相对较高。

从不同行业类别就业人群居住地所属行政分区的分布图可见(图 4-134),教育科研机

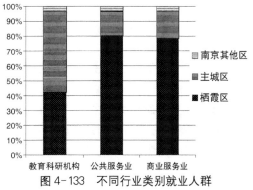

图 4-133　不同行业类别就业人群
居住地分布图
资料来源:本课题组根据调研数据绘制

构就业人群的居住地在栖霞区以外的比例最高，居住地主要在鼓楼区和玄武区，通勤距离在5 km 以上。公共服务业和商业服务业就业人群的居住地主要在栖霞区，通勤距离大多在5 km 以内。分布在其他区的比例均较少。

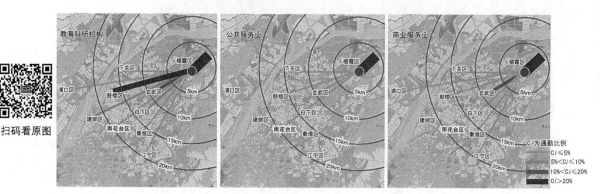

扫码看原图

图4-134　不同行业类别就业人群居住地所属行政分区分布图
资料来源：本课题组根据调研数据绘制

（4）居住、就业人群的通勤地点构成特征对比分析

如图4-135、图4-136 所示，比较分析仙鹤片区居住人群的就业地以及就业人群的居住地的构成比例。居住人群的就业地在栖霞区以外的比例为46％，就业人群的居住地在栖霞区以外的比例为51％，就业人群的居住就业分离程度大于居住人群。参考图4-132、图4-134，与仙鹤片区居住人群和就业人群之间有较多通勤联系的行政区为玄武区和鼓楼区，仙鹤片区与南京其他行政区之间的通勤联系相对较少。

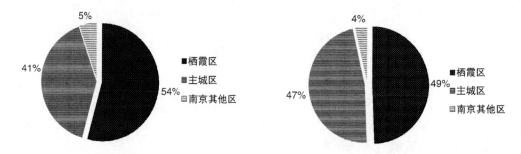

图4-135　泰山园区居住人群就业地比例构成图
资料来源：本课题组根据调研数据绘制

图4-136　泰山园区就业人群居住地比例构成图
资料来源：本课题组根据调研数据绘制

4.3.2　仙鹤片区职住人群居住就业分离度测算

第4.3.1节通勤距离中运用行政区划测度法分析了仙鹤片区调研人群居住就业分离度，这一测算方法忽略了居住或就业在该区域边缘但就业地或居住地在相邻地区的职住人群对测算结果的影响（详述参见第3.3.2节）。下面试图综合考虑通勤行为各因子，对仙鹤片区职住分离程度进行更全面的测度。

1）基于通勤时长的仙鹤片区居住就业分离度测算

通过对国内外相关研究成果的总结可知，大部分学者采用30 分钟作为界定通勤满意与否的标准,本次调研问卷的统计结果也显示,当通勤时长超过 30 分钟时,受访人群通勤满意度调查中"不满意"的比例大幅增加,同时根据《中国城市发展报告 2012》中的数据,南京平均通勤时长为 32 分钟,确定在南京新城区职住分离度测算中采用 30 分钟作为判断标准。

居住分离度

$$R_s = \frac{R_{>30}}{N_r}$$

式中:R_s 为仙鹤片区居住人群的居住分离度;$R_{>30}$ 为仙鹤片区居住人群中通勤时长大于 30 分钟的样本数;N_r 为仙鹤片区居住人群问卷调查的样本总数。

根据本次仙鹤片区居住人群调查问卷的数据,测算得出**仙鹤片区的居住分离度为** 0.42。

就业分离度

$$E_s = \frac{E_{>30}}{N_e}$$

式中:E_s 为仙鹤片区就业人群的就业分离度;$E_{>30}$ 为仙鹤片区就业人群中通勤时长大于 30 分钟的样本数;N_e 为仙鹤片区就业人群问卷调查的样本总数。

根据本次仙鹤片区就业人群调查问卷的数据,测算得出**仙鹤片区的就业分离度为** 0.52。

居住—就业分离度测算

居住就业分离度 D_s 的计算方法为:

$$D_s = \frac{R_{>30} + E_{>30}}{N_{re}}$$

式中:D_s 为仙鹤片区居住及就业人群的居住—就业分离度,$R_{>30}$、$E_{>30}$ 分别为仙鹤片区居住、就业人群中通勤时长大于 30 分钟的样本数;N_{re} 为仙鹤片区居住、就业人群问卷调查的样本总数。

根据本次仙鹤片区居住、就业人群调查问卷的数据,测算得出**仙鹤片区的居住—就业分离度为** 0.46。

2)基于通勤因子的仙鹤片区职住综合分离度的测算

由第 1.5.1 节所述可知,由于调研人群的社会经济属性不同,其对通勤工具的选择及对通勤费用的承受能力均会有所不同,采用通勤时长这个单一指标很难全面衡量新城区居住、就业人群的职住分离程度。为此,将调研人群对通勤的满意度——通勤便利程度作为变量,与通勤时长、通勤距离、通勤工具以及通勤费用做相关性分析,确定各自的权重。在对职住综合分离程度进行测算时,将四项指标因子的等级指数分别乘以各自权重,累加得到职住综合分离程度的等级,即:

职住综合分离度(S)= 通勤时长等级指数 ×(权重 1)+ 通勤工具等级指数 ×(权重 2)+ 通勤费用等级指数 ×(权重 3)+ 通勤距离等级指数 ×(权重 4)

(1)确定通勤因子等级指数

根据各个通勤因子二级变量的大小排序,确定各通勤因子的等级指数。

表4-10   仙鹤片区居住、就业人群通勤因子等级指数

特征类型	数据和指数	变量	
通勤时长	样本数据	15 分钟以内	15—30 分钟
		30—45 分钟	45—60 分钟
		1 小时以上	
	等级指数 (按时间长短)	1	2
		3	4
		5	
通勤工具	样本数据	步行、自行车	电动车、摩托车
		公交车	班车
		出租车、私家车	地铁
	等级指数 (按平均速度大小)	1	2
		3	4
		5	6
通勤费用	样本数据	100 元/月以下	100—200 元/月
		200—300 元/月	300 元/月以上
	等级指数 (按费用高低)	1	2
		3	4
通勤距离	样本数据	5 km 以内	5—10 km
		10—15 km	15—20 km
		20 km 以上	
	等级指数 (按空间距离远近)	1	2
		3	4
		5	

(2) 确定居住、就业人群各通勤因子的权重值

将通勤便利度与通勤时长、通勤工具、通勤费用、通勤距离等 4 个指标因子进行 SPSS 相关性分析,分别得到 4 个因子的相关系数,即各通勤因子的权重(表4-11)。

表4-11   居住、就业人群通勤因子与通勤便利度的相关系数表

研究对象	通勤时长	通勤工具	通勤费用	通勤距离
	权重 1	权重 2	权重 3	权重 4
居住人群	0.873	0.578	0.468	0.741
就业人群	0.801	0.553	0.312	0.677

资料来源:课题组基于通勤因子统计数据的 SPSS 相关性分析得出

（3）仙鹤片区居住、就业人群职住综合分离度测算

居住人群的职住综合分离度测算

利用 SPSS 进行变量计算，测算出仙鹤片区居住人群的职住综合分离度得分（表 4-12）。统计分档后发现，职住综合分离度得分 6.67 是仙鹤片区居住人群职住不分离的临界值。当得分小于此值时，居住人群就业地为栖霞区及部分相邻地区，通勤时长小于 30 分钟。得分在 6.67—10.62 时，居住人群通勤时长在 30—45 分钟，近半数人群认为通勤不便利，职住分离程度为低度分离。得分超过 10.62 时，居住人群认为通勤不便利或十分不便利，通勤时长超过 45 分钟，职住分离程度为高度分离。

表 4-12   仙鹤片区居住人群不同职住分离程度归档表

职住分离程度	职住综合分离度得分	通勤特征	比例
职住不分离	$S \leqslant 6.67$	就业地为栖霞区及部分相邻地区，通勤时长小于 30 分钟，以非机动车、公交车通勤为主	58.0%
低度分离	$6.67 < S \leqslant 10.62$	就业地主要为鼓楼区、玄武区，通勤时长在 30—45 分钟，以私家车、班车、公交车和地铁通勤为主	31.2%
高度分离	$S > 10.62$	就业地主要在主城其他区，通勤时间在 45 分钟以上，以私家车、班车和地铁通勤为主	10.8%

资料来源：课题组根据调研统计数据，利用 SPSS 进行变量计算后整理得出

将职住低度分离及高度分离人群所占比例相加，得到仙鹤片区居住人群职住综合分离度为 0.42。

就业人群的职住综合分离度测算

同样测算出仙鹤片区就业人群的职住综合分离度得分（表 4-13）。统计分档后发现，职住综合分离度得分 5.74 是仙鹤片区就业人群职住不分离的临界值。当得分小于此值时，就业人群居住地为栖霞区及部分相邻地区，通勤时长小于 30 分钟。得分在 5.74—8.57 时，就业人群通勤时长在 30—45 分钟，近半数人群认为通勤不便利，职住分离程度为低度分离。得分超过 8.57 时，就业人群认为通勤不便利或十分不便利，通勤时长超过 45 分钟，职住分离程度为高度分离。

表 4-13   仙鹤片区就业人群不同职住分离程度归档表

职住分离程度	职住综合分离度得分	通勤特征	比例
职住不分离	$S \leqslant 5.74$	居住地为栖霞区及部分相邻地区，通勤时长小于 30 分钟，以非机动车、公交车和单位班车通勤为主	47.4%
低度分离	$5.74 < S \leqslant 8.57$	居住地主要为鼓楼区、玄武区，通勤时长在 30—45 分钟，以私家车、班车、公交车和地铁通勤为主	34.9%
高度分离	$S > 8.57$	居住地主要在主城其他区，通勤时间在 45 分钟以上，以私家车、班车和地铁通勤为主	17.7%

资料来源：课题组根据调研统计数据，利用 SPSS 进行变量计算后整理得出

将职住低度分离及高度分离人群所占比例相加，得到仙鹤片区就业人群职住综合分离度为 0.53。

　　将上述考虑通勤各因子权重后得出的仙鹤片区职住分离的居住人群和就业人群总数除以职住人群总数得出**仙鹤片区职住人群的职住综合分离度为** 0.48。

4.3.3　仙鹤片区职住空间失配特征解析

1）基于职住分离度的仙鹤片区居住人群职住失配特征解析

（1）基于职住分离度的仙鹤片区居住人群职住失配特征单因子分析

　　将第 4.1.2 节遴选的居住空间特征研究的 19 个单因子与第 4.3.2 节得出的仙鹤片区居住人群职住综合分离度得分做 Spearman 相关性检验，得到居住空间特征指标因子与职住综合分离度相关系数表（表 4-14）。

表 4-14　居住空间特征指标因子与职住综合分离度相关系数表

研究对象	特征类型	一级变量		Spearman 相关性检验	相关性分析
居住人群	社会属性	1	年龄结构	.042	无明显相关
		2	学历水平	.197**	正相关
		3	家庭类型	.178**	正相关
	经济属性	4	个人月收入	.352**	正相关
		5	家庭月收入	.292**	正相关
		6	现有住房来源	−.222**	负相关
		7	住房均价	.276**	正相关
居住空间	居住特征	8	住区区位	.105	无明显相关
		9	入住时间	−.009	无明显相关
		10	住房面积	.351**	正相关
	密度特征	11	住区容积率	−.258**	负相关
		12	住区入住率	−.235**	负相关
		13	住区人口密度	−.287**	负相关
	住区类型	14	住区类型	.279**	正相关
		15	住区建设年代	.100	无明显相关
	配套设施	16	教育设施择位	.123*	正弱相关
		17	购物设施择位	.161**	正相关
		18	医疗设施择位	.248**	正相关
		19	文娱设施择位	.242**	正相关

＊＊．在置信度（双侧）为 0.01 时，二者显著相关。
＊．在置信度（双侧）为 0.05 时，二者相关。

　　资料来源：课题组根据调研问卷数据，对其进行相关性分析得出

　　将仙鹤片区居住空间特征的 19 个单因子与居住人群职住综合分离度进行相关性分析后,选取显著相关的学历水平、家庭类型、个人月收入、家庭月收入、现有住房来源、住房均价、住房面积、住区容积率、住区入住率、住区人口密度、住区类型、购物设施择位、医疗设施择位、文娱设施择位等 14 个因子。按各因子所属特征类型,对仙鹤片区居住人群职住失配特征进行分析。

　　① 社会属性:学历水平和家庭类型与职住分离度呈正相关

　　学历水平——学历越高,职住分离比例越高

　　仙鹤片区居住人群中高中或中专技校及以下学历人群职住分离的占比仅为 15.9%,大专或本科学历人群职住分离的占比为 40%,研究生及以上学历人群职住分离的占比为 44%。高学历居住人群专业技能水平强,就业选择性大,他们趋向于选择就业机会较多的主城区工作,选择房价低、环境好的新城区居住。

　　家庭类型——核心家庭和主干家庭的职住分离比例较高

　　仙鹤片区单身居住人群职住分离的占比为 33%;夫妻家庭居住人群职住分离的占比为 31%;核心家庭居住人群职住分离的占比为 44%;主干家庭居住人群职住分离的占比为 54%。核心家庭和主干家庭因配偶就业地和子女教育因素限制,职住分离程度较高。

　　② 经济属性:个人月收入、家庭月收入、住房均价与职住分离度呈正相关,现有住房来源与职住分离度呈负相关

　　个人月收入——个人月收入越高,职住分离比例越高

　　中低收入群体(个人收入 3 000 元/月以下)中职住分离的占比为 15%,中等收入群体(个人收入 3 000—5 000 元/月)中职住分离的占比为 36%,中高收入群体(个人收入 5 000—10 000 元/月)中职住分离的占比为 47%,高收入群体(个人收入 10 000 元/月以上)中职住分离的占比为 73%。

　　家庭月收入——家庭月收入越高,职住分离比例越高

　　中低收入家庭(家庭收入 6 000 元/月以下)中职住分离的占比为 31%,中等收入家庭(家庭收入 6 000—10 000 元/月)中职住分离的占比为 35%,中高收入家庭(家庭收入在 10 000—20 000 元/月)中职住分离的占比为 37%,高收入家庭(家庭收入 20 000 元/月以上)中职住分离的占比为 74%。

　　住房均价——住区平均房价越高,职住分离比例越高

　　仙鹤片区住房均价在 16 000 元/m² 以下的住区居住人群职住分离的占比为 24%,均价在 16 000—18 000 元/m² 的住区人群职住分离的占比为 31%,均价在 18 000—20 000 元/m² 的住区人群职住分离的占比为 39%,均价在 20 000 元/m² 以上的住区人群职住分离的占比为 63%。

　　现有住房来源——自购房的居住人群职住分离比例较高

　　仙鹤片区居住人群中自购房居住人群职住分离的占比为 44%;租赁房居住人群职住分离的占比为 25%,拆迁安置房居住人群职住分离的占比为 25%。

　　以上四个单因子都直接反映经济收入的高低,高收入人群为追求更优越的居住环境和住房条件选择在新城区居住,但新城区没有对应其经济收入的岗位,因此他们选择主城区的工作。

③ 居住特征:住房面积与职住分离度呈正相关

住房面积——住房面积较大的人群,职住分离比例较高

居住人群中住房面积小于 50 m² 的人群职住分离的比例最低,为 20%;住房面积在 50—100 m² 的人群职住分离的比例为 28%;住房面积在 100—150 m² 以上的人群职住分离的比例为 43%;住房面积在 150 m² 以上的人群职住分离的比例最高,为 65%。

相比主城区,新城区的房价优势使得相同价格在新城区能获得更大的住房面积,且居住环境良好,因此吸引了在主城区工作的就业人群到新城区居住。

④ 密度特征:住区容积率、住区入住率、住区人口密度与职住分离度呈负相关

住区容积率——住区容积率越低,职住分离比例越高

仙鹤片区住区容积率在 0.7 以下的住区居住人群职住分离的占比为 66%,容积率在 0.7—1.0 的住区居住人群职住分离的占比为 55%,容积率在 1.0—1.4 的住区居住人群职住分离的占比为 36%,容积率在 1.4—1.7 的住区居住人群职住分离的占比为 37%,容积率在 1.7 以上的住区居住人群职住分离的占比为 34%。

住区入住率——住区入住率越低,职住分离比例越高

仙鹤片区住区入住率在 85% 以上的住区居住人群职住分离的占比为 27%,入住率在 70%—85% 的住区居住人群职住分离的占比为 43%,入住率在 70% 以下的住区居住人群职住分离的占比为 59%。

住区人口密度——住区人口密度越低,职住分离比例越高

仙鹤片区住区人口密度在 120 人/hm² 以下的住区居住人群职住分离的占比为 69%,人口密度在 120—250 人/hm² 的住区居住人群职住分离的占比为 43%,人口密度在 250—500 人/hm² 的住区居住人群职住分离的占比为 36%,人口密度在 500 人/hm² 以上的住区居住人群职住分离的占比为 32%。

容积率低、入住率低且人口密度低的住区多为有花园洋房、联排别墅、独栋别墅等高档住区,在此住区居住的人群多为高收入人群,他们追求新城区更优越的居住环境和住房条件,而就业地在主城区,导致职住分离程度较高。

⑤ 住区类型:住区类型与职住分离度呈正相关

住区类型——住区档次越高,职住分离人群比例越高

统计不同住区类型内居住人群的职住分离度显示,拆迁安置区居住人群中职住分离的比例仅为 28%,普通住区职住分离人群的比例为 36%,中档住区职住分离人群的比例均为 41%,高档住区职住分离人群的比例为 63%。

住区档次越高,其居住人群的经济收入水平越高,他们选择环境优越的新城区居住,又选择比新城区收入更高的主城区就业,导致职住分离程度较高。

⑥ 配套设施:购物、医疗、文娱设施择位与职住分离度呈正相关

对购物、医疗、文娱设施区位的居住人群的职住分离度进行统计后发现,选择在主城区进行相应活动的居住人群大多为高学历、高收入、居住在中档或高档住区的居民,该类居住人群较大部分就业地为主城区,职住分离的人群比例较大。

居住在中档或高档住区的高收入人群,其对购物、医疗、文娱设施水平的要求较高,新城区低水平、不完善的配套设施不能满足他们的要求,导致他们较多地选择主城区进行相应活动。

（2）基于职住分离度的仙鹤片区居住人群职住失配特征主因子分析

将第4.1.4节通过因子降维分析得出的居住空间特征研究的5个主因子与居住人群的职住综合分离度做相关性分析，得到各主因子得分（表4-15）。

表4-15 仙鹤片区居住空间特征主因子与职住综合分离度相关系数表

指标因子	主因子1	主因子2	主因子3	主因子4	主因子5
	住区特征	阶层特征	住区密度	家庭结构	设施配套
Spearman相关检验	.034	.300**	−.221**	.058	.155*
相关性分析	无明显相关	正相关	负相关	无明显相关	正弱相关

提取方法：主成分。
旋转法：具有Kaiser标准化的正交旋转法。

资料来源：课题组根据调研问卷数据，对其进行相关性分析得出

由表4-15可知，与职住综合分离度具有显著相关性的主因子为阶层特征、住区密度和设施配套主因子。下面分别从这三个主因子出发，对仙鹤片区居住人群职住失配特征进行分析。

阶层特征——阶层特征主因子与职住分离程度呈正相关，主要反映了个人月收入、学历水平、现有住房来源、家庭月收入、医疗设施择位等5个单因子。

这一主因子得分越高，居住人群的职住分离程度越高，特征为个人月收入和家庭月收入高，学历水平高，现有住房来源以自购为主，医疗设施择位选择在主城区的比例高。

住区密度——住区密度主因子与职住分离程度呈负相关，主要反映了住区容积率、住区人口密度、住区入住率3个单因子。

这一主因子得分越低，居住人群的职住分离程度越高，特征为住区容积率低、住区人口密度低、住区入住率低。

（3）基于职住分离度的仙鹤片区居住人群职住失配特征聚类分析

第4.1.5节通过对仙鹤片区居住人群进行聚类分析得出了四类人群。第一类居住人群拥有较差的住房条件，第二类居住人群拥有普通住房条件，第三类居住人群拥有高档住房条件，第四类居住人群拥有中档居住条件。对这四类人群的职住综合分离度进行统计发现，第三类居住人群的职住分离比例最高，占65%；第二类居住人群的职住分离比例占40%；第四类居住人群的职住分离比例占36%；第一类居住人群的职住分离的比例最低，占25%（图4-137）。

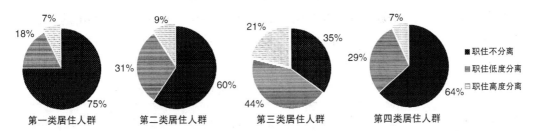

图4-137 仙鹤片区居住人群职住分离比例构成图
资料来源：本课题组根据调研统计数据绘制

　　如图 4-138 所示,将聚类分析的四类人群中职住分离的居住人群的就业地进行统计,并分别按所属行政分区进行空间落位,发现不同类群的职住分离人群就业地分布差异较大,第一类人群的就业地主要在仙林新城区,在主城区的比例少。第二类至第四类人群中职住分离人群的就业地主要在主城区,并且集中分布在鼓楼区、玄武区和白下区。

扫码看原图

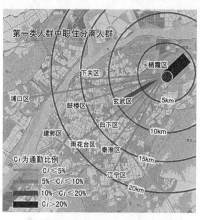
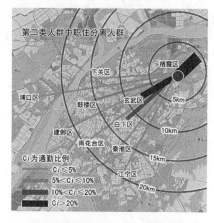
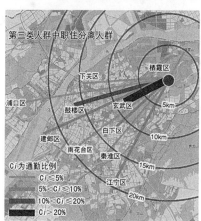
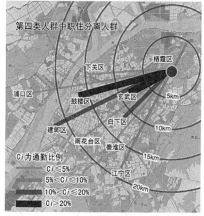

图 4-138　职住分离的居住人群就业地所属行政分区空间分布图
资料来源:本课题组根据调研统计数据绘制

2) 基于职住分离度的仙鹤片区就业人群职住失配特征解析

（1）基于职住分离度的仙鹤片区就业人群职住失配特征单因子分析

　　将第 4.2.2 节遴选的就业空间特征研究的 15 个单因子与第 4.3.2 节得出的仙鹤片区就业人群职住综合分离度得分做 Spearman 相关性检验,得到就业空间特征指标因子与职住综合分离度相关系数表(表 4-16)。

表 4-16　仙鹤片区就业空间特征指标因子与职住综合分离度相关系数表

研究对象	特征类型	一级变量		Spearman 相关性检验	相关性分析
就业人群	社会属性	1	年龄结构	.150**	正相关
		2	学历水平	.237**	正相关

研究对象	特征类型	一级变量		Spearman 相关性检验	相关性分析
就业人群	经济属性	3	个人月收入	.203**	正相关
		4	家庭月收入	.258**	正相关
		5	职业类型	.312**	正相关
		6	就业岗位	-.165**	负相关
		7	专业职称	.297**	正相关
		8	工作年限	.272**	正相关
就业空间	区位特征	9	单位区位	.292**	正相关
	密度特征	10	单位用地容积率	-.280**	负相关
		11	单位员工数	.216**	正相关
		12	单位人口密度	-.285**	负相关
	单位类型	13	单位性质	.232**	正相关
		14	行业类别	.283**	正相关
		15	单位成立时间	.119*	正弱相关

资料来源：课题组根据调研问卷数据，对其进行相关性分析得出

将仙鹤片区就业空间特征的 15 个单因子与就业人群职住综合分离度进行相关性分析后，选取显著相关的 14 个单因子，按各因子所属特征类型，对仙鹤片区就业人群职住失配特征进行分析。

① 社会属性：年龄结构和学历水平与职住分离度呈正相关

年龄结构——年龄越大，职住分离比例越高

仙鹤片区就业人群中 25 岁以下人群职住分离的占比仅为 2%，25—35 岁人群职住分离的占比为 52%；35—45 岁人群职住分离的占比为 55%；45—55 岁人群职住分离的占比高达 60%。

学历水平——学历越高，职住分离比例越高

仙鹤片区就业人群中高中及以下学历人群职住分离的占比仅为 2%；大专或本科学历人群职住分离的占比为 47%；硕士学历人群职住分离的占比为 56%；博士学历人群职住分离的占比高达 61%。

年龄越大，学历水平越高，整体收入就较高，对房价的承受能力较强，要求较好的公共设施配套，因而更多地选择公共服务配套较好的主城区居住。

② 经济属性：个人月收入、家庭月收入、职业类型、专业职称和工作年限与职住分离度呈正相关，就业岗位与职住分离度呈负相关

工资收入——个人月收入或家庭月收入越高，职住分离比例越高

仙鹤片区就业人群低收入群体（家庭月收入 2 640—6 000 元）中职住分离的占比为 23%，中等收入群体（家庭月收入 6 000—10 000 元）中职住分离的占比为 51%，中高收入群体（家庭月收入 10 000—20 000 元）中职住分离的占比为 61%，高收入群体（家庭月收入

20 000 元以上）中职住分离的占比为 63%。

职业类型——教师科研人员的职住分离程度较高

仙鹤片区商业服务人员中职住分离的占比为 27%；机关社会团体人员中职住分离的占比为 25%；教师科研人员中职住分离的占比为 60%。

就业岗位——专业技术人员职住分离比例较高

仙鹤片区就业人群中专业技术人员职住分离的占比为 61%；销售人员职住分离的占比为 25%；办公室行政人员职住分离的占比为 24%。

专业职称——职称越高，职住分离比例越高

仙鹤片区就业人群中正高职称人群的职住分离占比为 68%；副高职称人群的职住分离占比为 67%；中级职称人群的职住分离占比为 54%；没有职称就业人群的职住分离占比为 13%。

工作年限——工作年限越长，职住分离比例越高。

仙鹤片区就业人群中工作年限 3 年以下人群职住分离的占比为 23%；工作年限 3—5 年人群职住分离的占比为 53%；工作年限 5—10 年人群职住分离的占比为 57%；工作年限 10 年以上人群职住分离的占比为 65%。

很多高收入、高职称、工作年限长的教师及科研人员随高校从主城被动搬迁到新城区工作，但仍然选择居住在公共设施完善的主城区。

③ 区位特征：单位区位与职住分离度呈正相关

单位区位——单位区位越偏远，职住分离比例较高

仙鹤片区就业人群中单位区位在 2 000 m 以内的人群职住分离的占比为 38%；2 000—3 000 m 的人群职住分离的占比为 35%；3 000—4 000 m 的人群职住分离的占比为 62%；4 000—5 000 m 的人群职住分离的占比为 66%。

仙林新城区面积大，单位区位距离仙隐北路和宁镇公路交叉口越远，需要的通勤时间越久，分离程度越高。

④ 密度特征：单位员工数与职住分离度呈正相关，单位用地容积率和单位人口密度与职住分离度呈负相关

通过对不同单位用地容积率的统计发现，容积率在 1.0 以下的单位中职住分离人群占 59%；容积率在 1.0—2.0 的单位中职住分离人群占 26%；容积率在 2.0 以上的单位中职住分离人群占 26%。

对不同单位员工数的统计发现，单位员工数在 100 人以下的职住分离人群占 17%；单位员工数在 100—500 人的职住分离人群占 20%；单位员工数在 500—1 000 人的职住分离人群占 52%；单位员工数在 1 000—2 000 人的职住分离人群占 70%。

对不同单位人口密度进行统计，单位人口密度在 50 人 /hm² 以下的职住分离人群占 59%；单位人口密度在 50—100 人 /hm² 的职住人群占 19%；单位人口密度在 100—200 人 /hm² 的职住分离人群占 30%；单位人口密度在 200—400 人 /hm² 的职住分离人群占 28%。

仙鹤片区中单位用地容积率低、单位员工数多、单位人口密度低，其就业人群职住分离程度较高。

⑤ 单位类型：单位性质和行业类别与职住分离度呈正相关

对不同单位性质进行统计，国有企业单位中职住分离人群的比例占 57%；外商和港澳台

商企业中职住分离人群的比例占 36%;个体企业中职住分离人群的比例占 10%。

对不同行业类别进行统计,教育科研机构中职住分离人群占 59%;商业服务业中职住分离人群占 29%;公共服务业中职住分离人群占 20%。

仙鹤片区中国有企业、教育科研机构的就业人群分离人群比例高。因为这些单位成立时间长,实力强,大多是主城郊迁单位,员工收入高,郊迁后员工仍选择在配套设施完善的主城区居住,导致分离程度较高。

(2) 基于职住分离度的仙鹤片区就业人群职住失配特征主因子分析

将第 4.2.4 节通过因子降维分析得出的就业空间特征研究的 4 个主因子与就业人群的职住综合分离度做相关性分析,得到各主因子得分表(表 4-17)。

表 4-17　仙鹤片区就业空间特征主因子与职住综合分离度相关系数表

指标因子	主因子 1	主因子 2	主因子 3	主因子 4
	单位情况	职位收入	职业工龄	区位特征
Spearman 相关检验	−.127**	.172**	.200**	.204**
相关性分析	负相关	正相关	正相关	正相关

提取方法:主成分。
旋转法:具有 Kaiser 标准化的正交旋转法。

资料来源:课题组根据调研问卷数据,对其进行相关性分析得出

由表 4-17 可知,与职住综合分离度具有显著相关性的主因子为单位情况、职位收入、职业工龄和区位特征。下面分别从这 4 个主因子出发,对仙鹤片区就业人群职住失配特征进行分析。

单位情况——单位情况与职住分离程度呈负相关主要反映单位人口密度、行业类别、单位用地容积率、单位性质、单位员工数和单位成立时间等 6 个单因子。

该主因子低得分水平就业人群的职住综合分离度较高,该类就业人群的主要特征为:单位人口密度低、行业类别以教育科研机构为主、单位用地容积率低、单位性质以国有企业为主、单位员工数多、单位成立时间较早。

职位收入——职位收入与职住分离程度呈正相关主要反映学历水平、专业职称、家庭月收入、个人月收入和就业岗位等 5 个单因子。

该主因子高得分水平就业人群的职住综合分离度较高,该类就业人群的主要特征为:学历水平高、专业职称高、个人月收入高、家庭月收入高、就业岗位以专业技术人员为主。

职业工龄——职业工龄与职住分离程度呈正相关主要反映年龄结构、工作年限和职业类型 3 个单因子。

该主因子高得分水平就业人群的职住综合分离度较高,该类就业人群的主要特征为:年龄大、工作年限长、职业类型以教师科研人员为主。

区位特征——区位特征与职住分离程度呈正相关,主要反映单位区位 1 个单因子。

该主因子高得分水平就业人群的职住综合分离度较高,该类就业人群的主要特征为:所在单位区位较偏远,职住分离比例较高。

(3) 基于职住分离度的仙鹤片区就业人群职住失配特征聚类分析

第 4.2.5 节通过对仙鹤片区就业人群进行聚类分析得出了三类人群,第一类是教育科

研机构和公共服务业就业人群,第二类是教育科研机构就业人群,第三类是商业服务业就业人群。

对这三类人群的职住综合分离度进行统计发现,职住分离人群在第二类就业人群中所占比例最高,为59%;在第一类就业人群中所占比例为53%;在第三类就业人群中所占比例最低,为30%(图4-139)。

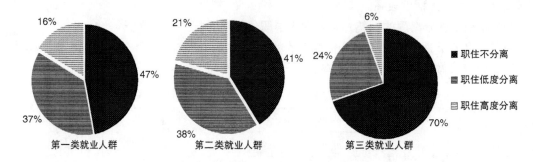

图4-139　仙鹤片区区就业人群职住分离比例构成图
资料来源:本课题组根据调研统计数据绘制

如图4-140所示,将聚类分析出的三类人群中职住分离的就业人群的居住地进行统计,并分别按所属行政分区进行空间落位,发现第一、二类就业人群的居住地主要在主城区的鼓楼区、玄武区、建邺区和白下区;第三类就业人群的居住地主要在新城区,选择主城区的比例较低。

扫码看原图

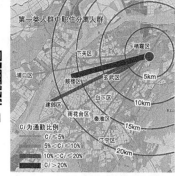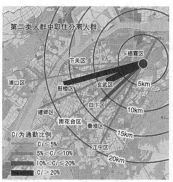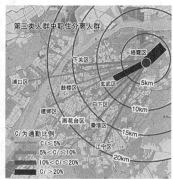

图4-140　仙鹤片区职住分离的就业人群居住地所属行政分区空间分布图
资料来源:本课题组根据调研统计数据绘制

因此,在就业空间层面上,要实现仙鹤片区职住空间的优化匹配,缓解新城区与主城之间的通勤压力,应完善新城区公共设施配套和居住环境建设,尤其是加快中小学教育水平均等化建设,提出针对就业人群的迁居扶持政策,引导第一类和第二类就业人群更多地选择在新城区居住,降低新城区的职住分离程度。

4.3.4　仙鹤片区职住空间结构失配特征总结

在第4.3.3节仙鹤片区职住空间失配影响因素解析的基础上,对第4.1.3节、第

4.2.3节中仙鹤片区居住、就业空间特征的单因子进行对比分析,总结出以下4个仙鹤片区职住空间结构失配的特征。

1) 仙鹤片区居住人群学历水平与就业空间结构失配

将仙鹤片区居住人群与就业人群的学历水平单因子进行比较分析,发现两者学历水平构成差异明显(图4-141),研究生及以上学历在就业人群的占比为47%,在居住人群的占比仅为19%,反映出仙鹤片区就业空间提供的高学历岗位占比较大,而居住人群中高学历的占比相对较少,反映高学历就业人群因仙鹤片区设施配套不完善、单位被动郊迁等历史原因并未选择在新城区居住,导致这部分人群职住分离。

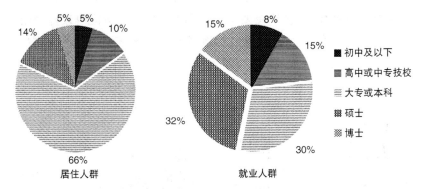

图4-141　仙鹤片区居住人群与就业人群的学历水平构成比较
资料来源:本课题组根据调研数据绘制

仙鹤片区大专或本科学历在居住人群的占比为66%,在就业人群的占比仅为30%,反映仙鹤片区就业空间提供的中等学历岗位占比较小,而居住人群中等学历的占比却很大,说明中等学历居住人群无法在仙鹤片区找到相应的岗位,造成中等学历水平居住人群与就业空间所需失配。

2) 仙鹤片区居住人群收入水平与就业空间结构失配

将仙鹤片区居住人群和就业人群的个人月收入单因子进行比较分析,发现高收入水平的居住人群占比大于就业人群(图4-142),个人月收入10 000元以上的人群比例差异更显著,居住人群为13%,就业人群仅为3%,反映出仙鹤片区无法为月收入10 000元以上的居住人群提供相应的就业岗位。

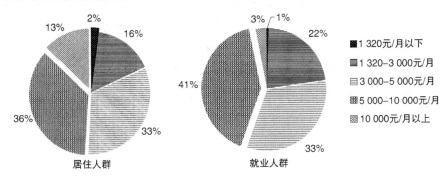

图4-142　仙鹤片区居住人群与就业人群个人月收入构成比较
资料来源:本课题组根据调研数据绘制

个人月收入 5 000—10 000 元的居住人群占比为 36%,就业人群的占比为 41%。个人月收入 1 320—5 000 元的居住人群占比为 16%,就业人群的占比为 22%。中高及中下收入就业岗位的占比大于居住人群的占比,反映仙鹤片区这部分岗位没有相应的居住人群来就业。收入水平占比的差异造成居住人群收入水平与就业空间结构失配。

3) 仙鹤片区居住人群职业岗位与就业空间结构失配

将仙鹤片区居住人群与就业人群的职业岗位单因子进行比较分析,发现居住人群的就业类型多样,构成较为均衡,企业职工、公司职员、教师科研人员、机关社会团体人员、服务业人员以及私营个体人员分别占到了总人数的 21%、21%、20%、17%、9%、8%(图 4-143)。然而仙鹤片区就业空间以高校、科研企业为主,所提供的就业岗位中教师科研人员占到了56%。居住人群和就业人群职业岗位的差异,造成仙鹤片区无法为居住人群提供合适的岗位,造成居住人群职业岗位与就业空间结构失配。

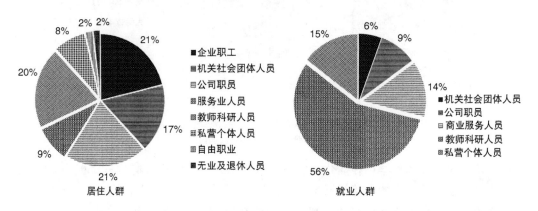

图 4-143　仙鹤片区居住人群与就业人群职业岗位构成比较
资料来源:本课题组根据调研数据绘制

因此,仙鹤片区需要增加商业服务、商务办公及金融服务等就业岗位,用以吸纳居住人群在新城区就业,降低职住分离程度。

4) 仙鹤片区就业人群择居要求与居住空间结构失配

第 4.3.3 节对仙鹤片区职住空间失配特征的解析中,仙鹤片区职住分离度较高的就业人群主要为教育科研机构和公共服务业的就业人群,这类人群的特征为:高学历、中高收入、以主干家庭和核心家庭为主、专业职称较高、居住在主城区。该类就业人群认为与主城区相比,虽然仙鹤片区居住环境相对优越,但以中高档住区为主,住房面积偏大,适合主干家庭和核心家庭的 90—120 m² 住房供给相对不足,住房总价偏高,且目前各项配套设施尚不完善,居住人群选择新城区外的教育、医疗、购物、文化娱乐设施的比重分别为 15%、64%、24%、26%,不能满足中高收入就业人群的居住需求。就业人群的择居要求与居住空间结构失配,导致无法吸引该类就业人群由主城迁居新城区。

5 综合型新城区——东山副城百家湖片区居住就业空间研究

5.1 东山副城百家湖片区居住空间特征研究

5.1.1 东山副城百家湖片区居住空间概况

1) 东山副城百家湖片区的选取

本书东山副城居住就业空间的研究区域为东山副城的现状建成区。东山副城划分为东山老城片区、百家湖片区、九龙湖片区和科学园片区四个片区（图5-1）。

东山副城四个片区中，东山老城片区基于原江宁县老县城发展起来，片区发展相对成熟，但以居住功能为主，历史因素影响较大，不具有新城区职住空间研究的典型性。九龙湖片区规划发展高等教育、先进制造业及居住功能，科学园片区以工业园为主导功能，九龙湖片区和科学园片区是未来东山副城发展的重要区域，目前仍处于开发建设阶段，居住和就业功能的建设还不是很完善，不具备居住就业空间研究的条件。百家湖片区是在江宁经济技术开发区的基础上发展起来的，是东山副城未来的中心区，是居住、产业和公共服务设施综合发展的新城区，居住和就业功能完善，发

图5-1　百家湖片区在东山副城的区位
资料来源：本课题组根据《南京市东山副城总体规划（2010—2030）》土地利用现状图绘制

展相对成熟。其从开发区逐渐向综合型新城区转型发展，具有居住就业空间研究的典型性。因此本书选择东山副城的百家湖片区作为东山副城居住就业空间的重点研究区域，对其进行问卷调研及数据分析。

2）东山副城百家湖片区概况

百家湖片区位于东山副城的中部，东起秦淮河，西至将军大道，北抵秦淮新河，南以牛首山河为界，用地面积为 17.6 km²。

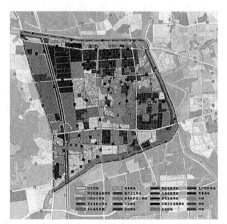

20 世纪 90 年代，百家湖地区是原江宁县城的郊区，规划定位为江宁经济技术开发区的起步区，最先发展的是百家湖片区的北部和东部，北部主要是承接南京主城区"退二进三"迁移过来的制造业，而东部则是作为江宁东山县城的产业发展区（图 5-2）。

2000 年江宁撤县设区，南京总体规划将东山定位为南京的新市区，百家湖片区成为东山新市区的中心片区，作为综合片区进行发展，由发展产业功能转向重点发展居住等综合功能，承接南京主城居住人口的疏散。由于百家湖片区北部和东部在开发区阶段建设了大量工业项目，居住用地只能在南部和西部等空余地段发展，工业和居住功能混杂现象严重（图 5-3）。

图 5-2　百家湖片区土地使用现状（2003）
资料来源：南京市东山新市区总体规划（2003—2020）、南京市东山副城总体规划（2010—2030）

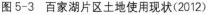

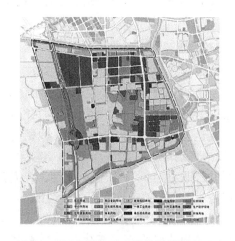

图 5-3　百家湖片区土地使用现状（2012）　　　图 5-4　百家湖片区土地使用规划（2030）
资料来源：南京市东山新市区总体规划（2003—2020）、南京市东山副城总体规划（2010—2030）

2010 年南京总体规划将东山新城由"东山新市区"提升为"东山副城"，定位为南京都市圈重要的创新基地和现代服务业基地、国际化山水乐居新城区。百家湖片区的制造业向东山副城的外围转移，片区重点发展商业、金融等第三产业，逐渐向综合型新城区转型发展（图 5-4）。

3）东山副城百家湖片区居住空间概况

现状百家湖片区居住用地主要分布在片区的中部、南部及西部。2003 年底百家湖片区现状居住用地面积为 313.6 hm²，占总建设用地的 23.45%；2013 年百家湖片区现状居住用地面积为 510.7 hm²，占总建设用地的 34.97%，居住用地年增长率为 6.69%。百家湖片区居住空间的发展与东山副城的发展阶段具有较明显的联系，呈现四个阶段的发展过程。

1992—1997 年，江宁经济技术开发区于 1992 年成立，百家湖片区作为起步区，吸引主城"退二进三"的制造业入驻。新区的建设导致大量拆迁，百家湖片区居住空间建设以拆迁安置区和企业配套的工人宿舍为主。90 年代末期，新区建设格局初现，因良好的湖景资源，房地产开发企业在百家湖周边开始建设高档别墅区。

1998—2004 年，房地产开发企业被百家湖和将军山优美的自然景观资源吸引，在其周边建设大面积的高档别墅区。百家湖片区中部胜泰路两侧则新建了部分普通住区（图 5-5）。

2005—2007 年，这一时期在双龙大道、胜泰路两侧及百家湖西侧建设了部分普通住区，百家湖片区南部沿牛首山河环境较好地段，开始建设高档住区。

2008 年至今，随着将军大道、双龙大道高架等快速通道及地铁 1 号线南延线的建成，百家湖片区与主城的交通联系更加便捷，区位优势凸显，百家湖片区北部部分用地调整为居住用地，而居住空间也以高容量的中档住区和普通住区建设为主（图 5-6）。

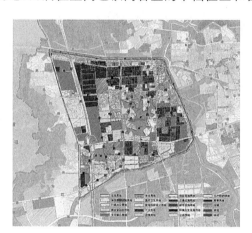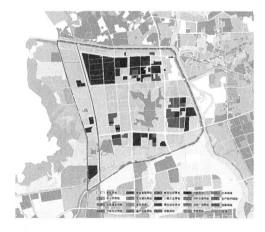

扫码看原图

图 5-5　百家湖片区 2003 年居住工业用地分布图　图 5-6　百家湖片区 2013 年居住工业用地现状图

资料来源：本课题组根据南京市东山总体规划(2003)土地使用现状图及现状调研资料绘制

百家湖片区居住空间建设呈现两极化现象，因片区中部的百家湖和西侧的将军山具有较好的自然景观资源，其周边多以建设高档住区为主；区位条件较差的地段则以建设普通住区及拆迁安置区为主。

5.1.2　东山副城百家湖片区居住空间数据采集与指标因子遴选

1）东山副城百家湖片区居住空间数据采集

本书以问卷调查数据以及居住空间相关数据作为居住空间研究的前提和基础，综合运用问卷统计法、实地观察法、访谈法等多种方法对百家湖片区居住人群进行数据采集。

扫码看原图

图 5-7　百家湖片区现状住区类型分布图
资料来源:本课题组根据调研数据绘制

百家湖片区调研住区的居住人口为 3.6 万人,居住人群的问卷发放以户为单位,剔除无效问卷,回收有效问卷 1 025 份。问卷设计涵盖调查对象及配偶,涉及的调查人数为 1 933 人(其中 117 人为单身),达到社会调查抽样率不低于 5% 的要求。

根据住区的住房均价、建筑质量、环境品质以及物业管理等特征,将百家湖片区 16 个调研住区划分为高档住区、中档住区、普通住区及拆迁安置区四种类型(表 5-1)。其中高档住区发放问卷 49 份,中档住区发放问卷 439 份,普通住区发放问卷 381 份,拆迁安置区发放问卷 156 份。问卷调查覆盖了百家湖片区所有住区类型,采取随机抽样方法,保证了数据采集的科学性。

表 5-1　百家湖片区各类型住区调研信息一览表

住区类型	住区名称	位置	用地面积/hm²	容积率	建设时间/年	有效问卷/份	备注说明
高档住区	南京世界村	百家湖北侧	3.36	0.80	2001	12	建造时间较早
	百家湖花园别墅	百家湖西侧	9.77	0.50	2000	6	百家湖周边
	苏源颐和美地	牛首山河北侧	29.90	0.46	2003	12	
	中国人家	牛首山河北侧	13.81	0.53	2003	19	
	合计		56.84	—	—	49	
中档住区	百家湖西花园	利源中路西侧	24.08	1.32	2004	126	
	百家湖东花园	利源中路东侧	5.99	1.32	2004	40	
	托乐嘉	将军大道东侧	43.61	1.80	2010	235	
	高尔夫国际花园西园	利源中路西侧	8.96	2.20	2011	38	入住率低
	合计		82.64	—	—	439	
普通住区	湖滨世纪花园	胜太路南侧	20.80	1.10	2004	118	
	金王府	双龙大道东侧	16.23	1.30	2010	172	
	仲景公寓	胜太路北侧	1.45	1.40	2002	27	
	翠屏东南	将军大道东侧	22.18	1.36	2006	24	高校教师集资房
	天琪雅居	胜太路北侧	1.41	2.50	2005	40	
	合计		62.07	—	—	381	

住区类型	住区名称	位置	用地面积/hm²	容积率	建设时间/年	有效问卷/份	备注说明
拆迁安置区	龙池新寓	双龙大道东侧	5.05	2.00	2003	69	部分为打工楼
	太平花苑	胜太路南侧	38.76	1.13	2006	82	共四期,一期为拆迁安置区,其他期为商住
	胜泰新寓	双龙大道东侧	2.71	1.47	2003	5	农民拆迁安置区
合计			46.52	—	—	156	

资料来源:本课题组根据现状小区调研和搜房网、365 房产网公布的相关小区信息汇总

2)东山副城百家湖片区居住空间特征研究的指标因子遴选

对于居住空间特征的研究,采用 SPSS 软件中的因子生态分析法,同时利用 GIS 软件将调研人群的各项属性数据与空间关联,实现研究成果的空间落位。

第 5.1 节主要从居住空间指标因子表(表 1-1)中的居住人群和居住空间两方面对百家湖片区居住空间特征进行分析研究。表 1-1 中与通勤行为的相关指标因子,作为居住、就业空间共同的因子构成,在第 5.3 节百家湖片区职住空间匹配度分析中用于对新城区居住就业空间的职住关系的量化分析。

根据百家湖片区实际情况,选取居住空间指标因子表(表 1-1)中关于居住人群和居住空间的 25 个指标因子作为本节居住空间特征研究的指标体系。为使调研对象的特征类型实现空间落位,通过 SPSS 软件将各因子与住区类型因子关联,并对调研问卷数据进行 Spearman 相关性分析(过程数据从略),剔除相关性较低的因子,遴选出最终的居住空间特征研究的指标因子体系表(表 5-2)。

表 5-2 百家湖片区居住空间特征研究最终选取的指标因子表

研究对象	特征类型		一级变量	测度方式	备注
居住人群	社会属性	1	年龄结构	定距测度	按照年龄大小划分为 5 级
		2	原户口所在地	名义测度	调研对象的原户口所在地
		3	学历水平	顺序测度	根据学历高低划分为 4 级
		4	家庭类型	名义测度	按照家庭代际关系与人数划分成 6 类
	经济属性	5	个人月收入	顺序测度	个人月收入水平,按级划分为 5 类
		6	家庭月收入	顺序测度	家庭月收入水平,按级划分为 5 类
		7	现有住房来源	名义测度	根据调研人群现有住房来源划分为 5 类
		8	住房均价	顺序测度	调研人群住房的目前销售均价
		9	职业类型	名义测度	按照人口统计标准规范,划分为 9 类

研究对象	特征类型		一级变量	测度方式	备注
居住空间	居住特征	10	入住时间	定距测度	根据居民的入住时间划分为 4 类
	密度特征	11	住区容积率	定距测度	根据住区的容积率划分为 5 类
		12	住区入住率	定距测度	根据住区的入住率划分为 3 类
		13	住区人口密度	定距测度	根据住区的人口密度划分为 4 类
	住区类型	14	住区类型	顺序测度	根据住区的不同档次划分为 4 级
		15	住区建设年代	定距测度	根据住区建造年代划分为 4 段
	配套设施	16	购物设施择位	名义测度	居民对商业设施的选择意向
		17	医疗设施择位	名义测度	居民对医疗设施的选择意向

资料来源：对居住人群和居住空间各因子进行 Spearman 相关性分析后剔除相关度低的因子得出

5.1.3　基于单因子的东山副城百家湖片区居住空间特征分析

根据表 5-2 遴选出的 17 个指标因子的调研数据，从居住人群的社会属性、经济属性以及居住空间的居住特征、密度特征、住区类型、配套设施这 6 个特征类型入手，采用 SPSS 软件的因子生态分析法，对百家湖片区居住空间特征进行分析研究。

1) 百家湖片区居住人群的社会属性解析

（1）年龄结构

总体态势： 百家湖片区居住人群中 25—35 岁居多，占到了总数的 60%（图 5-8），其他年龄段居住人群占比较少。即百家湖片区居住人群以青壮年为主，整体年龄结构呈年轻化特征。而这类人群在泰山园区占 43%（图 3-8），在仙鹤片区占 37%（图 4-8）。百家湖片区该类居住人群占比远大于其他两个新城区的原因是，较多人群是 2000 年江宁撤县设区后从主城迁居到百家湖片区的。

不同住区类型的年龄结构特征： 不同住区类型呈现不同的年龄结构特征。高档住区中45—55 岁居住人群占比最大，达 64%。中档住区和普通住区 25—35 岁人群占比最高，达60% 以上，拆迁安置区居住人群的年龄结构相对均衡（图 5-9）。

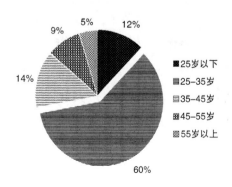

图 5-8　百家湖片区居住人群年龄构成图
资料来源：本课题组根据调研数据绘制

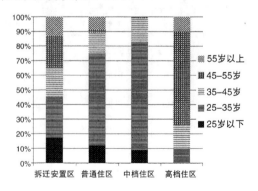

图 5-9　百家湖片区不同住区类型居住人群年龄构成图
资料来源：本课题组根据调研数据绘制

年龄结构的空间分布特征：由图 5-10 可见，25 岁以下居住人群主要分布在百家湖片区中部和东部的拆迁安置区以及利源中路两侧的普通住区。25—35 岁居住人群主要分布在百家湖片区中部利源中路周边及片区西部将军大道东侧的中档住区和普通住区。百家湖片区中部胜太路两侧拆迁安置区和普通住区中 35—45 岁居住人群占比较高。45—55 岁居住人群主要分布在片区中部和东部的拆迁安置区以及片区中部和南部沿百家湖西侧、牛首山河北侧环境较好的高档住区。

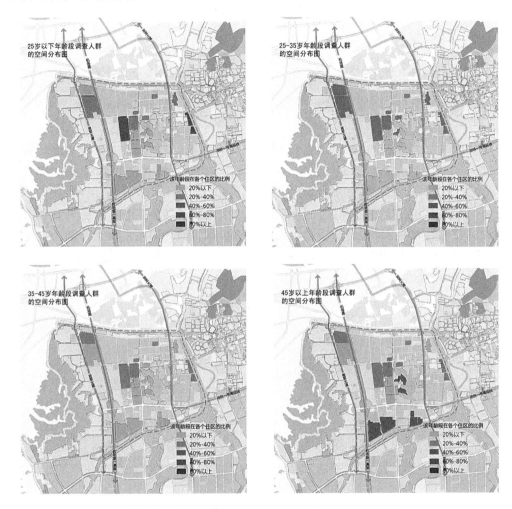

图 5-10　百家湖片区不同年龄段居住人群空间分布图
资料来源：本课题组根据调研数据绘制

（2）原户口所在地

总体态势：如图 5-11，百家湖片区居住人群原户口所在地呈现双城结构特征，居住人群原户口所在地以江宁区与南京主城区为主，各占 23％和 42％，主城区迁居新城区的人口占比较高，起到了承接主城疏散人口的作用，与仙鹤片区相似；而泰山园区南京以外地区的人口占比较高，起到对城市外来人口截流的作用（图 3-11）。

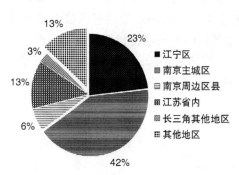

图 5-11　百家湖片区居住人群原户口所在
地构成图
资料来源:本课题组根据调研数据绘制

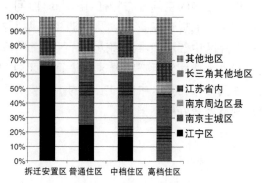

图 5-12　百家湖片区不同住区类型居住人群
原户口所在地构成图
资料来源:本课题组根据调研数据绘制

不同住区类型的原户口所在地特征:由图 5-12 可见,随住区的档次提高,居住人群中原户口所在地为江宁区的比例降低,为南京主城区的比例提高。高档住区居住人群中主城区占到 47%;拆迁安置区居住人群的原户口所在地以江宁区为主,占 66%;中档及普通住区中均以南京主城区的比例最高,江宁区次之。

原户口所在地的空间分布特征:原户口所在地为江宁的居住人群主要分布在百家湖片区中部胜太路、利源中路周边的普通住区和拆迁安置区。原户口所在地为南京主城区的居住人群主要分布在片区中部、西部区位较好、公共配套相对完善的中档及普通住区,以及片区中部、南部沿百家湖西侧、牛首山河北侧环境较好地段的高档住区(图 5-13)。

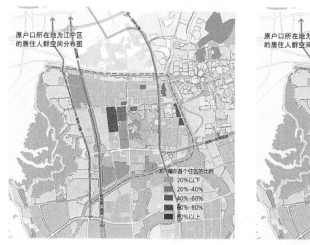

图 5-13　百家湖片区不同原户口所在地居住人群空间分布图
资料来源:本课题组根据调研数据绘制

(3) 学历水平

总体态势:由图 5-14 可见,百家湖片区居住人群学历水平整体较高。大专或本科占65%,研究生及以上占 13%。南京常住人口大专以上学历水平的人群占比为 26.12%(第六次人口普查数据),反映出百家湖片区居住人群学历水平普遍较高。研究生及以上人群占比泰山园区为 21%(图 3-14),仙鹤片区为 19%(图 4-11),百家湖片区高学历居住人群的占比低于其他两个新城区。

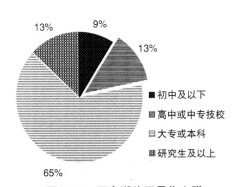

图 5-14 百家湖片区居住人群
学历水平构成图
资料来源:本课题组根据调研数据绘制

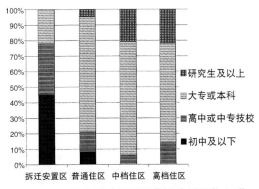

图 5-15 百家湖片区不同住区类型居住人群
学历水平构成图
资料来源:本课题组根据调研数据绘制

不同住区类型的学历水平特征:由图 5-15 可见,不同住区类型居住人群的学历构成分布规律明显。住区档次越高,大专或本科以上学历人群所占比例越高。高档住区大专或本科以上学历水平人群占 86%,中档住区占 94%,普通住区占 79%,说明百家湖片区对大学毕业生的截留作用明显。拆迁安置区仅占 22%,此类人群以江宁原住民为主,文化水平偏低。

学历水平的空间分布特征:如图 5-16,百家湖片区初中及以下学历居住人群集中在片区中部和东部的拆迁安置区。高中或中专技校学历居住人群集中在片区中部、东部的拆迁安置区和片区中部胜太路两侧的普通住区。大专或本科学历人群占比较高的住区主要位于片区中部、南部的沿百家湖西侧、牛首山河北侧的高档住区以及片区中部的中档住区、普通住区。研究生及以上学历人群占比较低,主要分布在片区中部、南部的沿百家湖西侧、牛首山河北侧的高档住区和片区中部、西部利源中路、将军大道两侧的中档住区。

(4)家庭类型

总体态势:百家湖片区居住人群的家庭类型以核心家庭为主,占比为 39%;占据第二位的是主干家庭,占比为 25%;夫妻家庭占比为 21%;单身家庭占比仅为 9%(图 5-17)。

不同住区类型的家庭类型特征:高档住区夫妻家庭占比为 73%,这是因为高档住区居住人群主要为 45—55 岁年龄段,子女大多外出读书、工作或已成家,夫妻两人居住比例较高。中档和普通住区中主干家庭和核心家庭占比较高,核心家庭占比在 33% 以上,主干家庭占比在 25% 以上。拆迁安置区中核心家庭的占比最高,为 55%(图 5-18)。

家庭类型的空间分布特征:如图 5-19,单身家庭主要分布在片区中部利源中路西侧的拆迁安置区和片区西部将军大道东侧的中档住区中,拆迁安置区房租低廉,交通便捷,服务设施较完善,工作租房人群较多;将军大道的中档住区靠近大学校园,学生租房人群较多。夫妻家庭主要分布在片区中部、南部沿百家湖西侧、牛首山河北侧的高档住区,该类人群主要为中年,子女大多外出读书或已成家。核心家庭主要分布在片区中部利源中路两侧的中档住区和片区西部将军大道东侧的中档住区,这些住区交通便利,生活服务设施、教育设施配套齐全。主干家庭主要分布在片区中部利源中路两侧以及片区西部将军大道东侧的中档和普通住区,该类人群经济条件有限,子女结婚后无条件分户居住。

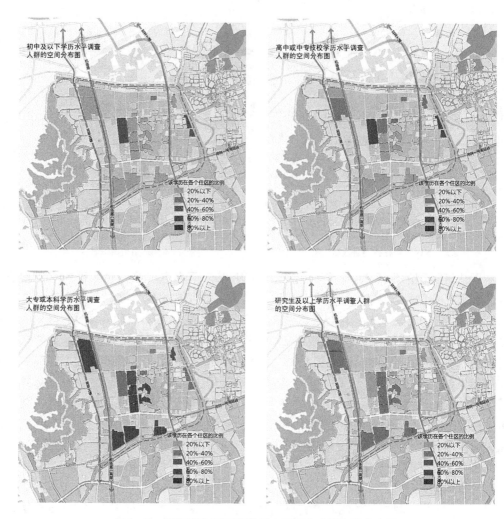

图 5-16　百家湖片区不同学历水平居住人群空间分布图
资料来源：本课题组根据调研数据绘制

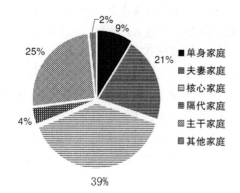

图 5-17　百家湖片区居住人群家庭
类型构成图
资料来源：本课题组根据调研数据绘制

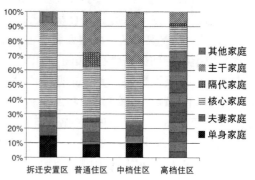

图 5-18　百家湖片区不同住区类型家庭
类型构成图
资料来源：本课题组根据调研数据绘制

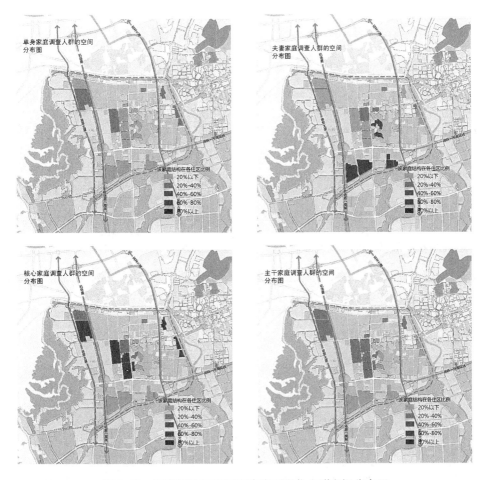

图 5-19　百家湖片区不同家庭类型居住人群空间分布图
资料来源：本课题组根据调研数据绘制

2) 百家湖片区居住人群的经济属性解析

(1) 家庭月收入

对居住人群家庭月收入的调研包含个人月收入和配偶月工资收入两个指标，本书用家庭月收入来综合反映夫妻双方月工资收入特征。

总体态势：由图 5-20 可见，百家湖片区居住人群家庭月收入主要在 2 640—20 000 元。家庭月收入在 10 000 元以上的中高家庭月收入占比为 42％，而低于 2 640 元的低家庭月收入占比为 7％。而产业型新城区江北泰山园区 2 640 元/月以下的占比为 8％，10 000 元/月以上的占比为 32％（图 3-17），科教型新城区仙林仙鹤片区 2 640 元/月以下占比为 1％，10 000 元/月以上的占比为 52％（图 4-17），可见南京三个新城区中，百家湖片区居住人群家庭月收入处于中游。

不同住区类型的家庭月收入特征：百家湖片区不同住区类型家庭月收入比例构的成分布规律明显（图 5-21）。住区档次越高，10 000 元以上的中高家庭月收入在住区所占比例越高，不同月收入水平家庭呈明显的分住区档次分布的特征。家庭月收入 10 000 元以上的普通住区占比为 34％，中档住区占比为 53％，高档住区占比为 95％。拆迁安置区居住人群家庭月收入较低，低于 6 000 元/月的占 80％以上；普通住区中的占比为 24％，中档住区中的占比为 15％。

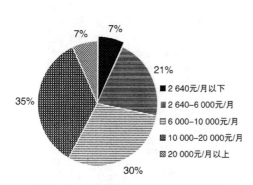

图 5-20   百家湖片区居住人群家庭月
收入构成图

资料来源:本课题组根据调研数据绘制

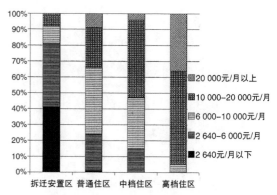

图 5-21   百家湖片区不同类型住区家庭
月收入构成图

资料来源:本课题组根据调研数据绘制

家庭月收入的空间分布特征:如图 5-22 所示,百家湖片区家庭月收入在 6 000 元以下的低收入家庭主要分布在片区中部、东部的拆迁安置区和利源中路周边的普通住区。家庭月

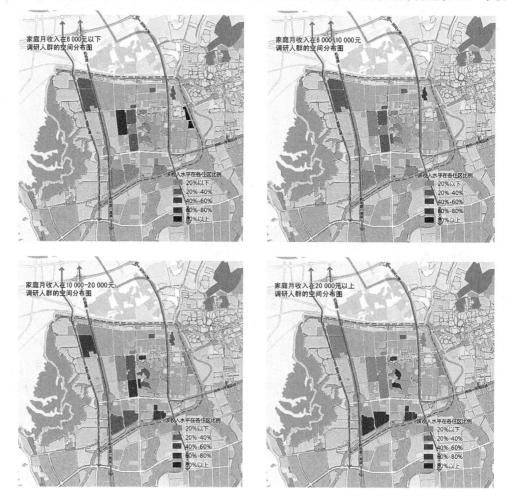

图 5-22   百家湖片区不同家庭月收入居住人群空间分布图

资料来源:本课题组根据调研数据绘制

收入在 6 000—10 000 元的中等收入家庭分布在片区西部将军大道东侧和片区中部利源中路周边的普通住区与中档住区。家庭月收入在 10 000—20 000 元的中高收入家庭主要分布在将军大道东侧、利源中路周边的中档住区及片区南部的部分高档住区。家庭月收入在 20 000 元以上的高收入家庭空间集聚特征明显,集中分布在片区环境良好的片区南部和百家湖周边的高档住区。

(2) 现有住房来源

总体态势:如图 5-23,百家湖片区居住人群的住房来源构成中自购房的比例最大,达到了 74%;租赁比例占 14%;其他住房来源(主要是拆迁安置区中的政府集中住房安置)占 9%;继承和单位福利分房所占比例都较小,仅为总数的 2% 和 1%。南京三个新城区自购房比例都较大,泰山园区为 65%(图 3-23),仙鹤片区为 58%(图 4-20),反映出南京新城区住房供应以房地产开发的商品房为主。

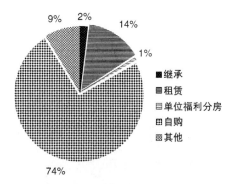

图 5-23 百家湖片区居住人群
住房来源构成图
资料来源:本课题组根据调研数据绘制

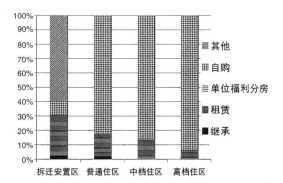

图 5-24 百家湖片区不同住区类型居住
人群住房来源构成比例图
资料来源:本课题组根据调研数据绘制

不同住区类型的现有住房来源特征:由图 5-24 可见,百家湖片区不同类型住区居住人群现有住房来源具有下列三方面特征:

① 在普通住区、中档住区及高档住区中自购房居住人群比重相当高,所占比重均超过了 82%。而拆迁安置区自购房居住人群比重很低,仅占 10%。

② 随着住区档次提高,租赁房所占比例逐渐降低。在拆迁安置区中租赁房占比为 29%,而在高档住区中租赁房占比仅为 6%。

③ 拆迁安置区现有住房来源主要为其他住房来源,即拆迁后政府集中住房安置,该类住房来源占该类住区的 60%。

现有住房来源的空间分布特征:由图 5-25 可见,租房人群主要集中在片区中部和东部的拆迁安置区和胜太路两侧的普通住区,周边商业服务设施相对完善。住房来源为自购房的居住人群空间分布相对均衡,主要集中在片区中部、南部和西部的普通住区、中档住区及高档住区,而在拆迁安置区占比较低。

(3) 住房均价

住房价格是影响居住人群择居的首要因子,根据 2014 年百家湖片区各个住区的住房均价,划分为五档,进而得出百家湖片区住房价格空间分布图(如图 5-26)。从拆迁安置区到高档住区,住房均价随着住区档次的提高而逐渐升高。从图中可以看出住房均价在 15 000 —

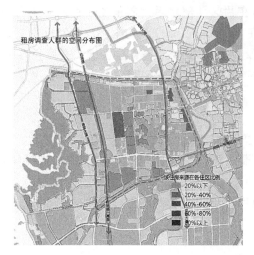
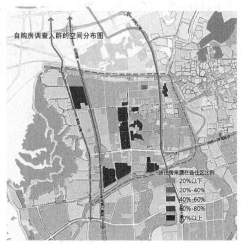

图 5-25　百家湖片区不同住房来源居住人群空间分布图
资料来源:本课题组根据调研数据绘制

24 000 元 /m² 的住区主要是高档住区,分布在片区中部和南部,位于景观资源较好的百家湖周边、牛首山河北侧地段。住房均价在 9 000—15 000 元 /m² 的住区主要为中档住区和普通住区,分布在片区中部和西部,位于胜太路、天元西路两侧和将军大道东侧,与主城区联系相对便捷,公共服务设施相对完善。住房均价在 9 000 元 /m² 以下的住区主要为拆迁安置区,分布在片区中部和东部,位于利源中路西侧以及新秦淮河西侧,建设年代早,住房质量和小区环境较差。住区类型、是否拥有较好的景观资源、与主城区的通勤便利程度和公共服务设施的分布是影响百家湖片区住区均价的主要因素。

图 5-26　百家湖片区住房价格空间分布图
资料来源:本课题组根据调研数据绘制

　　(4)职业类型

　　总体态势:如图 5-27,百家湖片区居住人群的职业类型构成比较多元,所占比例较高的有教师科研人员(主要为专业技术人员)占 27%,企业职工占 23%,私营个体人员占 18%。

　　不同住区类型的职业类型特征:高档住区居住人群职业类型以机关社会团体人员、公司职员和私营个体人员为主,分别占 18%、34% 和 36%。中档住区居住人群的主要职业类型为教师科研人员占 36%,企业职工占 24%。普通住区居住人群的职业类型为教育科研人员占 25%,企业职工占 19%。中档住区与普通住区居住人群的职业类型结构较为相似,专业技术人员与产业工人的比例相对较高。拆迁安置区居住人群的职业类型为企业职工占 39%,私营个体人员和服务业人员分别占 14% 和 11%;该类居住人群中无业及退休人员占 16%,收入水平较低。

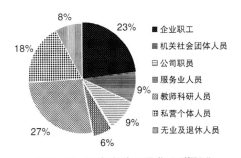

图 5-27　百家湖片区居住人群职业
类型构成图
资料来源：本课题组根据调研数据绘制

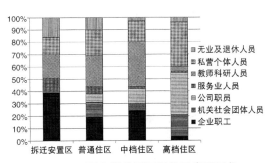

图 5-28　百家湖片区不同住区类型居住
人群职业类型构成图
资料来源：本课题组根据调研数据绘制

职业类型的空间分布特征：由图 5-29 可见，企业职工（主要为产业工人）主要分布在片区中部和西部的拆迁安置区、普通住区及部分中档住区，位于利源中路西侧和将军大道东侧，住区周边配套设施相对完善。教育科研人员（主要为专业技术人员）主要分布于片区中部和西部的中档住区和普通住区，位于胜太路商业街、天元路及将军大道东侧。私营个体人员主要分布在百家湖片区南部的高档住区，以及胜太路两侧的普通住区和拆迁安置区，周边商业服务设施相对完善。

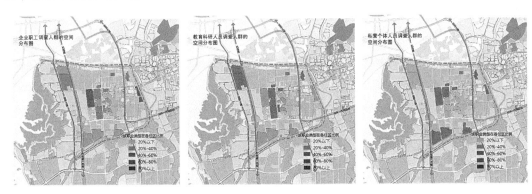

图 5-29　百家湖片区不同职业类型居住人群空间分布图
资料来源：本课题组根据调研数据绘制

3）百家湖片区居住空间的居住特征解析

（1）入住时间

总体态势：由图 5-30 可见，百家湖片区居住人群的入住时间较短。入住 5 年以下的占比为 75％，入住三年以下的占比为 49％。泰山园区入住 5 年以下的居住人群占比为 76％（图 3-29），仙鹤片区为 70％（图 4-25），反映出南京三个新城区主要以新入住居民为主，原住民较少。

不同住区类型的入住时间特征：百家湖片区不同类型住区居住人群入住时间差异较大（图 5-31）。拆迁安置区入住时间 5 年以上人群的占比为 61％，说明该人群中原住民较多。高档住区入住 5 年以上人群的占比为 64％，这是因为百家湖片区早期房地产开发以别墅类高档住区为主，部分高档住区建成时间较长，故该类人群入住时间也较长。中档住区和普通住区大多为近期开发建设，该类住区居住人群入住时间较短，入住时间 5 年以下的人群占比,中档住区为 78%,普通住区为 91%。

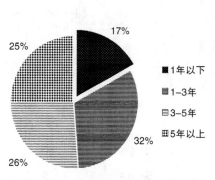

图 5-30　百家湖片区居住人群入住
时间构成图
资料来源:本课题组根据调研数据绘制

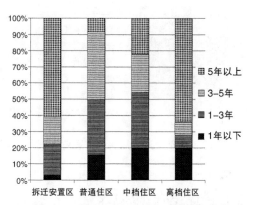

图 5-31　百家湖片区不同住区类型居住
人群入住时间构成图
资料来源:本课题组根据调研数据绘制

入住时间的空间分布特征:由图 5-32 可见,百家湖片区入住时间 3—5 年的居住人群主要分布于片区中部和西部的中档住区和普通住区,位于利源中路西侧以及将军大道东侧,周边商业服务设施相对完善。入住时间 5 年以上的居住人群主要集中在片区中部和东部的拆迁安置区以及片区南部、百家湖周边的高档住区。

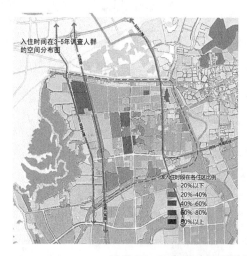

图 5-32　百家湖片区不同入住时间居住人群空间分布图
资料来源:本课题组根据调研数据绘制

4) 百家湖片区居住空间的密度特征解析

(1) 住区容积率

由图 5-33 可见,容积率在 0.7 以下的住区为高档住区,建筑类型多为别墅或花园洋房,容积率低,主要分布在片区中部和南部,位于自然环境较好的百家湖西侧、牛首山河北侧地段。

容积率 0.7—1.2 的住区主要为 2003 年之前建造的住区,主要为中档住区和普通住区,也有部分拆迁安置区,以多层住宅为主,分布在片区中部利源中路两侧。

容积率高于 1.2 的住区主要为新建住区,大多为普通住区和中档住区,以小高层和高层住宅为主,分布在片区中部、西部和东部,位于胜太路、利源中路两侧和将军大道东侧。

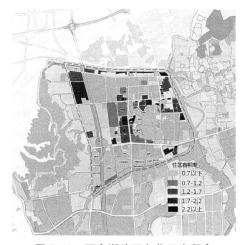 

图 5-33 百家湖片区各住区容积率
空间分布图
资料来源:本课题组根据调研数据绘制

图 5-34 百家湖片区各住区入住率
空间分布图
资料来源:本课题组根据调研数据绘制

(2)住区入住率

如图 5-34,经过对百家湖片区调研范围内已建成住区物业管理部门的实地调查,发现百家湖片区各类型住区入住率在 48%—87%,住区档次越高,住区入住率相对越低。

片区中部和东部的拆迁安置区平均入住率为 87%。片区中部利源中路两侧及片区西部将军大道东侧的普通小区平均入住率为 69%。片区中部及西部的中档住区平均入住率为 62%。片区中部及南部的高档住区平均入住率为 48%,高档住区投资性购房占比较高,是入住率较低的原因之一。

(3)住区人口密度

百家湖片区居住人口主要集中在拆迁安置区、普通住区以及中档住区,人口密度最高的是拆迁安置区,其次是中档和普通住区,人口密度最低的是高档住区。

人口密度较高的住区主要为片区中部的拆迁安置区和片区北部的普通住区,在 400 人/hm² 以上,分布在胜太路两侧道路通达性较高的交通节点以及地铁站点周边(图 5-35)。

片区中部和南部的高档住区的人口密度最低,在 140 人/hm² 以下,分布在景观良好的百家湖周边和牛首山河北侧。

百家湖片区住区人口密度呈现从主城区向新城区由南往北、从东山片区向新城区由东往西递减的规律,反映出百家湖片区居住人口集聚的规律是从主城区和东山片区向百家湖片区南部和西部逐

图 5-35 百家湖片区住区人口密度的
空间分布图
资料来源:本课题组根据调研数据绘制

渐递减,反映出人口疏散的方向。与主城距离较近、轨道交通沿线、与主城联系便捷的住区对居住人群的吸引力较强,这类地区由于居住人口的空间集聚,各项公共服务设施的配套也相对完善,设施配套的牵引力相对较强。

5）百家湖片区居住空间的住区类型特征解析

（1）住区类型

如图5-36,拆迁安置区主要分布于百家湖片区中部和东部,位于利源中路西侧以及新秦淮河西侧,以多层住宅为主,建筑密度和容积率较高,建筑质量一般,为开放式社区,物业管理水平较差。

图5-36　百家湖片区各住区类型空间分布图　图5-37　百家湖片区住区不同建造年代空间分布图
资料来源:本课题组根据现状调研数据绘制　　　　资料来源:本课题组根据现状调研数据绘制

普通住区主要分布于百家湖片区北部,位于胜太路两侧和将军大道东侧,以多层、小高层和高层住宅为主,建筑密度和容积率较高,建筑质量较好,为半开放式社区,物业管理水平一般,周边配套设施相对完善。

中档住区主要分布于百家湖片区中部和西部,位于利源中路两侧和将军大道东侧,以多层、小高层和高层住宅为主,建筑密度较低,容积率较高,建筑质量较好,多为封闭住区,物业管理严格,周边环境良好,配套设施相对完善。

高档住区主要分布于百家湖片区中部和南部,位于景观资源良好的百家湖周边和牛首山河北侧,以低层别墅为主,建筑密度和容积率较低,建筑质量好,为封闭住区,物业管理十分严格。

（2）住区建设年代

依据百家湖片区居住空间的发展阶段,将住区建设年代分为如图5-37所示的五个阶段。

百家湖周边的高档住区大多建于2002年之前,百家湖西侧的拆迁安置区、胜太路两侧的普通住区、片区南部的高档住区主要建于2003—2005年,双龙大道、胜太路、机场路周边以及天元西路北侧的中档住区及部分普通住区主要建于2006年之后。

6）百家湖片区居住空间的配套设施特征解析

（1）购物设施择位

总体态势：百家湖片区选择在新城区日常购物的居住人群占比为 56%。选择在主城区日常购物的居住人群高达 44%（图5-38）。选择在新城区日常购物的比例低于江北泰山园区的 96%（图3-41），也低于仙林仙鹤片区的 76%（图4-38），主要原因是百家湖片区与主城区的雨花台区已连成一片，而主城区的购物设施规模大、品种多、价格低，故新城区有较多居住人群选择在主城区日常购物，也抑制了新城区购物设施配置水平的提高，进而导致新城区内服务日常生活的菜场、超市、便利店等覆盖率低、品种较少、价格较高。

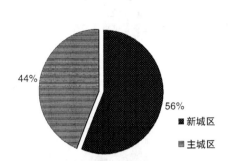

图 5-38　百家湖片区居住人群购物
设施择位构成
资料来源：本课题组根据调研数据绘制

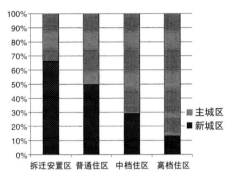

图 5-39　百家湖片区不同住区居住人群
购物设施择位构成
资料来源：本课题组根据调研数据绘制

不同住区类型的购物设施择位特征：由图5-39可见，从拆迁安置区到高档住区，随着住区档次的提高，与其经济状况相对应，选择在新城区外购物的人群占比越高。高档住区和中档住区居住人群选择在主城区购物的比例较高，高档住区在主城区购物的占比为 87%，中档住区为 71%。普通住区 50% 的人群选择在主城区购物，50% 的人群选择在新城区购物。拆迁安置区人群主要选择在新城区购物，占比为 66%。

购物设施择位的空间分布特征：由图5-40可见，百家湖片区选择主城区购物设施的居住人群主要分布在片区中部百家湖周边和片区南部牛首山河北侧的高档住区，片区中部利源中路两侧和片区西部将军大道东侧的中档住区也有部分人群分布。

（2）医疗设施择位

总体态势：百家湖片区居住人群常见病就医地选择在新城区医院的占比为 53%，选择在主城区医院的占比为 47%（图5-41）。选择在主城区医院就医的比例高于江北泰山园区的 25%（图3-44），也高于仙林仙鹤片区的 36%（图4-41），反映出百家湖片区医疗设施配置不能满足部分新城区居住人群的需求，且百家湖片区与主城区已连成一片，故居住人群选择主城区医疗设施的占比相应较高。

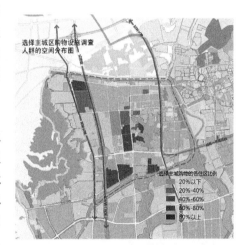

图 5-40　选择主城区购物设施的居住
人群空间分布图
资料来源：本课题组根据调研数据绘制

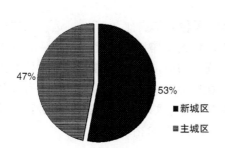

图 5-41　百家湖片区居住人群医疗
设施择位构成
资料来源:本课题组根据调研数据绘制

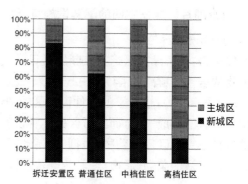

图 5-42　百家湖片区不同住区居住人群
医疗设施择位构成
资料来源:本课题组根据调研数据绘制

不同住区类型的医疗设施择位特征:由图 5-42 可见,随着住区档次的升高,选择主城区医疗设施的比例也相应增高。与其经济状况相对应,高档住区人群常见病就医地选择在主城区的比重最高,占 83%;中档住区占 58%;普通住区为 38%;拆迁安置区为 17%。

医疗设施择位的空间分布特征:由图 5-43 可见,百家湖片区常见病就医地选择在主城区的居住人群主要集中在片区中部百家湖周边和片区南部牛首山河北侧的高档住区,片区中部利源中路两侧和片区西部将军大道东侧的中档住区也有较多人群分布。这部分人群经济状况较好,对就医费用不敏感,对医疗设施水平要求较高,因此选择医疗水平更高的主城区医院就医。

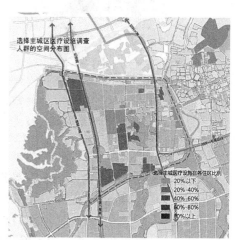

图 5-43　选择主城区医疗设施的居住
人群空间分布图
资料来源:本课题组根据调研数据绘制

5.1.4　东山副城百家湖片区居住空间特征的主因子分析

运用 SPSS 软件对百家湖片区居住空间单因子分析的 17 个输入变量进行因子降维分析,将具有相关性的多个因子变量综合为少数具有代表性的主因子,这些主因子能反映原有变量的大部分信息,从而能最大限度地概括和解释研究特征。

对 17 个输入变量进行适合度检验,测出 KMO 值(因子取样适合度)为 0.658,Bartlett's(巴特利特球形检验)的显著性 Sig. =0.000,说明变量适合做主因子分析。

如表 5-3 所示,本次因子降维分析共得到特征值大于 1 的主因子 5 个,累计对原有变量的解释率达到 64.460%。

采用最大方差法进行因子旋转,得到旋转成分矩阵。旋转后各主因子所代表的单因子如表 5-4 所示。综合分析荷载变量,将 5 个主因子依次命名为:阶层特征、住区类型、住区密度、迁居特征、设施配套。

表 5-3　百家湖片区居住空间研究的主因子特征值和方差贡献表

成分	解释的总方差								
	初始特征值			提取平方和载入			旋转平方和载入		
	合计	占方差的%	累积%	合计	占方差的%	累积%	合计	占方差的%	累积%
1	4.535	26.678	26.678	4.535	26.678	26.678	2.819	16.581	16.581
2	2.670	15.705	42.384	2.670	15.705	42.384	2.669	15.702	32.284
3	1.487	8.748	51.131	1.487	8.748	51.131	2.313	13.603	45.887
4	1.256	7.388	58.519	1.256	7.388	58.519	2.062	12.132	58.018
5	1.010	5.941	64.460	1.010	5.941	64.460	1.095	6.442	64.460
6	.924	5.436	69.896						
7	.833	4.898	74.794						
8	.792	4.657	79.451						
9	.680	3.998	83.449						
10	.667	3.924	87.374						

提取方法:主成分分析。仅列出前 10 个因子的特征值和方差贡献,其他因子略。

资料来源:采用 SPSS 主因子分析后得出的相关数据汇总

表 5-4　百家湖片区居住空间研究的主因子旋转成分矩阵表

指标因子	旋转成分矩阵				
	成分				
	主因子 1	主因子 2	主因子 3	主因子 4	主因子 5
	阶层特征	住区类型	住区密度	迁居特征	设施配套
个人月收入	.749	.272	-.144	-.139	-.082
学历水平	.706	.279	.075	-.289	.081
家庭月收入	.643	.387	-.230	.035	-.105
职业类型	-.558	-.140	-.096	-.011	.046
住房均价	.179	.801	.212	-.111	-.052
住区入住率	-.350	-.776	.243	.132	-.075
住区类型	.428	.746	-.153	-.126	.034
住区容积率	.004	.012	.812	-.026	-.036
住区人口密度	-.339	-.441	.772	.072	-.099
住区建设年代	.080	.186	.741	-.266	.086

指标因子	成份				
	主因子 1	主因子 2	主因子 3	主因子 4	主因子 5
	阶层特征	住区类型	住区密度	迁居特征	设施配套
现有住房来源	.208	−.063	−.015	.770	.124
入住时间	−.088	−.208	−.287	.691	.043
年龄结构	−.366	.203	−.375	.604	−.148
原户口所在地	.210	.056	−.089	−.534	.056
购物设施择位	.412	−.106	.015	.091	.679
医疗设施择位	−.060	−.453	−.208	−.076	.623
家庭类型	.416	−.098	.138	.320	.611

旋转成份矩阵

提取方法:主成份。

旋转法:具有 Kaiser 标准化的正交旋转法。

a. 旋转在 7 次迭代后收敛。

资料来源:采用 SPSS 主因子分析后得出的相关数据汇总

根据主因子旋转成分矩阵表(表 5-4)得到主因子与标准化形式的输入变量之间的数学表达式,进而得到不同居住人群的各主因子的最终得分。最后将主因子与居住人群的空间数据进行关联,解析各主因子不同得分水平居住人群的空间分布特征。

根据各主因子的实际得分情况,将主因子得分水平分为高得分水平(得分>0)和低得分水平(得分<0)两种类型。

1) 主因子 1:阶层特征

阶层特征主因子的方差贡献率为 16.581%,主要反映的单因子有个人月收入、学历水平、家庭月收入和职业类型。

总体特征:由图 5-44 可见,主因子 1 高得分水平人群占总数的 56%,主要特征为:个人月收入高,家庭月收入高,学历水平高,职业类型以机关社会团体人员、公司职员和私营个体人员为主。主因子 1 低得分水平人群占总数的 44%,主要特征为:个人月收入低、家庭月收入低、学历水平低、职业类型以企业职工和服务业人员为主。

不同住区类型主因子 1 的构成特征:如图 5-45,百家湖片区不同类型住区居住人群的得分水平构成特征鲜明,拆迁安置区居住人群以低得分水平为主,占该类型住区居住人群的 88%;普通住区低得分水平人群与高得分水平人群占比接近;中档住区和高档住区以高得分水平为主,中档住区高得分水平人群占 72%,高档住区高得分水平人群占 79%。

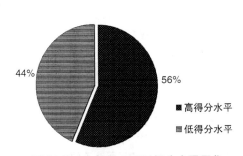

图 5-44 主因子 1 不同得分水平居住
人群比例图
资料来源:本课题组根据调研统计数据绘制

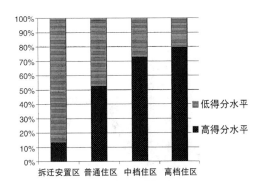

图 5-45 各类住区主因子 1 不同得分
水平居住人群构成图
资料来源:本课题组根据调研统计数据绘制

主因子 1 的空间分布特征:如图 5-46,主因子 1 高得分水平人群主要集中在片区中部百家湖周边、片区南部的高档住区以及片区中部利源中路两侧、片区西部将军大道东侧的中档住区。主因子 1 低得分水平人群主要分布在片区中部、东部的拆迁安置区以及利源中路两侧的普通住区。

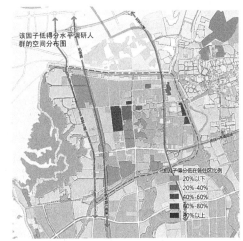

图 5-46 主因子 1 不同得分水平居住人群的空间分布特征图
资料来源:本课题组根据调研统计数据绘制

2) 主因子 2:住区类型

住区类型主因子的方差贡献率为 15.702%,主要反映的单因子有住房均价、住区入住率和住区类型。

总体特征:由图 5-47 可见,主因子 2 高得分水平人群占总数的 61%,主要特征为:住房均价高、入住率低、住区类型以中高档住区为主。主因子 2 低得分水平人群占总数的 39%,主要特征为:住房均价低、入住率高、住区类型以拆迁安置区和普通住区为主。

不同住区类型主因子 2 的构成特征:由图 5-48 可见,不同类型住区的得分水平构成特征鲜明,拆迁安置区以低得分水平人群为主,所占比例为 100%;普通住区、中档住区和高档住区以高得分水平人群为主,所占比例均大于 61%。

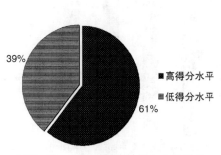

图 5-47　主因子 2 不同得分水平居住
人群比例图
资料来源:本课题组根据调研统计数据绘制

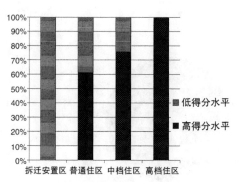

图 5-48　各类住区主因子 2 不同得分
水平居住人群构成图
资料来源:本课题组根据调研统计数据绘制

主因子 2 的空间分布特征:如图 5-49,主因子 2 高得分水平人群主要分布在环境景观较好的片区中部百家湖周边、片区南部牛首山河北侧地块的高档住区以及片区中部利源中路两侧、片区西部将军大道东侧交通区位较好的中档住区。

3) 主因子 3:住区密度

住区密度主因子的方差贡献率为 13.603%,主要反映的单因子有住区容积率、住区人口密度和住区建设年代。

总体特征:由图 5-50 可见,主因子 3 高得分水平人群占总数的 55%,主要特征为:住区容积率高、住区人口密度高、住区建设年代晚。主因子 3 低得分水平人群占总数的 45%,主要特征为:住区容积率低、住区人口密度低、住区建设年代早。

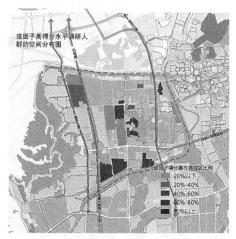

图 5-49　主因子 2 高得分水平居住
人群的空间分布特征图
资料来源:本课题组根据调研统计数据绘制

不同住区类型主因子 3 的构成特征:由图 5-51 可见,高档住区以低得分水平人群占100%,高档住区的容积率低,人口密度较低,住区建设年代较早。普通住区以高得分水平居住人群为主,高得分水平人群占 72%,普通住区的容积率高,住区人口密度高,住区建设年代晚。拆迁安置区和中档住区居住人群高得分水平与低得分水平的比例相差不大。

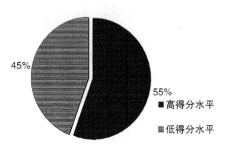

图 5-50　主因子 3 不同得分水平
居住人群比例图
资料来源:本课题组根据调研统计数据绘制

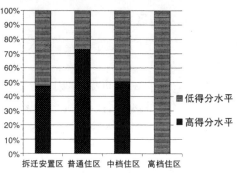

图 5-51　各类住区主因子 3 不同得分水
平居住人群构成图
资料来源:本课题组根据调研统计数据绘制

主因子3的空间分布特征：如图5-52，主因子3高得分水平居住人群主要分布在片区中部、东部的拆迁安置区，片区中部利源中路两侧的普通住区和片区西部将军大道东侧的中档住区。

4）**主因子4：迁居特征**

迁居特征主因子的方差贡献率为12.132%，主要反映的单因子有现有住房来源、入住时间、年龄结构和原户口所在地。

总体特征：由图5-53可见，主因子4高得分水平人群占总数的53%，主要特征为：现有住房来源以自购为主、入住时间长、年龄大、原户口所在地以主城区为主。主因子4低得分水平人群占总数的47%，主要特征为：现有住房来源以租赁或继承为主、入住时间短、年龄轻、原户口所在地以江宁区为主。

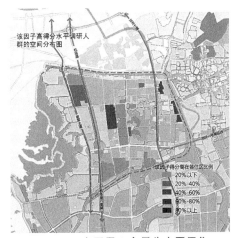

图5-52 主因子3高得分水平居住
人群的空间分布特征图
资料来源：本课题组根据调研统计数据绘制

不同住区类型主因子4的构成特征：由图5-54可见，高档住区以高得分水平居住人群为主，占87%，高档住区居住人群的住房来源以自购为主、入住时间长、年龄大、原户口所在地以主城区为主。普通住区高得分水平人群数量略高于低得分水平人群，高得分水平人群占59%。拆迁安置区低得分水平人群数量略高于高得分水平人群，低得分水平人群占59%。中档住区居住人群高得分水平与低得分水平的比例相当。

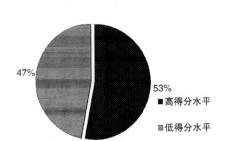

图5-53 主因子4不同得分水平居住
人群比例图
资料来源：本课题组根据调研统计数据绘制

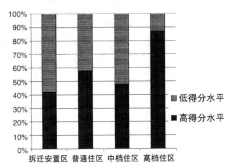

图5-54 各类住区主因子4不同得分
水平居住人群构成图
资料来源：本课题组根据调研统计数据绘制

主因子4的空间分布特征：如图5-55，主因子4高得分水平的居住人群主要分布在高档住区和部分普通住区。高档住区位于片区中部百家湖周边和片区南部牛首山河北侧地块；普通住区位于片区中部胜太路两侧。

5）**主因子5：设施配套**

设施配套主因子的方差贡献率为6.442%，主要反映的单因子有购物设施择位、医疗设施择位和家庭类型。

总体特征：由图5-56可见，主因子5高得分水平人群占总数的53%，主要特征为：购物设施和医疗设施选择在主城区的比例高，家庭类型以核心家庭和主干家庭为主。主因子5低得分水平人群占总数的47%，主要特征为：购物设施和医疗设施选择在新城区的比例高，家庭类型以单身家庭和夫妻家庭为主。

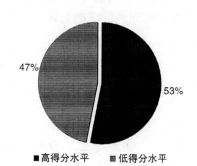

图 5-55　主因子 4 高得分水平居住
人群的空间分布特征图
资料来源：本课题组根据调研统计数据绘制

图 5-56　主因子 5 不同得分水平
居住人群比例图
资料来源：本课题组根据调研统计数据绘制

不同住区类型主因子 5 的构成特征：由图 5-57 可见，不同类型住区的得分水平构成特征鲜明，住区档次越高，高得分水平人群占总数的比例越高。高档住区和中档住区高得分水平人群占比相对较高，高档住区占 83％，中档住区占 58％。拆迁安置区和普通住区低得分水平人群占比相对较高，拆迁安置区占 83％，普通住区占 62％。

主因子 5 的空间分布特征：由图 5-58 可见，主因子 5 高得分水平人群主要集中在片区中部百家湖周边和片区南部牛首山河北侧的高档住区，片区中部利源中路两侧和片区西部将军大道东侧的中档住区也有较多人群分布。

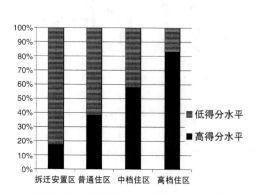

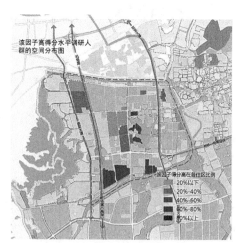

图 5-57　各类住区主因子 5 不同得分
水平居住人群构成图
资料来源：本课题组根据调研统计数据绘制

图 5-58　主因子 5 高得分水平居住
人群的空间分布特征图
资料来源：本课题组根据调研统计数据绘制

5.1.5　东山副城百家湖片区居住空间特征的聚类分析

将上述影响居住人群居住空间特征的 5 个主因子（阶层特征、住区类型、住区密度、迁居特征、设施配套)作为变量,运用 SPSS 19.0 软件,对百家湖片区居住人群调研样本进行聚类分析。这一方法有助于进一步了解百家湖片区居住人群的结构特征,从而概要归纳不同类别居住人群在百家湖片区的空间分布规律。

采用聚类分析方法,根据各主因子得分得出聚类龙骨图,将居住人群调研样本分为四类人群,得到主因子的聚类结构,对其构成特征进行分析。

第一类:占居住人群总数的 40.6%,主要为 25—35 岁的调研人群,学历水平较高(大专及以上占 78%),家庭类型以夫妻家庭、核心家庭为主,原户口所在地以南京主城区为主(占到了 67.4%),部分为南京周边地区;拥有中等收入水平(月收入水平在 3 000—5 000 元),职业类型主要为教育科研人员、公司职员和私营个体人员;住房来源以自购为主,分布在中档住区和普通住区,住房均价以 9 000—15 000 元 /m² 为主,住区容积率在 1.2—2.2,住区入住率主要在 55%—85%,住区人口密度在 140—400 人 /hm²,住区建设年代主要在 2003—2005 年及 2008 年以来,居民入住时间较短;选择主城区的医疗设施和购物设施的比例较高(图 5-59)。

第二类:占居住人群总数的 13.0%,主要为 35—55 岁的调研人群,学历水平较高(大专及以上占 64%),家庭类型以核心家庭和主干家庭为主,原户口所在地以南京主城区为主;拥有高等收入水平(家庭月收入平均在 5 000—10 000 元),职业类型主要为私营个体人员、公司职员、机关社会团体人员;住房来源以自购为主,主要居住在高档住区及中档住区,住房均价以 12 000—24 000 元 /m² 为主,住区容积率以 0.7 以下为主,住区入住率低(40%—55%),住区人口密度在 140 人 /hm² 以下,住区建设年代主要在 1998—2005 年。居民入住时间较长,选择主城区的购物设施和医疗设施的比例高(图 5-60)。

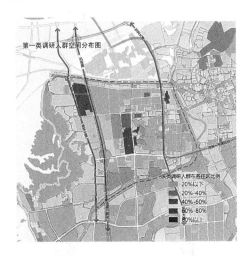

图 5-59　第一类居住人群的空间分布图
资料来源:本课题组根据调研统计数据绘制

图 5-60　第二类居住人群的空间分布图
资料来源:本课题组根据调研统计数据绘制

第三类:占居住人群总数的 23.0%,主要为 25—35 岁的调研人群,学历水平较低(大专及以上仅占 37%),家庭类型以夫妻家庭、核心家庭为主,原户口所在地以南京主城区为主,随郊迁企业迁居到新城区,部分为南京周边地区;拥有中等收入水平(月收入集中在 3 000—5 000 元),职业类型主要为企业职工;住房来源以自购为主,主要居住在普通住区,住房均价以 9 000—12 000 元 /m² 为主,住区容积率以 0.7—2.2 为主,住区入住率高,在 70% 以上,住区人口密度在 140—400 人 /hm²,住区建设年代主要在 2003—2005 年。居民入住时间集中在 3—5 年，选择新城区的购物设施和医疗设施的比例较高（图 5-61）。

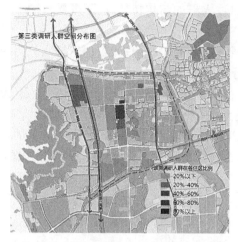

图 5-61　第三类居住人群的空间分布图
资料来源：本课题组根据调研统计数据绘制

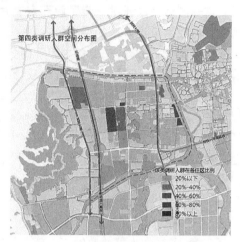

图 5-62　第四类居住人群的空间分布图
资料来源：本课题组根据调研统计数据绘制

　　第四类：占居住人群总数的 23.4%，主要为 35—55 岁的调研人群，学历水平较低（主要为高中及以下），家庭类型以核心家庭、主干家庭为主，以江宁本地原住民和周边外来务工人员为主；为低收入水平（月收入平均在 2 000—3 000 元），职业类型主要为企业职工、服务业人员及私营个体人员；住房来源以拆迁安置房为主，主要居住在拆迁安置区及普通住区，住房均价以 9 000 元/m² 以下为主，住区容积率以 0.7—1.7 为主，住区入住率高，在 85% 以上，住区人口密度在 280—620 人/hm²，住区建设年代主要在 1998—2005 年。居民入住时间较长；选择新城区的购物设施和医疗设施比例高（图 5-62）。

　　将以上四类居住人群的空间分布特征进行空间落位（图 5-63），可以得知百家湖片区居住空间结构呈现扇形集聚的形态特征（图 5-64）。

图 5-63　百家湖片区四类居住人群空间分布图
资料来源：本课题组根据调研统计数据绘制

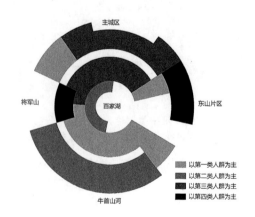

图 5-64　百家湖片区居住人群空间分布模式图
资料来源：本课题组根据调研统计数据绘制

　　第一类居住人群主要位于将军大道东侧、利源中路西侧，居住条件中等，交通便捷，区位条件较好。

第二类居住人群主要位于片区中部和南部,拥有最好的居住条件,紧邻百家湖和牛首山河,自然景观较好。

第三类居住人群主要位于片区中部的胜太路两侧,居住条件普通,区位条件较好,交通便捷,靠近地铁站点,配套设施较好。

第四类居住人群主要位于片区中部和东部,居住条件较差,区位条件一般,交通条件一般。

5.2 东山副城百家湖片区就业空间特征研究

5.2.1 东山副城百家湖片区就业空间概况

百家湖片区就业空间主要包括制造业、科研机构和商业服务业三种产业类型。现状产业用地主要有工业用地、商业服务业用地及教育科研用地,集中分布在片区的北部和东南部,在天元西路南侧也有零星分布(图5-65)。

制造业以汽车、电子、机械、纺织和食品等行业为主,主要分布在片区的北部和东南部,集中程度高,呈面状分布,用地面积472 hm²。北部主要为上汽大众南京分公司、旺旺集团等大型汽车制造企业和食品制造企业,企业规模比较大。东南部主要为电子制造业,主要有菲尼克斯、西门子电气、国电南自、百事可乐等制造业,东南部的胜泰工业园、恒永工业园和胜太工业园等工业园区则集聚了一批小型企业。

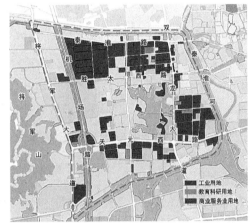

扫码看原图

图5-65 百家湖片区就业空间现
状用地分布图
资料来源:本课题组根据现状调研结果绘制

科研机构以科技研发和设计创意机构为主,在本片区所占比例较小,呈散点式分布,用地面积12 hm²。主要有南京科创中心、西门子研发中心和IC设计园。

商业服务业以零售商业、旅馆业、餐饮服务业为主,沿道路和自然资源呈带状和点状分布,用地面积56 hm²。大型零售商业主要分布在南京地铁一号南延线的河定桥站和胜太路站一带,主要有欧尚超市、百家湖购物中心等。餐饮服务业主要分布在双龙大道和胜太路沿线,呈带状分布。旅馆业主要沿百家湖优美的自然岸线呈散点分布,主要有湖滨金陵饭店、世纪缘金色大酒店和水秀苑大酒店等。

百家湖片区虽然正逐渐由开发园区向综合型新城区转型发展,但现状产业用地仍以制造业等工业用地为主,就业空间显现出较明显的工业型开发园区的特点。

5.2.2 东山副城百家湖片区就业空间数据采集与指标因子遴选

1) 东山副城百家湖片区就业空间数据采集

本书以问卷调查数据以及就业空间相关数据作为就业空间研究的前提和基础,综合运用问卷统计法、实地观察法、访谈法等多种方法对百家湖片区就业人群进行数据采集。课题组根据企业走访调研数据统计,百家湖片区就业人群约35 000人。按就业单位对就业人群进行问卷发放,剔除无效问卷,实地调研有效问卷1 705份,达到了社会调查抽样率不低于5%的要求。

根据百家湖片区现状产业特征,将百家湖片区就业空间类型划分为制造业、科研机构及商业服务业三个类型,采取随机抽样的方法,达到了对百家湖片区内不同就业人群、不同行业类别的全覆盖,保证了数据采集的科学性。其中制造业发放有效问卷1 192份,科研机构发放有效问卷172份,商业服务业发放有效问卷341份(表5-5)。

表5-5　百家湖片区各类型就业单位调研信息一览表

行业类别	单位名称	地块位置	成立时间/年	占地面积/hm²	有效问卷/份	备注说明
制造业	上汽大众南京分公司	机场高速东侧	1999	62.37	1 192	大型企业,汽车制造
	南瑞电气有限公司	秦淮路南侧	2008	30.68		大型企业,光电设备制造
	爱立信熊猫电子有限公司	池田路南侧	2000	7.34		中型企业,信息产业
	南京菲尼克斯电气有限公司	菲尼克斯路南侧	2001	17.00		中型企业,信息产业
	南京南汽冲压件有限公司	秦淮路南侧	1998	6.89		中型企业,汽车专用设备制造
	南京数控机床有限公司	天元西路南侧	2002	4.25		中型企业,专业设备制造
	南京科远自动化集团股份有限公司	西门子路北侧	2003	1.03		中型企业,自动化
	南京三埃自控设备有限公司	胜利路北侧	2002	0.93		小型企业,仪器仪表制造
	南京天秤计控设备有限责任公司	双龙大道东侧	2003	9.48		小型企业,仪器仪表制造
	南京东华汽车转向器有限公司	机场高速东侧	1998	5.17		小型企业,专用设备制造
	南京武强实业有限公司	秦淮路南侧	1996	2.67		小型企业,印刷业
	长峰(南京)硬质合金有限公司	秦淮路南侧	1995	2.59		小型企业,有色金属加工
	南京曼奈柯斯电器有限公司	临淮街东侧	2005	1.81		小型企业,电气器材制造
	南京太平洋畜产有限公司	董村路南侧	1992	0.93		小型企业,农副食品加工
	南京日盛烫金机械有限公司	马浦街东侧	1997	3.40		小型企业,有色金属加工
	合计			156.54		—
科研机构	西门子研发中心	西门子路南侧	2002	2.88	172	研发
	南京IC设计园	利源中路东侧	2001	6.12		研发
	合计		—	9.00		—

续表 5-5

行业类别	单位名称	地块位置	成立时间/年	占地面积/hm²	有效问卷/份	备注说明
商业服务业	欧尚超市	双龙大道东侧	2000	9.67	341	大型零售
	南京百家湖购物中心	佳湖东路西侧	1998	6.21		综合零售
	部分零售店铺	—	—	26.64		个体零售
	部分餐饮店铺	—	—	18.71		个体餐饮
	合计			61.23		—

资料来源:本课题组根据企业走访调研和土地利用现状图相关信息汇总而成

2) 东山副城百家湖片区就业空间特征研究的指标因子遴选

对于就业空间特征的研究,同样采用 SPSS 软件中的因子生态分析法,同时利用 GIS 软件将调研人群的各项属性数据与空间关联,实现研究成果的空间落位。

第5.2节主要从就业空间指标因子表(表1-2)中的就业人群和就业空间两方面对百家湖片区就业空间特征进行分析研究。表1-2中通勤行为的相关指标因子,作为居住、就业空间共同的因子构成,在第5.3节东山副城百家湖片区职住空间失配研究中用于对新城区居住、就业空间的职住关系的量化分析。

将就业空间指标因子表(表1-2)中关于就业人群和就业空间的 25 个指标因子作为本节就业空间特征研究的指标体系。为使调研对象的特征类型实现空间落位,通过 SPSS 软件将各因子与行业类别因子关联,对调研问卷数据进行 Spearman 相关性分析(分析过程数据从略),剔除相关性较低的因子,遴选出最终的就业空间特征研究的因子指标体系表(表5-6)。

表5-6 百家湖片区就业空间特征研究最终选取的指标因子表

研究对象	特征类型		一级变量	测度方式	备注
就业人群	社会属性	1	性别	名义测度	按性别分为男、女两类
		2	年龄结构	定距测度	按照年龄大小划分为 5 级
		3	原户口所在地	名义测度	调研对象的原户口所在地
		4	学历水平	顺序测度	根据学历高低划分为 4 级
		5	家庭类型	名义测度	按照家庭代际关系与人数划分成 4 类
	经济属性	6	个人月收入	顺序测度	个人月收入水平,按级划分为 5 级
		7	家庭月收入	顺序测度	家庭月收入水平,按级划分为 5 级
		8	现有住房来源	名义测度	按照目前住房来源分为 5 类
		9	就业岗位	名义测度	按照人口统计标准规范划分为 7 类
		10	工作年限	顺序测度	按照在目前单位工作年限划分为 4 级

续表 5-6

研究对象	特征类型	一级变量		测度方式	备注
就业空间	居住特征	11	居住方式	名义测度	根据一起居住的人群类别划分为 2 类
		12	居住形式	名义测度	根据目前居住形式分为 3 类
		13	居住时间	顺序测度	按照在目前住区居住时长划分为 3 级
	密度特征	14	单位人口密度	定距测度	根据单位每公顷的员工数量划分为 5 级
	单位类型	15	行业类别	名义测度	根据单位所属行业划分为 3 类

资料来源：对就业人群和就业空间各因子进行 Spearman 相关性分析后剔除相关度低的因子得出

5.2.3　基于单因子的东山副城百家湖片区就业空间特征分析

根据表 5-6 遴选出的 15 个指标因子的调研数据，从就业人群的社会属性、经济属性以及就业空间的居住特征、密度特征、单位类型这 5 个特征类型入手，采用 SPSS 软件的因子生态分析法，对百家湖片区就业空间特征进行分析研究。

1）百家湖片区就业人群的社会属性解析

（1）性别

总体态势：如图 5-66 所示，百家湖片区就业人群中男性所占比例为 65％，女性仅为 35％，片区内就业人群以男性为主，这与百家湖片区现状产业类型主要为制造业有关。

不同行业类别的性别结构特征：如图 5-67 所示，不同行业类别的性别比例不同。制造业、科研机构中男性就业人群的比例达到了 70％以上，远大于女性就业人群所占比例。女性在制造业中主要从事行政、人事、后勤等部门的工作，相对需求量少。商业服务业中男性从业人员仅占总数的 20％，女性从业人员的占比高达 80％，这是商业服务业因行业特点，更多招聘女性员工。

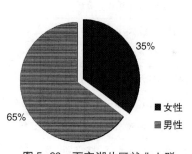

图 5-66　百家湖片区就业人群
性别构成图
资料来源：课题组根据调研数据绘制

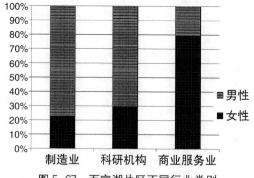

图 5-67　百家湖片区不同行业类别
就业人群的性别构成图
资料来源：课题组根据调研数据绘制

就业人群性别结构的空间分布特征：不同行业对不同性别就业人群的需求不同。片区中部双龙大道两侧的商业服务业以女性就业人群为主，北部和南部的制造业以男性就业人群为主（图 5-68）。

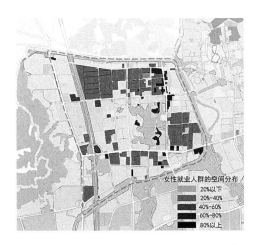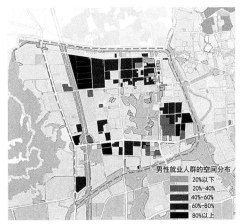

图 5-68　百家湖片区不同性别就业人群空间分布图
资料来源:本课题组根据调研数据绘制

（2）年龄结构

总体态势:如图 5-69 所示,百家湖片区就业人群主要以 35 岁以下的青年就业者为主,累计占到了调研总数的 63%。其次为年龄在 35—55 岁的中年就业人口,占总数的 28%。55 岁以上的高龄就业者所占比例仅为 9%。仙鹤片区 35 岁以下就业人口占 55%(图 4-70),和百家湖片区都以青年就业者为主,而泰山园区由于建设时间较早,以中年就业者为主,35—55 岁的中年就业人口占 56%(图 3-74)。

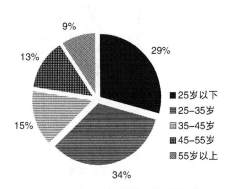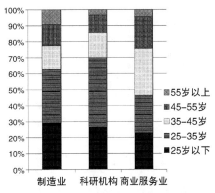

图 5-69　百家湖片区就业人群
年龄构成图
资料来源:课题组根据调研数据绘制

图 5-70　百家湖片区不同行业类别
就业人群年龄构成图
资料来源:课题组根据调研数据绘制

不同行业类别的年龄结构特征:如图 5-70,分析不同行业就业者的年龄结构,35 岁以下的青年人群在制造业和科研机构中的占比高达 63% 以上,中年和青年人群在商业服务业的就业占比均为 45% 左右。

就业人群年龄结构的空间分布特征:百家湖片区 55 岁以上的高龄就业人群主要集中在双龙大道两侧的商业服务业,55 岁以下的中青年就业人群主要分布在片区北部的制造业和片区东部的科研机构(图 5-71)。

图 5-71 百家湖片区不同年龄段就业人群空间分布图
资料来源：本课题组根据调研数据绘制

（3）原户口所在地

总体态势： 如图 5-72 所示，百家湖片区就业人群的原户口所在地有南京主城区、江宁新城区、江苏省内和其他地区，分别占调研总数的 37％、22％、18％、16％。来自南京周边区县和长三角其他地区的就业人口所占比重较低，仅为 5％和 2％。反映南京三个新城区主要承担了主城区产业疏散的作用，对南京地区就业人口的吸引力较强，对江苏省外就业人口的吸引力则相对较弱。

不同行业类别的原户口所在地特征： 如图 5-73 所示，在制造业和科研机构中来自南京主城区的就业人口占有最大比重，几乎占到各行业类别就业人群的 40％。而在商业服务业中，来自江宁区本地的就业人口占到了该行业类别的 50％以上。

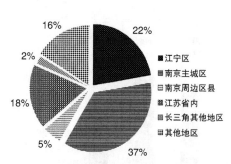

图 5-72 百家湖片区就业人群原户口
所在地构成图
资料来源：课题组根据调研数据绘制

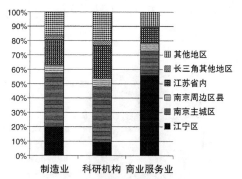

图 5-73 百家湖片区不同行业类别就业
人群原户口所在地构成图
资料来源：课题组根据调研数据绘制

就业人群原户口所在地的空间分布特征： 如图 5-74 所示，来自江宁新城区本地的就业人口在百家湖片区东部双龙大道两侧的商业服务业和科研机构内所占比例最大；来自南京主城区的就业人口在片区北部、东部的制造业和片区东部的科研机构内所占比例较大；而来自江苏省内的就业人口在片区北部的制造业中所占比例较大；来自长三角其他地区的就业人口在片区内各行业类别内分布较为均衡，无明显的空间集聚。

（4）学历水平

总体态势： 如图 5-75 所示，百家湖片区就业人群学历水平以大专或本科为主，占 48％；初中及以下学历人群占比不到 5％；高中或中专技校占 29％；硕士研究生及以上学历占 20％。泰山园区硕士研究生及以上学历占 13％（图 3-80），与百家湖片区相似，两者主要产

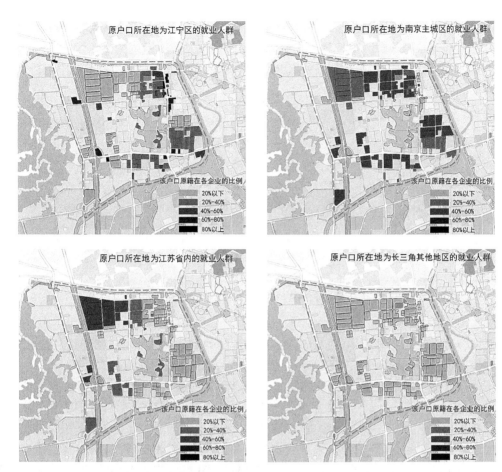

图5-74　百家湖片区原户口不同所在地就业人群空间分布图
资料来源：本课题组根据调研数据绘制

业均为制造业；而仙鹤片区因高校集聚，硕士研究生及以上学历占47％（图4-73），可见就业人群学历水平构成与新城区主导产业显著相关。

不同行业类别的学历水平特征：百家湖片区制造业以大专或本科学历人群为主，占比为60％；科研机构以硕士研究生及以上学历为主，占比为68％；商业服务业以高中或中专技校学历为主，占比为67％（图5-76）。

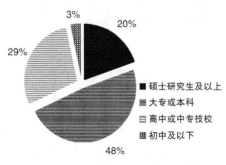

图5-75　百家湖片区就业人群
学历水平构成图
资料来源：课题组根据调研数据绘制

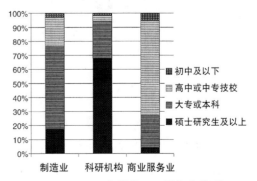

图5-76　百家湖片区不同行业类别
就业人群学历水平构成图
资料来源：课题组根据调研数据绘制

　　就业人群学历水平的空间分布特征:如图5-77所示,不同学历水平人群的空间分布与行业类别空间分布相一致。中低学历人群主要分布在双龙大道两侧的商业服务业和部分一般制造业,中高学历人群主要分布在片区北部和东部的先进制造业,高学历人群主要分布在片区东部和西南部的科研机构。

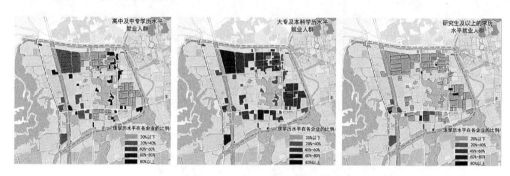

图5-77　百家湖片区不同学历水平就业人群空间分布图
资料来源:本课题组根据调研数据绘制

（5）家庭类型

　　总体态势:如图5-78所示,百家湖片区就业人群的家庭类型中单身家庭的占比最高,占36%;第二位的是夫妻家庭,占25%;核心家庭占比为23%;主干家庭占比为16%。

　　不同行业类别的家庭类型特征:如图5-79所示,制造业与科研机构中单身家庭所占的比例最大,均大于40%。商业服务业中单身家庭的比例最小,只占11%;其他三种家庭类型的比例都在30%左右。不同行业家庭类型结构的差异与该行业对就业人群的需求相关。制造业要求就业者年轻,科研机构要求就业者学历高,而年轻人学历较高,所以制造业和科研机构的家庭类型占比最多的是单身家庭。商业服务业对就业者没有特殊需求,故家庭类型以核心家庭、主干家庭、夫妻家庭为主。

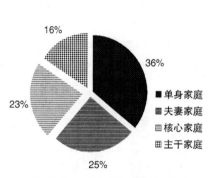

图5-78　百家湖片区就业人群
家庭类型构成图
资料来源:课题组根据调研数据绘制

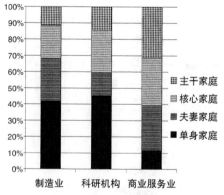

图5-79　百家湖片区不同行业类别
就业人群家庭类型构成图
资料来源:课题组根据调研数据绘制

　　就业人群家庭类型的空间分布特征:如图5-80所示,单身家庭的就业人群所占比例最高的主要是制造业和科研机构,主要分布在百家湖片区的北部和东南部;夫妻家庭在片区各行业类别内分布较为均衡,无明显的空间集聚。核心家庭和主干家庭的就业人群在片区东部双龙大道两侧的商业零售业内所占比例较高,其他行业类别中所占比例较低。

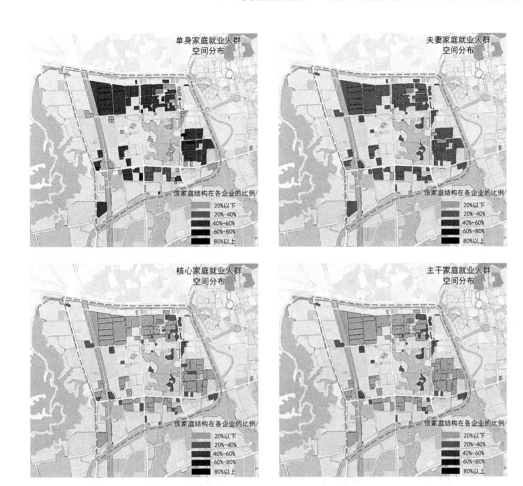

图 5-80 百家湖片区不同家庭类型就业人群空间分布图
资料来源:本课题组根据调研数据绘制

2) 百家湖片区就业人群的经济属性解析

(1) 家庭月收入

对就业人群月收入的调研包含个人月收入和配偶月工资收入两个指标,本书用家庭月工资收入来综合反映夫妻双方月收入特征。

总体态势:如图 5-81 所示,百家湖片区内就业人群家庭月收入以 6 000—10 000 元的中等收入水平为主,占调研总数的 38%;其次为 2 640—6 000 元的中低收入水平,占 30%;10 000—20 000 元的中高收入水平占 17%;家庭月收入在 20 000 以上的仅占调研总数的 6%。家庭月收入在 10 000 元以上的中高收入占比,百家湖片区为 23%,泰山园区为 38%(图 3-86),仙鹤片区为43%(图 4-76)。而百家湖片区主导产业为一般制造业,泰山园区为先进制造业,仙鹤片区为高等教育与科研,三个新城区就业人群的家庭月收入差异与其主导产业的行业收入水平成正相关。

不同行业类别的家庭月收入特征:如图 5-82 所示,不同行业类别就业人群家庭月收入构成差异较大,制造业主要以家庭月收入在 6 000—10 000 元的中等收入水平就业人群为主,占 49%;科研机构内则以家庭月收入水平在 10 000—20 000 元的中高收入水平就业人群为主,占 40%;商业服务业内就业人群家庭月收入水平偏低,家庭月收入水平在 6 000 元以下的占该类人群的 89%。

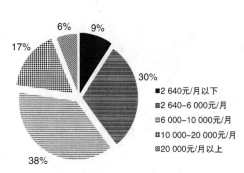

图 5-81 百家湖片区就业人群家庭月
工资收入构成图
资料来源:课题组根据调研数据绘制

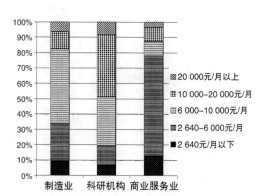

图 5-82 百家湖片区不同行业就业
人群家庭月工资收入构成
资料来源:课题组根据调研数据绘制

就业人群家庭月收入的空间分布特征:如图 5-83 所示,家庭月收入在 2 640—6 000 元的就业人群主要分布在片区东部双龙大道两侧的商业零售业;家庭月收入在 6 000—10 000 元的就业人群主要分布在片区北部和东部的制造业企业;家庭月收入在 10 000 元以上的就业人群主要集中在科研机构内。

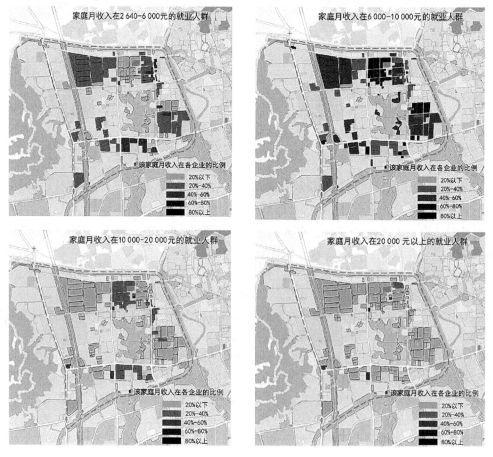

图 5-83 百家湖片区不同家庭月工资收入就业人群空间分布图
资料来源:本课题组根据调研数据绘制

（2）现有住房来源

总体态势：如图 5-84 所示，片区内就业人群的现有住房来源主要是租赁、自购和继承三类，分别占调研总数的 38％、19％和 18％；单位福利分房所占比例较低，仅为 13％。

不同行业类别现有住房来源特征：如图 5-85 所示，三类行业类别中现有住房来源为租赁的占比较高，商业服务业中占比为 54％，科研机构为 36％，制造业为 32％。科研机构就业人群收入较高，自购房比例最高，占比为 27％；商业服务业就业人群收入较低，自购房比例最低，占比仅 12％。

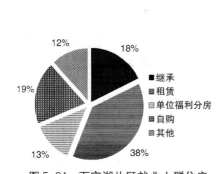

图 5-84 百家湖片区就业人群住房
来源构成图
资料来源：课题组根据调研数据绘制

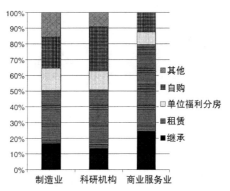

图 5-85 百家湖片区不同行业就业
人群住房来源构成
资料来源：课题组根据调研数据绘制

就业人群住房来源的空间分布特征：如图 5-86 所示，对百家湖片区内现有住房来源的就业人群空间分布特征进行统计后发现，租赁人群在各行业类别中均占有较大比重，占比较大的为片区东部双龙大道两侧的商业服务业和片区东北部的制造业企业。自购住房人群在片区北部和东部的制造业企业中占比较大。住房来源为继承的就业人群在片区东部双龙大道两侧的就业企业内所占比重较大。

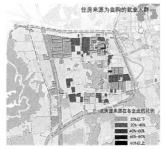

图 5-86 百家湖片区不同住房来源就业人群空间分布图
资料来源：本课题组根据调研数据绘制

（3）就业岗位

总体态势：如图 5-87 所示，百家湖片区就业人群的就业岗位以生产设备操作人员为主，占就业人群总数的 39％；其次为专业技术人员、销售人员、办公室行政人员、管理人员，分别占总人数的 17％、13％、12％和 10％；后勤服务人员和不便分类从业人员所占比重较低。这与百家湖片区主导产业是制造业相对应。

不同行业类别就业岗位特征：如图 5-88 所示，不同行业类别内就业人群的就业岗位构成差异较大，制造业主要以生产设备操作人员为主，占59％。科研机构以专业技术人员和办公室行政人员为主，分别占56％和27％。商业服务业以销售人员和后勤服务业人员为主，分别占43％和23％。不同行业类别内就业人群的就业岗位构成基本符合各自的行业类别特征。

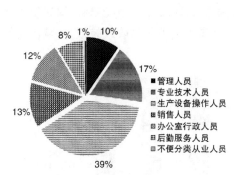

图5-87　百家湖片区就业人群就业
岗位构成图
资料来源：课题组根据调研数据绘制

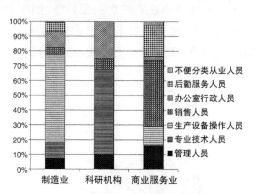

图5-88　百家湖片区不同行业就业
人群就业岗位构成图
资料来源：课题组根据调研数据绘制

就业人群就业岗位的空间分布特征：如图5-89所示，生产设备操作人员主要集中在片区北部和东部的制造业企业内，其中在片区北部的大众汽车、冲压厂更是占到了80％以上。

图5-89　百家湖片区不同就业岗位就业人群空间分布图
资料来源：本课题组根据调研数据绘制

销售人员主要集中在片区东部双龙大道两侧的商业服务业内。专业技术人员主要散点分布在片区内的科研机构中。办公室行政人员在片区内分布较为均衡,没有明显的空间集聚特征。

（4）工作年限

总体态势：如图5-90所示,百家湖片区以新就业人群为主,工作年限3年以下的就业人群占总数的67%;其他工作年限的人群比重较低,工作年限3—5年的占12%,5—10年的占8%,10年以上的占总数的13%。百家湖片区就业人群工作年限普遍低于江北泰山园区、仙林仙鹤片区,反映出百家湖片区主导产业为一般制造业,就业人群主要为蓝领工人,以工作年限较短的青年人群为主。

不同行业类别员工工作年数特征：如图5-91所示,不同行业类别内就业人群的工作年限构成特征大致相当,以3年以下的新就业人群为主,均占到了各自行业类别就业人群的60%以上。

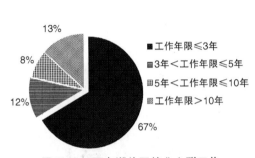

图5-90 百家湖片区就业人群工作
年限构成图
资料来源:课题组根据调研数据绘制

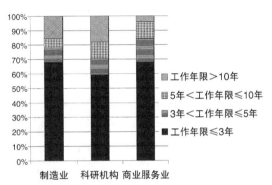

图5-91 百家湖片区不同行业就业
人群工作年限构成
资料来源:课题组根据调研数据绘制

就业人群工作年限的空间分布特征：如图5-92所示,百家湖片区工作年限在3年以下的就业人群在各行业类别中所占比例都较大,没有明显的分行业类别的空间集聚特征。工作年限在3—5年和5—10年的就业人群在片区东部双龙大道两侧的科研机构和商业服务业中占比相对较高。而工作年限在10年以上的就业人群则在片区中部胜太路和天元西路两侧的部分制造业企业和科研机构中占比相对较高。

3）**百家湖片区就业空间的居住特征解析**

（1）居住方式

总体态势：如图5-93所示,与家人居住和与他人合租是百家湖片区就业人群主要的居住方式,分别占总数的49%和42%;独居所占比例较小,仅占总数的9%。

不同行业类别就业人群居住方式特征：如图5-94所示,百家湖片区三类产业类别中各居住方式所占比例比较接近,显示同一趋势:与家人居住占比最高,其次是与他人合租,独居占比最小。与家人居住的就业人群居住地主要在主城区和江宁其他地区,这类人群的职住分离程度高。与他人合租的就业人群居住地主要在东山新城区和江宁其他地区,这类人群的职住分离程度低。

图 5-92　百家湖片区不同工作年限就业人群空间分布图
资料来源：本课题组根据调研数据绘制

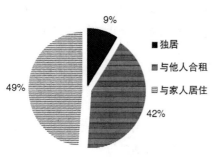

图 5-93　百家湖片区就业人群居住
方式构成图
资料来源：课题组根据调研数据绘制

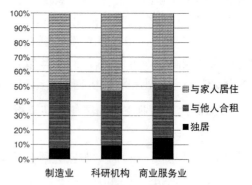

图 5-94　百家湖片区不同行业类别
就业人群居住方式构成
资料来源：课题组根据调研数据绘制

就业人群居住方式的空间分布特征：如图 5-95 所示，独居的就业人群在片区东部双龙大道两侧的单位所占比例较高，其他单位内所占比例较低。与他人合租和与家人居住的就业人群的分布态势相似，主要集中在片区北部、东部和南部的制造业企业及科研机构内。

图 5-95 百家湖片区不同居住方式就业人群空间分布图
资料来源：课题组根据调研数据绘制

（2）居住形式

总体态势：如图 5-96 所示，每天往返居住地是百家湖片区就业人群的主要居住形式，占比高达 79％。工作日居住在宿舍，休息日返回居住地的居住形式占 15％。居住在宿舍的占比仅为 6％。

不同行业类别就业人群居住形式特征：如图 5-97 所示，百家湖片区制造业 74％的就业人群每天往返居住地；20％的人群工作日居住在宿舍，休息日返回居住地；6％的人群居住在宿舍。科研机构 80％的人群每天往返居住地，15％的人群居住在宿舍。商业服务业不提供宿舍，100％的就业人群每天往返居住地。

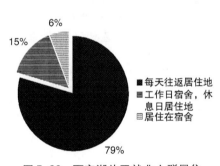

图 5-96 百家湖片区就业人群居住
形式构成图
资料来源：课题组根据调研数据绘制

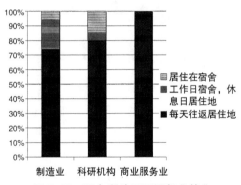

图 5-97 百家湖片区不同行业就业
人群居住形式构成图
资料来源：课题组根据调研数据绘制

就业人群居住形式的空间分布特征：如图 5-98 所示，住在宿舍及工作日居住在宿舍，休息日返回居住地的就业人群主要分布在百家湖片区西北部的制造业企业和片区东部的科研机构；每天往返居住地的人群主要分布在片区东部的商业服务业、片区北部和南部的制造业企业以及片区东部的科研机构内。

（3）居住时间

总体态势：如图 5-99 所示，百家湖片区就业人群中居住时间在 1 年以下的占 35％，1—3 年的占 33％，3—5 年的占 11％，5 年以上的占 21％。

不同行业类别居住时间特征：如图 5-100 所示，对不同行业类别就业人群居住时间的构成特征进行统计后发现，制造业企业和科研机构就业人群居住时长的构成特征与总体构成特征

图 5-98 百家湖片区不同居住形式就业人群空间分布图
资料来源:课题组根据调研数据绘制

大致相当,以 1 年以下和 1—3 年为主,反映这两类行业以新就业人群为主。商业服务业就业人群的居住时间占比较大的是 5 年以上的人群,说明该行业主要为江宁本地就业人群,故居住时间较长。

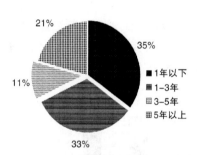

图 5-99 百家湖片区就业人群居住
时间构成图
资料来源:课题组根据调研数据绘制

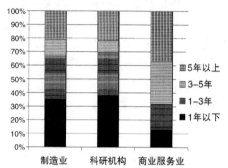

图 5-100 百家湖片区不同行业
就业人群居住时间构成
资料来源:课题组根据调研数据绘制

就业人群居住时间的空间分布特征:如图 5-101 所示,居住时间在 1 年以下以及 1—3 年的就业人群在片区北部、东部和南部的制造业企业和科研机构内所占比例较大;居住时间在 3—5 年以及 5 年以上的就业人群在片区东部双龙大道两侧的商业服务业内所占比例较大。

4)百家湖片区就业空间的密度特征解析

单位人口密度

如图 5-102 所示,就业空间的人口密度与企业的类型、规模等关系较大。制造业中纺织行业的单位人口密度为 300 人 /hm² 以上。科研机构的单位人口密度为 150—300 人 /hm²。部分中小型制造业企业、商业服务业的单位人口密度为 100—150 人 /hm²。小型制造业企业的单位人口密度为 50—100 人 /hm²,上海大众的单位人口密度为 50—100 人 /hm²,主要原因是占地面积大,单位人口密度低。

百家湖片区北部以制造业为主,单位人口密度低;东南部以高新企业为主,单位人口密度较高。

5)百家湖片区就业空间的单位类型特征解析

行业类别

由图 5-103 和表 5-5 可知,百家湖片区的行业类别以制造业为主。制造业主要分布在

图 5-101　百家湖片区不同居住时间就业人群空间分布图
资料来源:本课题组根据调研数据绘制

图 5-102　百家湖片区各就业单位就业
人口密度分析图
资料来源:本课题组根据调研数据绘制

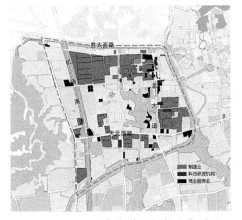

图 5-103　百家湖片区各行业类别
空间分布图
资料来源:本课题组根据调研数据绘制

百家湖片区北部和东南部，呈面状分布。北部主要是上海大众等汽车制造业，东南部主要分布了国电南自等电子制造业，东南部还有以小企业为主的胜泰工业园、恒永工业园和胜太工业园。

科研机构在百家湖片区的工业区呈散点式分布，所占比例较小，主要有西门子研发中心和 IC 设计园等。

商业服务业沿双龙大道和胜太路呈带状分布，旅馆业沿百家湖岸线呈散点分布，主要有湖滨金陵饭店、世纪缘金色大酒店和水秀苑大酒店等。

5.2.4　东山副城百家湖片区就业空间特征的主因子分析

运用 SPSS 软件对百家湖片区就业空间单因子分析的 15 个输入变量进行因子降维分析，将具有相关性的多个因子变量综合为少数具有代表性的主因子，这些主因子能反映原有变量的大部分信息，从而能最大限度地概括和解释研究特征。

对 15 个输入变量进行适合度检验，测出 KMO 值（因子取样适合度）为 0.727，Bartlett's（巴特利特球形检验）的显著性 Sig. ＝0.000，说明变量适合做主因子分析。

如表 5-7 所示，本次因子降维分析共得到特征值大于 1 的主因子 5 个，累计对原有变量的解释率达到 65.703%。

表 5-7　百家湖片区就业空间研究的主因子特征值和方差贡献表

成分	解释的总方差								
	初始特征值			提取平方和载入			旋转平方和载入		
	合计	占方差的%	累积%	合计	占方差的%	累积%	合计	占方差的%	累积%
1	3.405	24.323	24.323	3.405	24.323	24.323	2.765	19.747	19.747
2	1.913	13.666	37.989	1.913	13.666	37.989	1.924	13.743	33.490
3	1.483	10.591	48.580	1.483	10.591	48.580	1.741	12.436	45.926
4	1.079	9.707	58.286	1.079	9.707	58.286	1.378	11.845	57.771
5	1.038	7.416	65.703	1.038	7.416	65.703	1.110	7.932	65.703
6	.945	6.749	70.452						
7	.783	5.592	76.044						
8	.751	5.362	81.406						
9	.656	4.686	86.092						
10	.579	4.136	90.228						

注：仅列出前 10 个主因子的特征值和方差贡献率，其他因子略。

资料来源：采用 SPSS 主因子分析后得出的相关数据汇总

采用最大方差法进行因子旋转,得到旋转成分矩阵。旋转后各主因子所代表的单因子如表5-8所示。综合分析荷载变量,将5个主因子依次命名为:家庭结构、经济水平、职位工龄、职业状况和居住状况。

表5-8 百家湖片区就业空间研究的主因子旋转成分矩阵表

成分得分系数矩阵					
指标因子	成分				
	主因子1	主因子2	主因子3	主因子4	主因子5
	家庭结构	经济水平	职位工龄	职业状况	居住状况
原户口所在地	-.526	.303	-.085	.414	.138
家庭类型	.790	.112	.063	.340	-.025
居住时间	.557	-.167	.195	-.125	-.327
居住方式	.801	-.002	-.021	.156	.001
个人月收入	-.032	.852	.043	-.091	-.009
家庭月收入	.171	.684	.005	-.306	.152
学历水平	-.211	.722	-.025	.255	-.097
年龄结构	.550	-.135	.665	.080	-.021
就业岗位	.196	-.086	-.754	.086	.076
工作年限	.464	-.031	.662	.010	-.032
性别	.120	-.011	-.060	.554	-.321
行业类别	-.162	.137	-.017	-.731	-.156
单位人口密度	-.041	.027	.260	.701	.011
现有住房来源	.393	.126	.374	-.059	.518
居住形式	-.221	-.057	-.185	.003	.748

提取方法:主成分。

旋转法:具有 Kaiser 标准化的正交旋转法。

a. 旋转在 10 次迭代后收敛。

资料来源:采用 SPSS 主因子分析后得出的相关数据汇总

根据主因子旋转成分矩阵表(表5-8)得到主因子与标准化形式的输入变量之间的数学表达式,进而得到不同就业人群的各主因子最终得分。最后将主因子与就业人群的空间数据进行关联,解析各主因子不同得分水平的就业人群的空间分布特征。

根据各主因子的实际得分情况,将主因子得分水平分为高得分水平(得分>0)和低得分水平(得分<0)两种类型。

1) 主因子 1:家庭结构

家庭结构主因子的方差贡献率为 19.747%,主要反映的单因子有原户口所在地、家庭类型、居住时间及居住方式。

总体特征：如图 5-104，主因子 1 高得分水平人群占总数的 61%，主要特征为原户口所在地为南京本地、家庭类型以夫妻家庭、核心家庭和主干家庭为主、居住时间一般超过 5 年、居住方式主要为与家人居住。主因子 1 低得分水平人群占总数的 39%，主要特征为原户口所在地为南京以外地区、家庭类型以单身家庭为主、居住时间一般小于 3 年、居住方式是独居或与他人合租。

不同行业类别主因子 1 的构成特征：如图 5-105，主因子 1 低得分水平人群主要分布在科研机构，占科研机构就业人群的 83%。主因子 1 高得分水平人群主要分布在制造业和商业服务业，均占 64%以上。

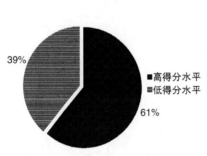

图 5-104　主因子 1 不同得分水平
就业人群构成图
资料来源：本课题组根据调研统计数据绘制

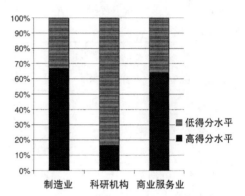

图 5-105　各行业类别主因子 1 不同得
分水平就业人群构成图
资料来源：本课题组根据调研统计数据绘制

主因子 1 的空间分布特征：如图 5-106，主因子 1 高得分水平人群主要集中在百家湖片区北部和东部的制造业，以及双龙大道和胜太路两侧的商业服务业。主因子 1 低得分水平人群主要集中在片区东部的科研机构。

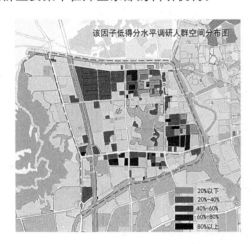

图 5-106　主因子 1 不同得分水平就业人群空间分布特征图
资料来源：本课题组根据调研统计数据绘制

2）**主因子 2：经济水平**

经济水平主因子的方差贡献率为 13.743%，主要反映的单因子有个人月收入、家庭月收入、学历水平。

总体特征：如图 5-107，主因子 2 高得分水平人群占总数的 52%，主要特征为个人月收入与家庭月收入较高，学历水平以大专或本科以上为主。主因子 2 低得分水平人群占总数的 48%，主要特征为个人月收入与家庭月收入较低，学历水平以高中或中专技校以下为主。

不同行业类别主因子 2 的构成特征：如图 5-108，主因子 2 低得分水平人群主要分布在商业零售业，占 72%；在制造业中也占有不小的比例，占 45%。主因子 2 高得分人群主要分布在科研机构和制造业，分别占这两类行业就业人群的 81% 和 55%。

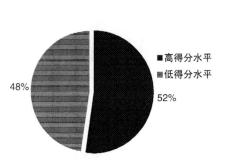

图 5-107 主因子 2 不同得分水平就业
人群构成图
资料来源：本课题组根据调研统计数据绘制

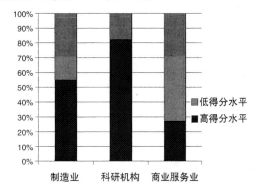

图 5-108 各行业类别主因子 2 不同得
分水平就业人群构成图
资料来源：本课题组根据调研统计数据绘制

主因子 2 的空间分布特征：如图 5-109，主因子 2 高得分水平人群主要分布在百家湖片区北部和东南部的高新技术企业以及科研机构中。主因子 2 低得分水平人群主要分布在百家湖片区北部和南部的一般制造业企业、双龙大道和胜太路两侧的商业服务业中。

图 5-109 主因子 2 不同得分水平就业人群空间分布特征图
资料来源：本课题组根据调研统计数据绘制

3）主因子 3：职位工龄

职位工龄主因子的方差贡献率为 12.436%，主要反映的单因子有年龄结构、就业岗位、工作年限。

总体特征：如图 5-110，主因子 3 高得分水平人群占总数的 51%，主要特征为以中年就业人员为主,管理人员和专业技术人员占较大比例,工作年限一般在 5 年以上。主因子 3 低得分水平人群占总数的 49%,主要特征为以青年就业人员为主,就业岗位以企业工人和商业服务业人员为主,工作年限一般在 5 年以下。

不同行业类别主因子 3 的构成特征:如图 5-111,主因子 3 低得分水平人群在商业服务业内占比较高,占 72%;在制造业和科研机构中也占有不小的比例,占制造业就业人群的41%,占科研机构就业人群的 49%。主因子 3 高得分人群在科研机构和制造业内占比较高,分别占这两类行业人群的 59%和 51%。

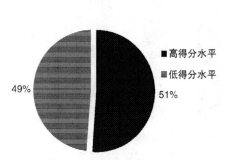

图 5-110   主因子 3 不同得分水平就业
人群构成图
资料来源:本课题组根据调研统计数据绘制

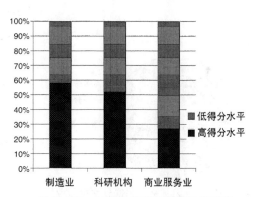

图 5-111   各行业类别主因子 3 不同得
分水平就业人群构成图
资料来源:本课题组根据调研统计数据绘制

主因子 3 的空间分布特征:如图 5-112,主因子 3 低得分水平人群主要分布在北部和南部的一般制造业企业、双龙大道和胜太路两侧的商业服务业中。主因子 3 高得分水平人群主要分布在百家湖片区北部和东南部的高新技术企业以及科研机构中。

图 5-112   主因子 3 不同得分水平就业人群空间分布特征图
资料来源:本课题组根据调研统计数据绘制

4) 主因子 4:职业状况

职业状况主因子的方差贡献率为 11.845%,主要反映的单因子有性别、行业类别、单位人口密度。

总体特征:如图 5-113,主因子 4 高得分水平人群占总数的 55%,主要特征为所属行业为制造业,以男性为主,单位人口密度在 150 人 /hm² 以下。主因子 4 低得分人群占总数的 45％,主要特征为所属行业为商业服务业,以女性为主,单位人口密度在 150 人 /hm² 以上。

不同行业类别主因子 4 的构成特征:如图 5-114,商业服务业和科研机构中主因子 4 低得分水平人群占比较高,占商业服务业人群的 77％,占科研机构人群的 67％。制造业中主因子 4 高得分水平人群占比较高,占制造业人群的 68％。

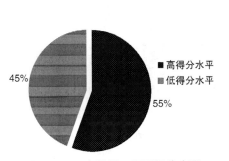

图 5-113   主因子 4 不同得分水平
就业人群构成图
资料来源:本课题组根据调研统计数据绘制

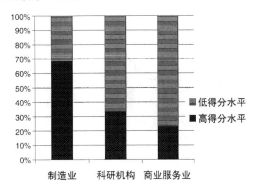

图 5-114   各行业类别主因子 4 不同得
分水平就业人群构成图
资料来源:本课题组根据调研统计数据绘制

主因子 4 的空间分布特征:如图 5-115,主因子 4 高得分水平人群主要分布百家湖片区北部、南部和东南部的制造业企业中。主因子 4 低得分水平人群主要分布在片区内的科研机构以及双龙大道、胜太路两侧的商业服务业中。

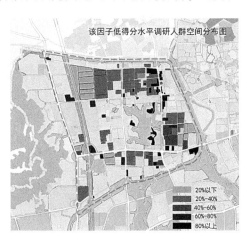

图 5-115   主因子 4 不同得分水平就业人群空间分布特征图
资料来源:本课题组根据调研统计数据绘制

5) 主因子 5:居住状况

居住状况主因子的方差贡献率为 7.932％,主要反映的单因子有现有住房来源、居住形式。

总体特征:如图 5-116,主因子 5 高得分水平人群占总数的 60％,主要特征为现有住房来源为租赁和单位福利住房,居住形式主要是住在宿舍。主因子 5 低得分水平人群占总数的 40％,主要特征为现有住房来源为自购商品房和继承,居住形式为每天往返居住地。

　　不同行业类别主因子5的构成特征：如图5-117，百家湖片区科研机构和制造业中主因子5高得分水平人群占比较高，占科研机构人群的69%，占制造业人群的62%。商业服务业中主因子5低得分水平和高得分水平人群占比接近。

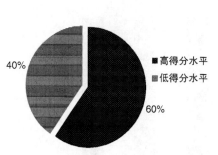

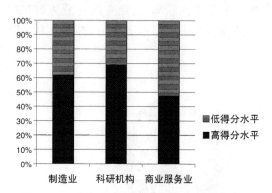

图5-116　主因子5不同得分水平就业
人群构成图
资料来源：本课题组根据调研统计数据绘制

图5-117　各行业类别主因子5不同得分水平
就业人群构成图
资料来源：本课题组根据调研统计数据绘制

　　主因子5的空间分布特征：如图5-118，主因子5低得分水平人群主要分布在百家湖片区北部和东南部的高新技术企业以及科研机构中，主因子5高得分水平人群主要分布在百家湖片区北部和南部的一般制造业企业、双龙大道和胜太路两侧的商业服务业中，主因子5低得分水平和高得分水平人群分布较为均匀。

图5-118　主因子5不同得分水平就业人群空间分布特征图
资料来源：本课题组根据调研统计数据绘制

5.2.5　东山副城百家湖片区就业空间特征的聚类分析

　　将上述影响就业人群就业空间特征的5个主因子（家庭结构、经济水平、职位工龄、职业状况和居住状况）作为变量，运用SPSS 19.0软件，对百家湖片区就业人群调研样本进行聚类分析。这一方法有助于进一步了解百家湖片区就业人群的结构特征，从而概要归纳不同类别就业人群在百家湖片区的空间分布规律。

采用聚类分析方法,根据各主因子得分,得出聚类龙骨图,将就业人群调研样本分为三类人群,得到主因子的聚类结构,并对其构成特征进行分析。

第一类:占百家湖片区就业人群总数的 70%,行业类别主要为制造业,职业以产业工人为主,性别主要为男性,年龄主要在 45 岁以下。原户口所在地主要为南京本地,以 3 000—10 000 元的中等个人月收入为主,家庭月收入主要为 6 000—20 000元,学历水平主要为大或本科以下。家庭类型主要为夫妻家庭或主干家庭。工作年限大都在 3 年以上,居住时间大于 5 年。就业岗位主要为生产设备操作人员或专业技术人员,现有住房来源较为多元。居住形式为每天往返居住地或住在宿舍,居住方式为独居或与家人居住(图 5-119)。

图 5-119 第一类就业人群空间分布图
资料来源:本课题组根据调研统计数据绘制

第二类:占百家湖片区就业人群总数的 10%,行业类别为科研机构,职业以科研人员为主,性别主要为男性,年龄主要在 45 岁以下。原户口所在地主要为江苏省内和长三角其他地区。以 5 000 元以上的中高个人月收入为主,家庭月收入主要为 10 000 元以上的中高收入,学历水平主要为大专或本科以上的中高学历人群。家庭类型为单身家庭或夫妻家庭。工作年数小于 3 年,居住时间小于 3 年。现有住房来源以自购房和租赁为主。居住形式为每天往返居住地,居住方式主要为与家人居住(图 5-120)。

第三类:占百家湖片区就业人群总数的 20%,所属行业为商业服务业,职业以销售人员为主,性别主要为女性,年龄主要在 35—45 岁。原户口所在地主要为江宁区,以 3 000 元以下的低个人月收入为主,家庭月收入主要为 6 000 元以下的低收入,学历水平主要为高中或中专技校。家庭类型为核心家庭或主干家庭。工作年限小于 3 年,居住时间在 5 年以上,现有住房来源为租赁和其他。居住形式为每天返回居住地,居住方式较为多元(图 5-121)。

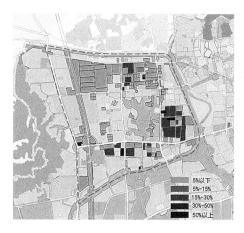

图 5-120 第二类就业人群空间分布图
资料来源:本课题组根据调研统计数据绘制

图 5-121 第三类就业人群空间分布图
资料来源:本课题组根据调研统计数据绘制

　　将三类就业人群的空间分布特征进行空间落位(图5-122),根据这三类人群在百家湖片区的空间分布特点,可得出百家湖片区就业空间结构呈现扇形集聚加散点分布的形态特征(图5-123)。

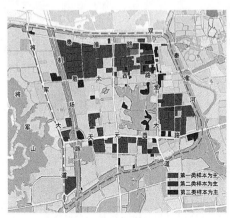
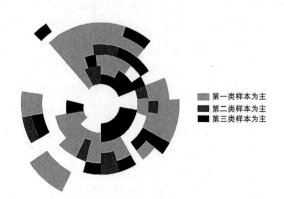

<table>
<tr><td>图 5-122　百家湖片区三类就业
人群空间分布图
资料来源:本课题组根据调研统计数据绘制</td><td>图 5-123　百家湖片区三类就业
人群空间分布模式图
资料来源:本课题组根据调研统计数据绘制</td></tr>
</table>

　　第一类就业人群主要分布在百家湖片区北部、东部、南部的制造业企业内。

　　第二类就业人群散点分布在百家湖片区北部、东部、南部,主要集中在科研机构内。

　　第三类就业人群主要分布在百家湖片区双龙大道、胜太路、天元西路两侧的商业服务业内,还有一部分零星分布在百家湖片区各住区的社区商业内。

5.3　东山副城百家湖片区职住空间失配研究

　　第2.5节对东山副城百家湖片区基于行政单元的就业—居住平衡指数与基于研究单元的就业岗位数与适龄就业人口数的就业—居住总量测度两方面进行测算,发现其居住—就业总量相对均衡。然而通勤高峰时其与主城间有双向潮汐式交通拥堵,反映新城与主城间存在严重的职住失配现象。在第5.1、第5.2节百家湖片区居住、就业空间特征研究的基础上,第5.3节从居住、就业人群的通勤行为出发,进一步研究东山副城百家湖片区职住空间的失配关系,以期揭示目前新城与主城间职住分离的内在原因。

5.3.1　基于通勤因子的百家湖片区居住就业失配关系解析

　　选取表1-1(居住空间指标因子表)、表1-2(就业空间指标因子表)中通勤行为的四个客观特征:通勤时长、通勤工具、通勤费用及通勤距离作为居住就业关系解析的因子指标。

1) 通勤时长

（1）总体态势

　　如图5-124所示,百家湖片区职住人群通勤时长在15分钟以内的占16%,15—30分钟的占25%,30—45分钟的占27%,45—60分钟的占21%,1小时以上的占11%。通勤时长超过 30 分钟的职住人群占总数的 59%。

（2）居住人群的通勤时长构成特征

如图 5-125 所示，百家湖片区内，住区档次越高，相应住区通勤时长 30 分钟以上人群所占比重越高。通勤时长 30 分钟以上居住人群在高档住区内占比最高，占该类住区人群的 65%；在中档住区内占 54%；在普通住区内占 48%；在拆迁安置区内较少，仅为 15%。

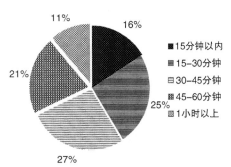

图 5-124 百家湖片区职住人群
通勤时长构成图
资料来源：本课题组根据调研数据绘制

（3）就业人群的通勤时长构成特征

如图 5-126 所示，百家湖片区通勤时长 30 分钟以上的就业人群所占比重在不同行业类别内呈现不同的结构特征。其在制造业内占比最高，占 78%。其次为科研机构，占比为 53%。商业服务业中占比最低，仅为 18%，即该类的职住分离现象最少。

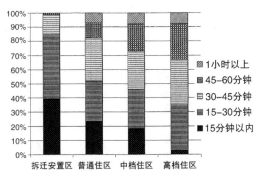

图 5-125 不同住区类型内居住人群
通勤时长构成图
资料来源：本课题组根据调研数据绘制

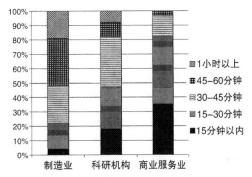

图 5-126 不同行业类别内就业人群
通勤时长构成图
资料来源：本课题组根据调研数据绘制

（4）职住空间的对比分析

如图 5-127、图 5-128 所示，比较分析百家湖片区居住、就业人群通勤时长的构成比例，就业人群通勤时长明显大于居住人群，通勤时长 45 分钟以上的人群在就业人群中占比为 42%，而在居住人群中为 21%；通勤时长 30 分钟以上的人群在就业人群中占比为 66%，而在居住人群中为 52%。表明就业人群的职住分离程度比居住人群高。

2）通勤工具

（1）总体态势

如图 5-129 所示，百家湖片区职住人群所选择的通勤工具中，私家车占比最高，达 26%；其次为班车、地铁和公交车，分别占 19%、17% 和 12%；电动车、自行车以及步行所占比例较低，仅分别占 10%、8% 和 5%。公共交通建设不够完善，站点及交通路线覆盖不全，早晚高峰地铁班次不够密使乘坐非常拥挤，导致公共交通通勤承担率仅为 29%。因通勤距离较长，百家湖片区较多职住人群选择私家车通勤，是造成新城与主城间交通拥堵的重要原因。

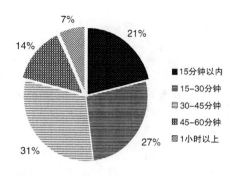

图 5-127　百家湖片区居住人群
通勤时长构成图
资料来源：本课题组根据调研数据绘制

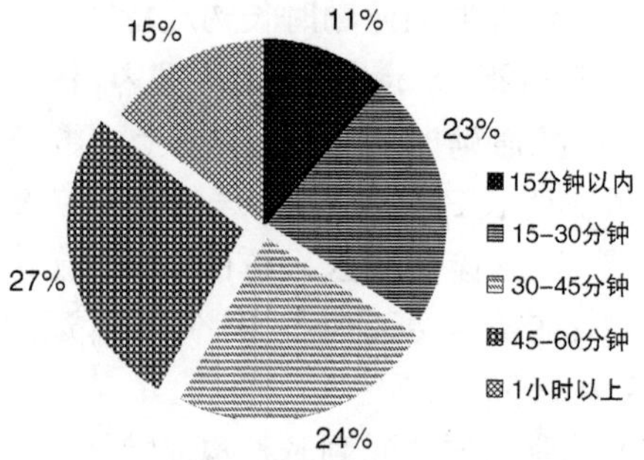

图 5-128　百家湖片区就业人群
通勤时长构成图
资料来源：本课题组根据调研数据绘制

（2）居住人群的通勤工具构成特征

如图 5-130 所示，百家湖片区内，住区档次越高，选择私家车通勤的人群所占比重越高，选择非机动车或步行通勤的人群所占比重越低。高档住区居住人群私家车通勤所占比重最高，达 94.5％。中档和普通住区以私家车、班车和地铁通勤为主，私家车与公交通勤（地铁和公交车）比例均为 30％左右。拆迁安置区居住人群以步行、自行车、电动车通勤为主，达58.7％；公共交通（地铁和公交车）通勤占 19.6％。一般来说，住区档次越高，其居住人群的学历、技能越高，择业的范围越大，通勤距离可能越远，且其经济条件较好，所以私家车通勤的比例高。

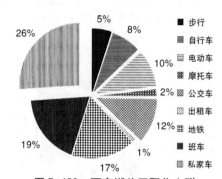

图 5-129　百家湖片区职住人群
通勤工具构成图
资料来源：本课题组根据调研数据绘制

（3）就业人群的通勤工具构成特征

如图 5-131 所示，制造业就业人群的通勤工具以公交车、地铁和班车为主，三者合计达60％；私家车和非机动车通勤占比都较低，为 20％左右。科研机构人群以私家车通勤为主，占 49％；其次为公交车，占 26％。商业服务业人群以非机动车和步行交通为主，累计占比为63％。科研机构人群行业收入水平高，故选择私家车通勤的比例高。制造业因单位人数规模

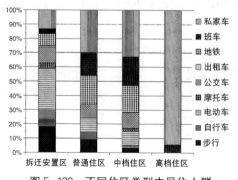

图 5-130　不同住区类型内居住人群
通勤工具构成图
资料来源：本课题组根据调研数据绘制

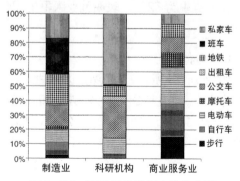

图 5-131　不同行业类别内就业人群
通勤工具构成图
资料来源：课题组根据调研数据绘制

大,故班车通勤比例最高。商业服务业人群通勤距离短,职住分离程度低,故选择非机动车和步行交通的比例高。

(4) 居住、就业人群的通勤工具构成特征对比分析

如图 5-132、图 5-133 所示,比较分析百家湖片区居住、就业人群通勤工具的构成比例,居住人群相较于就业人群较多选择私家车通勤,居住人群中私家车通勤占 33%,就业人群仅占 18%。就业人群比居住人群更多地选择地铁、公交车和班车等大容量交通工具,就业人群选择这三种通勤工具的占比为 53%,居住人群为 43%。就业人群非机动车或步行通勤的比例与居住人群大致相当,就业人群为 27%,居住人群为 24%。

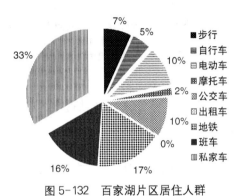

图 5-132 百家湖片区居住人群
通勤工具构成图
资料来源:本课题组根据调研数据绘制

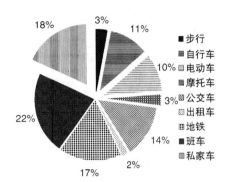

图 5-133 百家湖片区就业人群
通勤工具构成图
资料来源:本课题组根据调研数据绘制

3) 通勤费用

(1) 总体态势

如图 5-134 所示,百家湖片区职住人群每月通勤费用以 100 元以下为主,占 42%,该类人群以步行、非机动车、班车或公交车通勤为主。每月通勤费用在 300 元以上的人群主要选择私家车通勤,占总数的 28%。

(2) 居住人群的通勤费用构成特征

如图 5-135 所示,百家湖片区内,住区档次越高,相应住区人群的每月通勤费用越高。每月通勤

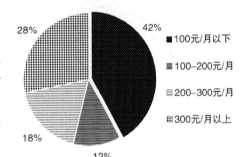

图 5-134 百家湖片区职住人群
通勤费用构成图
资料来源:本课题组根据调研数据绘制

费用 300 元以上的人群在高档住区内占比最高,占该类住区人群的 97%;在拆迁安置区较低,只占 16%。每月通勤费用 100 元以下的人群在高档住区内仅占 3%,而在拆迁安置区则占 75%。

(3) 就业人群的通勤费用构成特征

如图 5-136 所示,百家湖片区不同行业类别的就业人群通勤费用构成差异较大。商业服务业人员居住在江宁区的比例较高,每月通勤费用 100 元以下的占比较高,占 74%;每月通勤费用 300 元以上的占比较低,占 6%。科研机构人员职住分离程度较高,每月通勤费用 300 元以上的占比较高,占 48%;每月通勤费用 100 元以下的占比较低,占 16%。

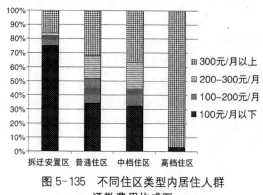

图 5-135　不同住区类型内居住人群
通勤费用构成图
资料来源:本课题组根据调研数据绘制

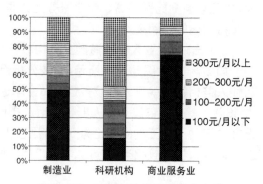

图 5-136　不同行业类别内就业人群
通勤费用构成图
资料来源:本课题组根据调研数据绘制

（4）居住、就业人群的通勤费用构成特征对比分析

如图 5-137、图 5-138 所示,比较分析百家湖片区居住、就业人群通勤费用的构成比例,居住人群的通勤费用明显高于就业人群,居住人群每月通勤费用在 300 元以上的占 37%,而就业人群只占 18%。每月通勤费用在 100 元以下的,居住人群占 36%,就业人群则高达 49%。主要原因为与居住人群相比,就业人群中私家车通勤比例较低,班车通勤以及公共交通通勤所占比例较高。

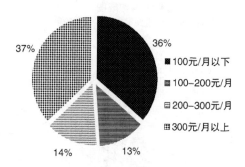

图 5-137　百家湖片区居住人群通勤费用构成图
资料来源:本课题组根据调研数据绘制

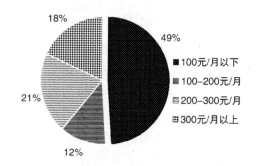

图 5-138　百家湖片区就业人群通勤费用构成图
资料来源:本课题组根据调研数据绘制

4) 通勤距离

将调研人群居住地和就业地两者所在的行政分区的几何中心的直线距离作为通勤距离进行统计,按每 5 km 一档将百家湖片区调研人群居住地和就业地几何中心间的直线距离分为 4 档(表 5-9)。

（1）总体态势

根据百家湖片区调研人群的居住地和就业地的空间分布情况,将职住人群的通勤目的地划分为东山新城区、主城区、南京其他区（指浦口区、栖霞区、江宁滨江新城、六合区等）三类。

如图 5-139 所示,东山新城区和南京主城区是百家湖片区职住人群的两个主要通勤目的地,分别占总数的 38% 和 45%,南京其他区仅占 17%。主城区与东山新城区之间大量的通勤需求是造成目前东山新城区与南京主城之间双向拥堵现象的重要原因。

表5-9 百家湖片区调研人群通勤空间直线距离划分

居住地与就业地的直线距离	所属行政区划①	分档
直线距离≤5 km	东山新城区,雨花台区	1
5 km<直线距离≤10 km	江宁部分街道、秦淮区、白下区、建邺区	2
10 km<直线距离≤15 km	玄武区、鼓楼区、下关区	3
15 km<直线距离≤20 km	浦口区、栖霞区、江宁区滨江新城等地区	4
直线距离>20 km	六合区、溧水、高淳等区县	5

资料来源:根据南京市行政区划图划分整理

按居住就业分离的行政区划测度法,以是否居住且就业在新城区作为测度新城区居住就业分离的标准,则职住分离度为居住和就业不同在新城区的人数与居住或就业在新城区的总人数的比值,据此测算,百家湖片区总体居住就业分离度为0.62。

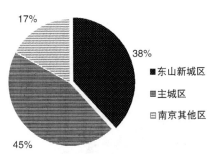

图5-139 百家湖片区职住人群通勤目的地构成图
资料来源:本课题组根据调研数据绘制

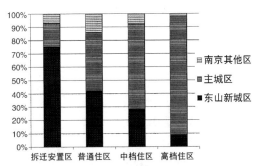

图5-140 不同住区类型内居住人群就业地分布图
资料来源:本课题组根据调研数据绘制

(2)居住人群的通勤距离构成特征

如图5-140所示,百家湖片区内,住区档次越高,相应住区就业在主城区的居住人群所占比重越高。就业地在东山新城区的居住人群在拆迁安置区内占比最高,占该类住区人群的75%,就业地在主城区的比例仅为18%。普通住区居住人群就业地在主城区的比例为44%,中档住区就业地在主城区比例为64%。就业地在主城区的居住人群在高档住区内占比最高,占该类住区人群的89%。就业地在南京其他区的居住人群在各类住区内占比都较低。

按居住就业分离的行政区划测度法计算,百家湖片区居住人群的居住就业分离度为0.61,与片区职住人群的总体居住就业分离度(0.62)相差不大,表明百家湖片区居住人群的居住就业分离程度与就业人群接近。

从不同类型住区居住人群就业地所属行政分区的空间分布图可见(图5-141),拆迁安置区居住人群的通勤距离主要在5 km以内,大于5 km的仅占17%。普通住区居住人群的就业地在 5 km 以上的比例占 71%;中档住区居住人群的就业地在 5 km 以上占 54%;高档住区居住人群的就业地在 5 km 以上的比例占 73%,其中就业地在 10 km 以上的比例占 60%,反映出高档住区人群的职住分离程度较大。

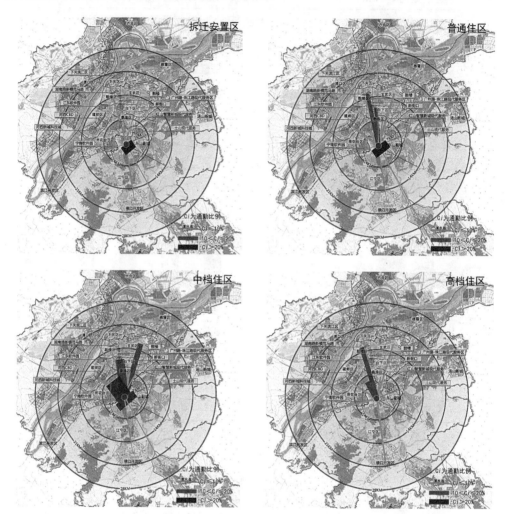

图 5-141   百家湖片区不同类型住区居住人群就业地所属行政分区的空间分布图
资料来源:本课题组根据调研数据绘制

(3) 就业人群的通勤距离构成特征

如图 5-142 所示,百家湖片区就业人群的居住地在不同行业类别内呈现不同的结构特征。制造业中居住在主城区的人群比重最大,占 50%,科研机构和商业服务业就业人员居住在主城区的人群比例均为 10%。制造业中的大众—一汽等大型企业由主城迁移而来,较高比例的就业人群仍居住在主城区。商业服务业就业人员居住地在东山新城区和南京其他区的比例较高。

按居住就业分离的行政区划测度法计算,百

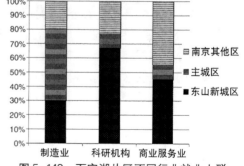

图 5-142   百家湖片区不同行业就业人群
居住地构成图
资料来源:本课题组根据调研数据绘制

家湖片区就业人群的居住就业分离度为0.63,略高于片区居住人群的居住就业分离度(0.61)。

从不同行业类别就业人群居住地所属行政分区的分布图可见(图5-143),制造业就业人群居住地在东山新城区以外的比例最高,居住地主要在鼓楼区和玄武区,其次为秦淮区、白下区以及雨花台区,通勤距离在5 km以上。科研机构和商业服务业就业人群的居住地主要在东山新城区及其周边地区,通勤距离大多在5 km以内。

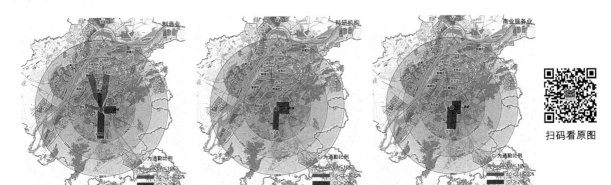

图5-143 百家湖片区不同行业就业人群居住地所属行政分区分布图
资料来源:本课题组根据调研数据绘制

扫码看原图

(4) 居住、就业人群的通勤地点构成特征对比分析

如图5-144、图5-145所示,比较分析百家湖片区居住人群的就业地以及就业人群的居住地的构成比例。居住人群的就业地在东山新城区以外的比例为61%,就业人群的居住地在东山新城区以外的比例为63%,就业人群的居住就业分离程度略大于居住人群。参考图5-141、图5-143,与百家湖片区居住人群和就业人群之间有较多通勤联系的行政区均为玄武区、鼓楼区以及雨花台,其次为白下区和秦淮区,百家湖片区与南京其他行政区之间的通勤联系相对较少。

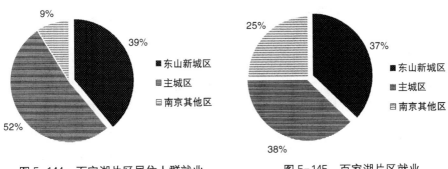

图5-144 百家湖片区居住人群就业
地比例构成图
资料来源:本课题组根据调研数据绘制

图5-145 百家湖片区就业
人群居住地比例构成图
资料来源:本课题组根据调研数据绘制

5.3.2 百家湖片区职住人群居住就业分离度测算

第5.3.1节中运用行政区划测度法分析了百家湖片区调研人群居住就业分离度,这一测算方法忽略了居住或就业在该区域边缘但就业地或居住地在相邻地区的职住人群对测算

结果的影响（详述参见第3.3.2节）。下面试图综合考虑通勤行为各因子,对百家湖片区职住分离程度进行更全面的测度。

1) 基于通勤时长的百家湖片区居住就业分离度测算

通过对国内外相关研究成果的总结可知,大部分学者采用30分钟作为界定通勤满意与否的标准,本次调研问卷的统计结果显示,当通勤时长超过30分钟时,受访人群通勤满意度调查中"不满意"的比例大幅增加,同时根据《中国城市发展报告2012》中的数据,南京平均通勤时长为32分钟,确定在南京新城区职住分离度测算中采用30分钟作为判断标准。

居住分离度

$$R_s = \frac{R_{>30}}{N_r}$$

式中：R_s为百家湖片区居住人群的居住分离度；$R_{>30}$为百家湖片区居住人群中通勤时长大于30分钟的样本数；N_r为百家湖片区居住人群问卷调查的样本总数。

根据本次百家湖片区居住人群调查问卷的数据,测算得出**百家湖片区的居住分离度为0.52**。

就业分离度

$$E_s = \frac{E_{>30}}{N_e}$$

式中：E_s为百家湖片区就业人群的就业分离度；$E_{>30}$为百家湖片区就业人群中通勤时长大于30分钟的样本数；N_e为百家湖片区就业人群问卷调查的样本总数。

根据本次百家湖片区就业人群调查问卷的数据,测算得出**百家湖片区的就业分离度为0.66**。

居住—就业分离度测算

居住就业分离度D_s的计算方法为：

$$D_s = \frac{R_{>30} + E_{>30}}{N_{re}}$$

式中：D_s为百家湖片区居住及就业人群的居住就业分离度；$R_{>30}$、$E_{>30}$分别为百家湖片区居住、就业人群中通勤时长大于30分钟的样本数；N_{re}为百家湖片区居住、就业人群问卷调查的样本总数。

根据本次百家湖片区居住、就业人群调查的问卷数据,测算得出**百家湖片区的居住—就业分离度为0.59**。

2) 基于通勤因子的百家湖片区职住综合分离度的测算

由第1.5.1节所述可知,由于调研人群的社会经济属性不同,其对通勤工具的选择及对通勤费用的承受能力均会有所不同,采用通勤时长这个单一指标很难全面衡量新城区居住、就业人群的职住分离程度。为此,将调研人群对通勤的满意度——通勤便利程度作为变量,将与通勤时长、通勤距离、通勤工具以及通勤费用做相关性分析,确定各自的权重。在对职住综合分离程度进行测算时,将四项指标因子的等级指数分别乘以各自权重,累加得到职住

综合分离程度的等级,即:

职住综合分离度(S)=通勤时长等级指数×(权重 1)+通勤工具等级指数×(权重 2)+通勤费用等级指数×(权重 3)+通勤距离等级指数×(权重 4)

（1）确定通勤因子等级指数

根据各个通勤因子二级变量的大小排序,确定各通勤因子的等级指数。

表 5-10　百家湖片区居住、就业人群通勤因子等级指数

特征类型	数据和指数	变量	
通勤时长	样本数据	15 分钟以内	15—30 分钟
		30—45 分钟	45 分钟—60 分钟
		1 小时以上	
	等级指数（按时间长短）	1	2
		3	4
		5	
通勤工具	样本数据	步行、自行车	电动车、摩托车
		公交车	班车
		出租车、私家车	地铁
	等级指数（按平均速度大小）	1	2
		3	4
		5	6
通勤费用	样本数据	100 元/月以下	100—200 元/月
		200—300 元/月	300 元/月以上
	等级指数（按费用高低）	1	2
		3	4
通勤距离	样本数据	5 km 以内	5—10 km
		10—15 km	15—20 km
		20 km 以上	
	等级指数（按空间距离远近）	1	2
		3	4
		5	

（2）确定居住、就业人群各通勤因子的权重值

将通勤便利度与通勤时长、通勤工具、通勤费用、通勤距离等 4 个指标因子进行 SPSS 相关性分析,分别得到 4 个因子的相关系数,即各通勤因子的权重(表 5-11)。

表 5-11　居住、就业人群通勤因子与通勤便利度的相关系数表

研究对象	通勤时长	通勤工具	通勤费用	通勤距离
	权重 1	权重 2	权重 3	权重 4
居住人群	0.669	0.530	0.558	0.682
就业人群	0.563	0.333	0.289	0.568

资料来源:课题组根据通勤因子统计数据进行 SPSS 相关性分析得出

（3）百家湖片区居住、就业人群职住综合分离度测算

居住人群的职住综合分离度测算

利用 SPSS 进行变量计算,测算出百家湖片区居住人群的职住综合分离度得分（表 5-12）。统计分档后发现,职住综合分离度得分 6.20 是百家湖片区居住人群职住不分离的临界值,当得分小于此值时,居住人群就业地为东山新城区及部分相邻地区,平均通勤时长小于 30 分钟。得分在 6.20—8.44 时,居住人群平均通勤时长大于 30 分钟,近半数人群认为通勤不便利,职住分离程度为低度分离。得分超过 8.44 时,居住人群认为通勤不便利或十分不便利,平均通勤时长大于 45 分钟,职住分离程度为高度分离。

表 5-12　百家湖片区居住人群不同职住分离程度归档表

职住分离程度	职住综合分离度得分	通勤特征	比例
职住不分离	$S \leqslant 6.20$	就业地为东山新城区及部分相邻地区,平均通勤时长小于 30 分钟,以非机动车、公交车通勤为主	50.9%
低度分离	$6.20 < S \leqslant 8.44$	就业地主要为主城区,平均通勤时长大于 30 分钟,以私家车、班车、公交车和地铁通勤为主	33.6%
高度分离	$S > 8.44$	就业地主要在主城区、南京周边地区,平均通勤时长大于 45 分钟,以私家车、班车和地铁通勤为主	15.6%

资料来源:课题组根据调研统计数据,利用 SPSS 进行变量计算后整理

将职住低度分离及高度分离人群所占比例相加,得到**百家湖片区居住人群职住综合分离度为** 0.49。

就业人群的职住综合分离度测算

同样测算出百家湖片区就业人群的职住综合分离度得分（表 5-13）。统计分档后发现,职住综合分离度得分 4.3 是百家湖片区就业人群职住不分离的临界值。当得分小于此值时,就业人群居住地为东山新城区及部分相邻地区,平均通勤时长小于 30 分钟。得分在 4.3—5.6 时,就业人群平均通勤时长大于 30 分钟,近半数人群认为通勤不便利,职住分离程度为低度分离。得分超过 5.6 时,就业人群认为通勤不便利或十分不便利,平均通勤时长大于 45 分钟,职住分离程度为高度分离。

表 5-13　百家湖片区就业人群不同职住分离程度归档表

职住分离程度	职住综合分离度得分	通勤特征	比例
职住不分离	S≤4.3	居住地为东山新城区及部分相邻地区,平均通勤时长小于30分钟,以非机动车和公交车通勤为主	36.5%
低度分离	4.3＜S≤5.6	居住地主要为主城区,平均通勤时长大于30分钟,以私家车、班车、公交车和地铁通勤为主	30.4%
高度分离	S＞5.6	居住地主要在主城区、南京周边地区,平均通勤时长大于45分钟,以私家车、班车和地铁通勤为主	33.1%

资料来源:课题组根据调研统计数据,利用 SPSS 进行变量计算后整理得出

　　将职住低度分离及高度分离人群所占比例相加,得到**百家湖片区就业人群职住综合分离度为 0.64**。

　　将上述考虑通勤各因子权重后得出的百家湖片区职住分离的居住人群和就业人群总数除以职住人群总数得出**百家湖片区职住人群的职住综合分离度为 0.56**。

5.3.3　百家湖片区职住空间失配特征解析

1）基于职住分离度的百家湖片区居住人群职住失配特征解析

（1）基于职住分离度的百家湖片区居住人群职住失配特征单因子分析

　　将第 5.1.2 节遴选的居住空间特征研究的 17 个单因子与第 5.3.2 节得出的百家湖片区居住人群职住综合分离度得分做 Spearman 相关性检验,得到居住空间特征指标因子与职住综合分离度相关系数表(表 5-14)。

表 5-14　居住空间特征指标因子与职住综合分离度相关系数表

研究对象	特征类型	一级变量		Spearman 相关性检验	相关性分析
居住人群	社会属性	1	年龄结构	-.217**	负相关
		2	原户口所在地	.118**	正相关
		3	学历水平	.458**	正相关
		4	家庭类型	.190**	正相关
	经济属性	5	个人月收入	.518**	正相关
		6	家庭月收入	.380**	正相关
		7	现有住房来源	.045*	正弱相关
		8	住房均价	.302**	正相关
		9	职业类型	-.147**	负相关

续表 5-14

研究对象	特征类型		一级变量	Spearman 相关性检验	相关性分析
居住空间	居住特征	10	入住时间	−.131**	负相关
	密度特征	11	住区容积率	−.169**	负相关
		12	住区入住率	−.078*	负弱相关
		13	住区人口密度	−.002	无明显相关
	住区类型	14	住区类型	.380**	正相关
		15	住区建设年代	.017	无明显相关
	配套设施	16	购物设施择位	.280**	正相关
		17	医疗设施择位	.180**	正相关

**. 在置信度（双侧）为 0.01 时，二者显著相关。
*. 在置信度（双侧）为 0.05 时，二者相关。

资料来源：课题组根据调研问卷数据，对其进行相关性分析得出

　　将百家湖片区居住空间特征的 17 个单因子与居住人群职住综合分离度进行相关性分析后，选取显著相关的年龄结构、原户口所在地、学历水平、家庭类型、个人月收入、家庭月收入、住房均价、职业类型、入住时间、住区容积率、住区类型、购物设施择位及医疗设施择位 13 个因子。按各因子所属特征类型，对百家湖片区居住人群职住失配特征进行分析。

　　① 社会属性：年龄结构与职住分离度呈负相关，原户口所在地、学历水平、家庭类型与职住分离度呈正相关

　　年龄结构——中、青年居住人群的职住分离比例较高

　　居住人群中年龄在 35—45 岁、25—35 岁、45—55 岁的人群职住分离比例较高，占比分别为 59%、55% 和 46%，且就业地分布较广。25 岁以下及 55 岁以上人群职住分离比例较低，分别为 37% 和 10%，就业地主要在东山新城区。其中年龄大的居住人群受身体状况限制选择在居住地附近就业。

　　学历水平——学历越高，职住分离比例越高。

　　百家湖片区居住人群中初中及以下学历人群职住分离的占比仅为 11%，高中或中专技校学历人群职住分离的占比为 28%，大专或本科学历人群职住分离的占比为 63%，研究生及以上学历人群职住分离的占比为 72%。高学历居住人群专业技能水平强，就业选择性大，他们趋向于选择就业机会较多的主城区工作，又选择房价低、环境好的新城区居住。低学历人群专业技能水平低，择业受限制，收入水平低，多选择就近就业，减少通勤成本。

　　原户口所在地——来自江宁区的职住分离比例低，来自其他区的职住分离比例高

　　原户口所在地来自江宁区的居住人群职住分离比例低，占比仅为 27%；来自南京主城区的居住人群职住分离比例较高，占比高达 58%；而来自其他地区的居住人群，占比在 50% 上下。原户口所在地间接反映居住人群原先的居住地和就业地，工作在主城的人群因无法承受主城高昂的房价，选择到房价较低的新城区购房居住，导致居住地与就业地分离。而对来自其他地区的人群，虽然选择在房价较低的新城区居住，但因新城区主要为制造业的蓝领就业岗位，难以找到与其学历水平及职业技能相对对应的岗位，故仍选择到主城区就业。

家庭类型——核心家庭和主干家庭的职住分离比例较高

百家湖片区单身家庭居住人群职住分离的占比为27.5%;核心家庭人群职住分离的占比为53.4%;主干家庭人群职住分离的占比为65.3%。核心家庭和主干家庭因对住房面积需求,兼顾配偶就业地和子女教育因素,故职住分离程度较高。

② 经济属性:个人月收入、家庭月收入、住房均价与职住分离度呈正相关,职业类型与职住分离度呈负相关

个人月收入——个人月收入越高,职住分离比例越高

中低收入群体(个人收入3 000元/月以下)中职住分离的比例低,占比在40%以下;中等收入群体(个人收入3 000—5 000元/月)中职住分离的占比为65%;中高收入群体(个人收入5 000—10 000元/月以上)中职住分离的占比为76%;高收入群体(个人收入10 000元/月以上)中职住分离的占比为85%。

家庭月收入——家庭月收入越高,职住分离比例越高

中低收入家庭(家庭收入6 000元/月以下)中职住分离的占比在30%以下;中等收入家庭(家庭收入6 000—10 000元/月)中职住分离的占比为59%;中高收入家庭(家庭收入在10 000—20 000元/月)中职住分离的占比为70%;高收入家庭(家庭收入在20 000元/月以上)中职住分离的占比为79%。

住房均价——住区平均房价越高,职住分离比例越高

百家湖片区住房均价在9 000元/m²以下的住区居住人群职住分离的占比为21.4%,均价9 000—12 000元/m²的住区居住人群职住分离的占比为27.7%,均价在12 000—15 000元/m²的住区人群职住分离的占比为30.1%,均价在15 000元/m²以上的住区居住人群职住分离的占比为45.6%。

职业类型——高收入人群的职住分离比例较高

百家湖片区居住人群中,产业工人的职住分离的比例较低,占比在27%,专业技术人员的职住分离的比例达到了67.5%。产业工人有相当部分是外来务工人员,收入水平较低(3 000元/月左右),选择租住在新城区,职住分离程度低。专业技术人员收入中等(5 000元/月左右),无力承担主城的高房价,只能在新城区购房,但新城区无法为其提供相应的岗位,使其仍在主城区就业,故职住分离比例高。

以上5个单因子都直接反映经济收入高低,高收入人群为追求更优越的居住环境和住房条件,选择在新城区居住,但新城区没有对应其经济收入的岗位,因此选择主城区的高收入岗位,导致职住分离程度较高。

③ 居住特征:入住时间与职住分离度呈负相关

入住时间——入住时间越短,职住分离比例越高

入住1年以下的居住人群职住分离的比例较高,占比为59%;入住5年以上的居住人群职住分离的比例较低,占比为48%。近年来南京整体住房价格上涨较快,入住5年以上的居住人群当年购房价格较低,收入水平较低,较易在新城区找到相应的就业岗位;而入住1年以下的居住人群购房价格较高,收入水平较高,就业地大多在主城区,职住分离程度较高。

④ 密度特征:住区容积率与职住分离度呈负相关

住区容积率——住区容积率越低,职住分离比例越高

百家湖片区住区容积率在 0.7 以下的住区居住人群职住分离的占比为 76%，容积率在 0.7—1.2 的住区居住人群职住分离的占比为 65%，容积率在 1.2—1.7 的住区居住人群职住分离的占比为 54%，容积率在 1.7—2.2 的住区居住人群职住分离的占比为 49%，容积率在 2.2 以上的住区居住人群职住分离的占比为 41%。

⑤ 住区类型：住区类型与职住分离度呈正相关

住区类型——住区档次越高，职住分离人群比例越高

不同住区类型居住人群的职住分离度显示，拆迁安置区居住人群中职住分离的比例仅为 8%，普通住区职住分离人群的比例为 38.5%，中档住区职住分离人群的比例为 46.5%，高档住区职住分离人群的比例为 48.3%。

住区档次越高，居住人群经济收入水平越高，选择环境优越的新城区居住，选择比新城区收入更高的主城区就业，导致职住分离程度较高。

⑥ 配套设施：购物设施择位、医疗设施择位与职住分离度呈正相关

对选择不同购物、医疗设施区位的居住人群的职住分离度进行统计后发现，选择在主城区进行相应活动的居住人群大多为高学历、高收入、居住在中档或高档住区的居民，该类居住人群较大部分就业地为主城区，职住分离的比例较大。

居住在中档或高档住区的高收入人群，其对购物、医疗设施水平的要求较高，新城区低水平、不完善的配套设施不能满足他们的要求，导致他们较多地选择主城区进行相应活动。

（2）基于职住分离度的百家湖片区居住人群职住失配特征主因子分析

将第 5.1.4 节通过因子降维分析得出的居住空间特征研究的 5 个主因子与居住人群的职住综合分离度做相关性分析，得到各主因子得分（表 5-15）。

表 5-15 百家湖片区居住空间特征主因子与职住综合分离度相关系数表

指标因子	主因子 1	主因子 2	主因子 3	主因子 4	主因子 5
	阶层特征	住区类型	住区密度	迁居特征	设施配套
Spearman 相关检验	.746**	.613**	.083	.397**	.439**
相关性分析	正相关	正相关	无明显相关	正相关	正相关

提取方法：主成分。
旋转法：具有 Kaiser 标准化的正交旋转法。

资料来源：课题组根据调研问卷数据，对其进行相关性分析得出

由表 5-15 可知，与职住综合分离度具有显著相关性的主因子为阶层特征、住区类型、迁居特征、设施配套主因子。下面分别从这 4 个主因子出发，对百家湖片区居住人群职住失配特征进行分析。

阶层特征——阶层特征主因子与职住分离程度呈正相关，主要反映了居住人群的个人月收入、家庭月收入、学历水平以及职业类型 4 个单因子。

这一主因子得分越高，居住人群的职住分离程度越高，特征为个人月收入和家庭月收入高，学历水平高，职业类型以机关社会团体人员、私营个体人员为主。

住区类型——住区类型主因子与职住分离程度呈正相关，主要反映了居住人群所在住区的住房均价、住区入住率以及住区类型 3 个单因子。

这一主因子得分越高,居住人群的职住分离程度越高,特征为住房均价高、入住率低、住区类型以中高档住区为主。

迁居特征——迁居特征主因子与职住分离程度呈正相关,主要反映了居住人群的年龄结构、入住时间、现有住房来源以及原户口所在地4个单因子。

这一主因子得分越高,居住人群的职住分离程度越高,特征为居住人群年龄较大,入住时间较长,现有住房来源为自购房,原户口所在地为南京主城区及南京周边地区。

设施配套——设施配套主因子与职住分离程度呈正相关,主要反映了居住人群的购物设施择位、医疗设施择位以及家庭类型3个单因子。

这一主因子得分越高,居住人群的职住分离程度越高,特征为购物设施和医疗设施选择在主城区的比例高,家庭类型以核心家庭和主干家庭为主。

（3）基于职住分离度的百家湖片区居住人群职住失配特征聚类分析

第5.1.5节通过对百家湖片区居住人群进行聚类分析得出了四类人群。第一类居住人群分布在中档和普通住区,第二类居住人群分布在高档住区及中档住区,第三类居住人群分布在普通住区,第四类居住人群分布在拆迁安置区及普通住区。

对这四类人群的职住综合分离度进行统计发现,第二类居住人群,即高档住区及中档住区人群的职住分离比例最高,占比为82%;第一类居住人群,即中档住区和普通住区人群的职住分离比例次之,占比为70%;第三类居住人群,即普通住区人群的职住分离比例为21%;第四类居住人群,即拆迁安置区及普通住区人群的职住分离比例最低,占比为10%（图5-146）。百家湖片区居住人群职住失配特征的聚类分析结果显示,住区档次越高,居住人群的职住分离程度越高。

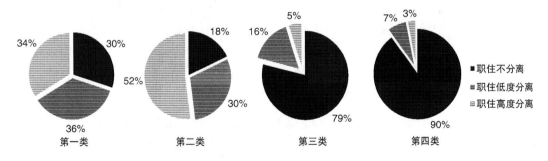

图5-146　百家湖片区居住人群职住分离比例构成图
资料来源:本课题组根据调研统计数据绘制

如图5-147所示,将聚类分析的四类人群中职住分离的居住人群的就业地进行统计,并分别按所属行政分区进行空间落位,发现不同类群的职住分离人群就业地分布差异较大。第一类人群中职住分离人群的主要就业地为东山新城区,其次为靠近东山新城区的雨花台区,秦淮区和白下区相对次之,总体分布态势呈以百家湖为中心圈层逐渐递减的规律。第二类人群中职住分离人群的主要就业地为主城区,工作地点较为分散,在主城各行政分区内均占有一定比例。第三类和第四类人群的就业地主要为东山新城区,职住分离程度较低。

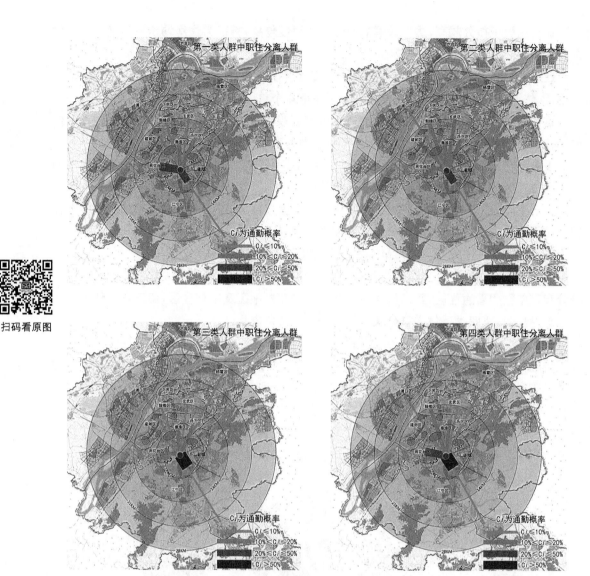

图 5-147　百家湖片区职住分离的居住人群就业地所属行政分区空间分布图
资料来源:本课题组根据调研统计数据绘制

因此在居住空间层面上,要实现百家湖片区的职住空间的优化匹配,缓解新城区与主城之间的通勤压力,应从解决第一类和第二类人群的职住分离状况入手,引导这两类人群更多地选择在新城区工作。

2) 基于职住分离度的百家湖片区就业人群职住失配特征解析

(1) 基于职住分离度的百家湖片区就业人群职住失配特征单因子分析

将第 5.2.2 节遴选的就业空间特征研究的 15 个单因子与第 5.3.2 节得出的百家湖片区就业人群职住综合分离度得分做 Spearman 相关性检验,得到就业空间特征指标因子与职住综合分离度相关系数表(表 5-16)。

表 5-16　百家湖片区就业空间特征指标因子与职住综合分离度相关系数表

研究对象	特征类型		一级变量	Spearman 相关性检验	相关性分析
就业人群	社会属性	1	性别	−.014	无明显相关
		2	年龄结构	.279**	正相关
		3	原户口所在地	−.080	无明显相关
		4	学历水平	.023	无明显相关
		5	家庭类型	.215**	正相关
	经济属性	6	个人月收入	.045	无明显相关
		7	家庭月收入	.034	无明显相关
		8	现有住房来源	−.014	无明显相关
		9	就业岗位	−.170*	负弱相关
		10	工作年限	.196**	正相关
就业空间	居住特征	11	居住方式	.235**	正相关
		12	居住形式	−.231**	负相关
		13	居住时间	.226**	正相关
	密度特征	14	单位人口密度	.023	无明显相关
	单位类型	15	行业类别	.169*	正弱相关

资料来源：课题组根据调研问卷数据，对其进行相关性分析得出

　　将百家湖片区就业空间特征的 15 个单因子与就业人群职住综合分离度进行相关性分析后，选取显著相关的年龄结构、家庭类型、工作年限、居住方式、居住形式及居住时间 6 个单因子，按各因子所属特征类型，对百家湖片区就业人群职住失配特征进行分析。

　　① 社会属性：年龄结构和家庭类型与职住分离度呈正相关

　　年龄结构——年龄越大，职住分离比例越高

　　百家湖片区就业人群中，35 岁以下人群职住分离的占比为 55％；35—45 岁人群职住分离的占比为 64％；45—55 岁人群职住分离的占比高达 73％。

　　家庭类型——核心家庭、主干家庭职住分离比例大

　　百家湖片区就业人群单身家庭与夫妻家庭职住分离的占比均为 53％左右；核心家庭、主干家庭职住分离的占比超过了 60％。

　　中年及高龄就业人群在新城区建设前大多已就业，当时就业地、居住地在主城区，后因企业郊迁来新城区工作。核心家庭和主干家庭比较稳定，需兼顾配偶就业地和子女教育因素，居住地固定后迁居的可能性较小，故职住分离程度较高。

　　② 经济属性：工作年限与职住分离度呈正相关。

　　工作年限——工作年限越长，职住分离比例越高

　　百家湖片区就业人群中工作年限 3 年以下人群职住分离的占比为 48％；工作年限 10 年以上人群职住分离的占比为 74％。

　　管理人员、销售人员中收入较高、工作年数较长的就业人群大多是随企业郊迁被动搬迁

到新城区工作的,这些人群仍然选择居住在设施完善的主城区,导致职住分离程度较高。

③居住特征:居住方式、居住时间与职住分离度呈正相关,居住形式与职住分离度呈负相关。

居住方式——与家人居住的调研人群职住分离比例大

百家湖片区独居或与他人合租的调研人群职住分离的占比较低,为40%;与家人居住的调研人群职住分离的程度较高,占比为68%。

与家人居住的调研人群当其就业地发生变化时,受配偶就业地和子女教育因素限制,一般不易更换居住地,故导致职住分离程度较高。

居住形式——每天往返居住地的调研人群职住分离度高

在三种居住形式中,居住在宿舍及工作日宿舍、休息日居住地的调研人群总量很少,每天往返居住地的调研人群比例高达85%,其中职住分离人群的占比为59%,职住分离程度较高。

居住时间——居住时间越长职住分离程度越高

百家湖片区就业人群中在现居住地居住时间3年以下的人群职住分离的占比为57%;居住时间3年以上的人群职住分离的占比为86%,可见在现居住地居住时间较长的就业人群职住分离程度较高。

(2) 基于职住分离度的百家湖片区就业人群职住失配特征主因子分析

将第5.2.4节通过因子降维分析得出的就业空间特征研究的5个主因子与就业人群的职住综合分离度做相关性分析,得到各主因子得分表(表5-17)。

表5-17　百家湖片区就业空间特征主因子与职住综合分离度相关系数表

指标因子	主因子1	主因子2	主因子3	主因子4	主因子5
	家庭结构	经济水平	职位工龄	职业状况	居住状况
Spearman 相关检验	.876**	−.023	.713**	.537**	−.439**
相关性分析	正相关	无明显相关	正相关	正相关	负相关

提取方法:主成分。

旋转法:具有 Kaiser 标准化的正交旋转法。

资料来源:课题组根据调研问卷数据,对其进行相关性分析得出

由表5-17可知,与职住综合分离度具有显著相关性的百家湖片区就业空间特征主因子为家庭结构、职位工龄、职业状况和居住状况主因子。下面分别从这四个主因子出发,对百家湖片区就业人群职住失配特征进行分析。

家庭结构——家庭结构主因子与职住分离程度呈正相关,主要反映原户口所在地、家庭类型、居住时间及居住方式4个单因子。

该主因子高得分水平就业人群的职住综合分离度较高,该类就业人群的主要特征为:原户口所在地为南京本地、家庭类型以核心家庭及主干家庭为主、居住时间一般超过5年、居住方式主要为与家人居住。

职位工龄——职位工龄主因子与职住分离程度呈正相关,主要反映年龄结构、就业岗位、工作年数3个单因子。

该主因子高得分水平就业人群的职住综合分离度较高,该类就业人群的主要特征为:年龄以中年为主,管理人员和专业技术人员占较大比例,工作年限一般在5年以上。

职业状况——职业状况主因子与职住分离程度呈正相关,主要反映性别、行业类别、单位人口密度3个单因子。

该主因子高得分水平就业人群的职住综合分离度较高,该类就业人群的主要特征为:所属行业为制造业,以男性为主,单位人口密度在 150 人/hm² 以下。

居住状况——居住状况主因子与职住分离程度呈负相关,主要反映现有住房来源和居住形式2个单因子。

该主因子低得分水平就业人群的职住综合分离度较高,该类就业人群的主要特征为:现有住房来源为自购房和继承房,居住形式为每天往返居住地。

(3)基于职住分离度的百家湖片区就业人群职住失配特征聚类分析

第5.2.5节通过对百家湖片区就业人群进行聚类分析得出了三类人群,第一类是制造业就业人群,第二类是科研机构就业人群,第三类是商业服务业就业人群。

对这三类人群的职住综合分离度进行统计发现,职住分离人群在第一类人群中所占比例最高,为58%;在第二类人群中所占比例为49%;在第三类人群中所占比例最低,为35%(图5-148)。

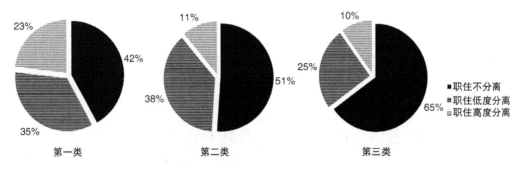

图 5-148　百家湖片区就业人群职住分离比例构成图
资料来源:本课题组根据调研统计数据绘制

如图 5-149 所示,将聚类分析出的三类人群中职住分离的就业人群的居住地进行统计,并分别按所属行政分区进行空间落位,发现第一类人群中职住分离人群的居住地较为分散,主要分布在主城区各行政分区。第二类和第三类人群中职住分离人群的居住地主要为东山新城区和江宁其他地区。

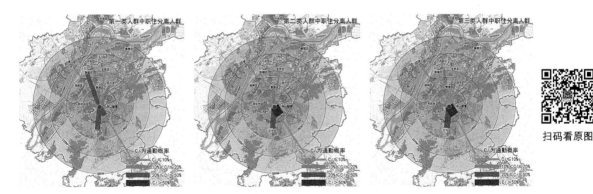

图 5-149　百家湖片区职住分离的就业人群居住地所属行政分区空间分布图
资料来源:本课题组根据调研统计数据绘制

因此,在就业空间层面上,要实现百家湖片区的职住空间的优化匹配,缓解新城区与主城之间的通勤压力,应完善新城区公共设施配套和居住环境建设,提出针对就业人群的迁居扶持政策,引导第一类和第二类就业人群更多地选择在新城区居住,降低新城区的职住分离程度。

5.3.4　百家湖片区职住空间结构失配特征总结

在第5.3.3节百家湖片区职住空间失配影响因素解析的基础上,对第5.1.3节、第5.2.3节中百家湖片区居住、就业空间特征的单因子进行对比分析,总结出以下4个百家湖片区职住空间结构失配的特征。

1) 百家湖片区居住人群学历水平与就业空间结构失配

将百家湖片区居住人群与就业人群的学历水平单因子进行比较分析,发现两者学历水平构成存在显著差异(图5-150),研究生及以上学历在就业人群中占比为20%,在居住人群中占比为13%;高中及以下学历在就业人群中占比为32%,在居住人群中占22%,说明百家湖片区就业空间提供的高学历和低学历岗位占比大于相应学历的居住人群的占比。低学历就业人群无法承担百家湖片区的高房价,而高学历就业人群对配套设施需求高,选择在主城区居住,从而造成这两类人群的职住分离。

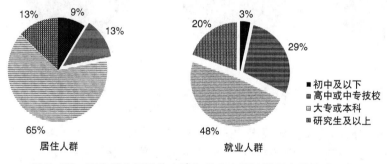

图5-150　百家湖片区居住人群与就业人群的学历水平构成比较
资料来源:本课题组根据调研数据绘制

百家湖片区大专或本科学历在就业人群中占比为48%,在居住人群中占比为65%,反映出百家湖片区就业空间提供的中等学历岗位占比较小,而居住人群中中等学历的占比却很大,中等学历居住人群无法在百家湖片区找到相应的岗位,造成中等学历水平居住人群与就业空间所需失配。

2) 百家湖片区居住人群收入水平与就业空间结构失配

将百家湖片区居住人群和就业人群的个人月收入单因子进行比较分析,发现中高收入水平的居住人群占比大于就业人群(图5-151),个人月收入5 000—10 000元的人群在居住人群中的占比为26%,在就业人群中的占比仅为17%,反映出百家湖片区无法为个人月收入在5 000—10 000元的居住人群提供相应的就业岗位。

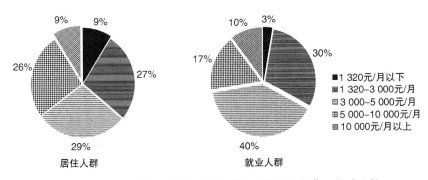

图 5-151　百家湖片区居住人群与就业人群个人月收入构成比较
资料来源:本课题组根据调研数据绘制

个人月收入 3 000—5 000 元在就业人群中的占比为 40％,在居住人群中的占比仅为 29％,中等收入岗位的占比大于居住人群的占比,反映出百家湖片区这部分岗位没有相应的居住人群来就业。收入水平占比的差异造成居住人群收入水平与就业空间结构失配。

3) 百家湖片区就业人群住房来源与居住空间结构失配

将百家湖片区的住房来源单因子进行对比分析,发现现有住房来源构成差异显著。自购房在居住人群中的占比为 74％,而在就业人群中的占比仅为 19％;继承、单位福利分房在就业人群中的占比为 31％,而在居住人群中的占比仅为 3％(图 5-152)。说明居住人群主要是通过购买商品房从而迁居到百家湖片区的,而就业人群主要是通过继承、单位福利分房途径得到现住房的。继承的上一辈的房源大多在主城区,有单位福利分房的大多为郊迁老企业,住房一般在郊迁企业原址周边,也在主城区。就业人群现有住房来源与居住空间现有住房来源的结构性失配导致该类就业人群职住分离。

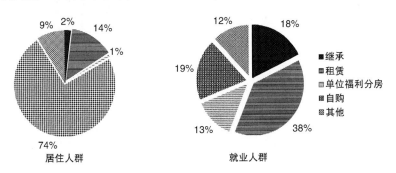

图 5-152　百家湖片区居住人群与就业人群住房来源构成比较
资料来源:本课题组根据调研数据绘制

4) 百家湖片区就业人群家庭月收入与住房价格的结构失配

百家湖片区居住人群中自购房的比例占 74％,而将就业人群家庭月收入与百家湖片区住房均价进行对比分析,发现 2014 年 6 月江宁的住房均价为 14 869 元 /m²(图 5-153),按每户 90 m² 计,总价为 133.8 万元。百家湖就业人群平均家庭月收入为 8 900 元,以此计算房价收入比为 12.5,远远偏离了合理的房价收入比(标准为 4—6),原先没有住房的低收入就业人群无法承担百家湖片区的高房价。就业人群家庭的低收入和百家湖片区高房价的不匹配是造成职住分离的主要原因之一。

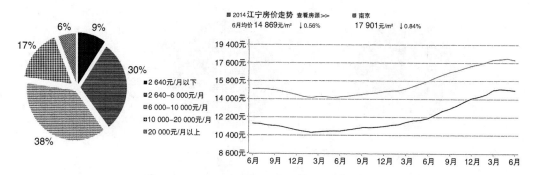

图 5-153　百家湖片区就业人群家庭月收入与住房价格比较
资料来源:本课题组根据调研数据绘制

5) 百家湖片区就业人群择居要求与居住空间结构失配

第 5.3.3 节对百家湖片区职住空间失配特征的解析中,百家湖片区制造业的就业人群职住分离程度较高,这类分离人群的特征为:年龄大、中等学历、中等收入、工作年限长、以核心家庭和主干家庭为主,所在单位多为郊迁企业、居住在主城区。该类就业人群认为与主城区相比,虽然百家湖片区居住环境相对优越,但以中高档住区为主,住房面积偏大,适合主干家庭和核心家庭的 90—120 m² 住房供给相对不足,住房总价偏高,目前各项配套设施尚不完善,片区内的居住人群选择在新城区外的购物和医疗设施的比重各为 44%、47%,不能满足中等收入就业人群的居住需求。就业人群的择居要求与居住空间结构失配,导致无法吸引该类就业人群由主城迁居新城区。

6 新城区居住就业空间的协调发展机制与策略

本书第3～5章采用 SPSS 因子分析法对南京三个新城区居住与就业空间的人群要素和空间要素进行特征分析,进而以职住人群的通勤特征为切入点,分析新城区职住分离人群的职住空间结构失配特征。本书从新城区的居住—就业总量平衡测度到居住就业空间的结构性失配分析,层层深入,比较研究南京三个新城区居住与就业空间的相关特征及相互关系,从中总结出新城区居住就业空间协调发展的总量平衡律、结构匹配律、通勤交通适配律及公共设施协配律。

6.1 新城区居住就业空间的协调发展机制

6.1.1 新城区居住就业空间的总量平衡律

1) 新城区城市建设用地结构的总量平衡

如第2.1节南京新城区发展演变过程中的分析所言,2000 年南京行政区划调整,撤县设区,提出"一疏散三集中"的城市发展战略,南京市的新城建设进入综合发展阶段,强调职住平衡的理念。城市规划的核心内容是对城市土地使用的综合规划。职住平衡的新城规划建设,首先体现的就是城市建设用地结构的平衡。

第 2.2.2 节对江北副城研究单元浦口高新区组团建成区的现状城市建设用地进行统计,浦口高新区组团现状城市建设用地面积为 4 215.26 hm²,其中居住用地 1 249.55 hm²,占现状建设用地的 29.64%;工业用地 1 099.75 hm²,占现状建设用地的 26.09%;公共管理与公共服务设施用地 629.60 hm²,占现状建设用地的 14.94%。

第 2.3.2 节对仙林副城建成区的现状城市建设用地进行统计,仙林副城现状城市建设用地面积为 6 963.6 hm²，其中居住用地 950.6 hm²，占现状建设用地的 13.65%；工业用地 2 540.1 hm²，占现状建设用地的 36.48%；公共管理与公共服务设施用地 1 341 hm²，占现状建设用地的 19.26%。

2010 年仙林副城总体规划为扭转 2003 年仙林新市区总体规划"大学＋地产"的功能布局所导致的"假日空城"现象，将仙林副城的规划范围做了大幅扩张，将西北部的新港开发区用地纳入仙林副城规划范围，以期增强仙林副城职住平衡的独立性。由于仙林新城建设进度较慢，落后于其他两个新城，再加上规划范围大幅调整，导致仙林副城现状城市建设用地结构中工业用地占比偏高。

第 2.4.2 节对东山副城建成区的现状城市建设用地进行统计，东山副城现状城市建设用地面积为 8 361.3 hm²，其中居住用地 2 282.6 hm²，占现状建设用地的 27.3%；工业用地 2 138.7 hm²，占现状建设用地的 25.58%；公共管理与公共服务设施用地 723.9 hm²，占现状建设用地的 8.66%。

根据《城市用地分类与规划建设用地标准（GB 50137—2011）》第 4.4 条规定，规划城市建设用地结构，即居住用地、工业用地等主要用地规划占城市建设用地的比例宜符合以下规定：居住用地占城市建设用地的 25.0%—40.0%，工业用地占城市建设用地的 15.0%—30.0%，公共管理与公共服务设施用地占城市建设用地的 5.0%—8.0%。从上述比较分析可以看到，除仙林副城由于近期规划范围大幅调整，居住用地的建设尚未跟上，导致工业用地占比偏高外，南京其他新城建成区的现状城市建设用地结构是按照国家规划建设用地标准的要求来控制的，居住与就业的建设用地结构是平衡的。从土地使用配置结构上来看呈现独立的自我"平衡发展"的综合新城区的格局，而不是功能单一的开发区模式。

2) 行政单元的就业—居住的总量平衡

第 2.5.1 节分别对江北副城、仙林副城、东山副城所在的浦口区、栖霞区和江宁区这三个行政分区单元进行"就业—居住"的总量平衡指数测度，得出浦口区平衡指数为 1.08，栖霞区平衡指数为 1.03，就业功能略强于居住功能；江宁区平衡指数为 0.92，居住功能略强于就业功能。三个新城区所在的行政单元平衡指数都接近 1.0，表明以行政单元范围测算，南京三个新城区就业—居住的总量相对平衡。

3) 研究单元的就业—居住的总量平衡

第 2.5.2 节将江北副城浦口高新区组团、仙林副城、东山副城作为研究单元，分别对其就业—居住比率进行测度，即采用研究单元提供的就业岗位数与在单元内居住的适龄就业人口数的比值来测度南京新城区的就业—居住平衡度。当比值处于 0.8—1.2 之间时，一般认为该研究单元就业—居住是平衡的。

测算得出江北副城浦口高新区组团就业—居住平衡度为 1.18，仙林副城就业—居住平衡度为 1.10，东山副城就业—居住平衡度为 0.92，三个新城区的就业—居住平衡度均处于 0.8—1.2 之间，表明以研究单元范围测算，南京三个新城区就业—居住的总量相对平衡。

4) 新城区居住就业空间的总量平衡律

综上所述，南京的新城建设无论是从城市建设用地配置结构、行政单元的"就业—居住"总量平衡指数,还是从研究单元的就业—居住比率方面测算,"就业"与"居住"这两个城市空间结构中的核心内生变量,从"量"的方面来说,总量都是相对平衡的。这说明南京新城建设遵循居住就业空间总量平衡的规律,本书将其称为新城区居住就业空间发展的**"总量平衡律"**。

"总量平衡律"的内涵是指在大城市的新城区建设中,为达到职住均衡的目标,城市建设用地中的居住用地与产业用地的比例结构配置应总体平衡,新城区的居住人口与就业岗位在总量上应相对平衡。其适用对象是与大城市主城中心通勤时空距离在30分钟以上的独立新城区。

6.1.2　新城区居住就业空间的结构匹配律

1) 新城区居住就业空间的结构失配

新城区居住就业空间的"总量平衡律"反映南京的新城建设是在职住平衡理念指导下,按照"综合新城"的模式,谋求产业和人口的等量平衡布局,新城具有较大的规模及综合的功能,因而应该具有自我"平衡发展"的可能性。然而本书揭示在新城区的范围内,虽然居民中适龄就业人口数量和新城区所能提供的就业岗位数量大致相等,但新城区的职住分离程度比较高,并未达到大部分居民可以就近工作的职住平衡的规划预期。

居住在新城区的就业人口和就业岗位数量上的大致相等,只是反映在新城区存在相同数量的住房机会和就业机会,城市中众多经济主体(在此相关的是新城区居住人群和就业人群)在各种约束下如何进行空间选择、决定城市空间结构的形成。即获得住房机会的当地居民,有多大比例选择当地的就业机会;或者获得就业机会的当地就业人群,有多大比例选择当地的住房机会,将决定新城的居住就业空间结构是否平衡。对新城区居住就业空间平衡的测度,除了数量的平衡测度(一般称为平衡度的测量),还有质量的平衡测度,一般是指在给定的地域范围内居住并就业的适龄就业人群数量所占的比例,称为自足性(Self-contained)的测度。

本书的第3—5章分别对江北副城泰山园区、仙林副城仙鹤片区、东山副城百家湖片区的居住就业自足性进行了测度。泰山园区居住就业分离度为0.41,自足度为0.59(3.3.1节)。仙鹤片区居住就业分离度为0.47,自足度为0.53(4.3.1节)。百家湖片区居住就业分离度为0.62,自足度为0.38(5.3.1节)。反映了三个新城区均有相当比例的人群居住在新城区,但工作不在新城区;或者工作在新城区,但居住不在新城区,导致新城区的居住就业空间结构失配。

2) 新城区居住就业空间失配与住房可支付性:

在第3.3节、第4.3节、第5.3节新城区职住空间失配研究中,我们对造成新城区居住就业空间结构失配的原因进行了剖析。一般来说,就业人群会尽可能地选择靠近工作地点的住房,虽然双职工家庭因素和子女教育因素使得居住区位选择变得更加复杂,但研究表明家庭月收入和住房均价与职住综合分离度呈显著正相关(表3-15),表明居民对住房的支付能力(即住房的可支付性)仍然是决定是否更换居住地的重要因素。

　　住房的可支付性研究一般包括家庭收入、住房成本(价格和租金)和通勤费用[①]。南京三个新城区居住人群的住房来源主要是自购商品房,租赁住房占比较小。泰山园区自购房为 65%,租赁房仅为 13%(3.1.3 节);仙鹤片区自购房为 58%,租赁房仅为 22%(4.1.3 节);百家湖片区自购房为 74%,租赁房仅为 14%(5.1.3 节),且就业人群租房地点一般靠近就业地,不会增大职住分离程度。三个新城区的通勤费用较低,每月通勤费用在 300 元以下的人群占比泰山园区为 77%,仙鹤片区为 72%,百家湖片区为 72%,相对住房成本来说,对就业人群择居影响度较小。因此本书认为对新城区就业人群而言,住房可支付性的最核心要素仍然是家庭收入和住房价格。

　　百家湖片区目前的主导产业是一般制造业,就业岗位主要是企业蓝领,收入较低。泰山园区主导产业是先进制造业,就业人群收入中等。仙鹤片区就业空间以高校为主,就业岗位主要是教师和科研人员,收入中等。根据本书调查统计,百家湖片区就业人群平均家庭月收入为 0.89 万元,仙鹤片区平均家庭月收入为 1.07 万元,泰山园区平均家庭月收入为 1.04 万元。而根据安居客网站数据,2014 年 6 月江宁的住房均价为 14 869 元/m^2,栖霞的住房均价为 15 251 元/m^2,浦口的住房均价为 11 406 元/m^2[②],按新城区平均每户建筑面积 90 m^2 计,住房总价江宁为 133.8 万元,栖霞为 137.3 万元,浦口为 102.7 万元,以此计算新城区平均住房总价与就业人群平均年家庭收入的比值(即该新城区就业人群的房价收入比),百家湖片区为 12.5,仙鹤片区为 10.7,泰山园区为 8.2,严重偏离了合理的房价收入比(一般认定为 4—6)。

　　南京主城向新城区疏散的产业主要为制造业和高等院校,提供的主要为中低收入的就业岗位,而新城区住房来源单一,主要为房地产开发的高价商品房,缺乏多层次的住房供应,尤其缺乏各类保障性住房和中低价住房,原先没有住房的中低收入就业人群无力承担新城区的高房价,即高价的商品房供应结构与中低收入的就业岗位结构的不匹配是造成新城区职住分离的主要原因。

　　如上所述,泰山园区居住就业分离度为 0.41,仙鹤片区分离度为 0.47,百家湖片区分离度为 0.62。相比泰山园区和仙鹤片区,百家湖片区是综合型新城区,与主城的交通联系最为方便,功能相对综合,但分离度反而最高。究其原因,百家湖片区主导产业是一般制造业,又因为片区自然环境优美,西有将军山,中有百家湖,早期房地产开发大都定位为别墅等高档楼盘,面积大,总价高,所以就业岗位收入结构与住房供应结构的不匹配度最高(百家湖片区房价收入比最高,为 12.5),分离程度最高。反观泰山园区,与主城的交通联系最不方便,是产业型新城区,功能相对单一,主导产业是先进制造业,就业人群收入较高。因为交通不便,房地产开发的商品房定价较低,且主要为中小户型,总价低,所以就业岗位收入结构与住房供应结构的不匹配度最低(泰山园区房价收入比最低,为 8.2),分离程度最低。

3) 新城区居住就业空间失配与就业机会可获得性

　　新城区居住就业空间的结构失配使新城区的居住人群在新城区遇到就业障碍,新城区产业结构单一导致就业岗位单一,新城区制造业中低收入岗位与住房结构高档化的错位都

---

　　① 郑思齐,龙奋杰,王轶军,等. 就业与居住的空间匹配:基于城市经济学角度的思考[J]. 城市问题,2007(6):56-62.

　　② http://nanjing.anjuke.com/market/pukou/#mode=1&hm=0&period=36.

大大降低了居住人群就业机会的可获得性。

仙林副城定位为大学城,高等院校是仙鹤片区就业空间的主体,就业人群的职业类型以教师科研人员为主,所占比例高达 56%(图 4-79),这些高校大多是由主城郊迁而来,原有教师在主城大多有住房,因双职工家庭因素、子女教育因素、仙鹤片区设施配套不完善原因等,这部分人群并未选择迁居到新城区。仙鹤片区的居住人群学历水平普遍不高,研究生以下学历在居住人群的占比为 81%,而在就业人群中研究生及以上学历的占比为 47%(图 4-141),研究生以下学历的居住人群是难以在高等院校获得就业岗位的,这导致了居住人群在新城区的就业障碍。

东山副城就业空间主体是一般制造业的中低收入岗位,而住房供应主体是高档商品房,居住人群收入普遍较高。百家湖片区就业岗位的主体月收入水平为 1 320—5 000 元,占 70%。而居住人群月收入水平为 1 320—5 000 元的仅占 56%(图 5-151)。造成百家湖片区中低收入的岗位没有匹配的居住人群就业,而高收入的居住人群在百家湖片区找不到相应的就业岗位。居住人群在新城区缺乏合适的就业机会,导致居住就业空间结构失配。

4)新城区居住就业空间的结构匹配律

一方面,新城区中低收入就业人群因无力承担高房价,无法迁居到就业地附近;另一方面,高收入的居住人群在新城区找不到合适他们的就业机会,即高档的商品房供应结构与中低收入的就业岗位结构的错位是造成南京新城区职住分离的主要原因。

"就业"与"居住"这两个城市空间结构的核心内生变量,在新城区范围虽然在总量上相对平衡,但在质量上并不匹配,南京新城建设存在着严重的**居住就业空间结构失配现象**。为达到新城区居住就业空间的协调发展,新城区建设不仅要遵循居住就业空间总量平衡的规律,而且要尽量降低居住就业空间的结构失配现象,即既要达到"数量"上的"总量平衡",还要达到"质量"上的"结构匹配",才能真正实现新城区的"职住均衡"发展,本书将其称为新城区居住就业空间发展的**"结构匹配律"**。

在本书第 3.3 节、第 4.3 节、第 5.3 节新城区职住空间失配研究中,我们发现新城区居住就业空间结构失配是多方面多层次的,包括居住人群及就业岗位的社会属性失配(如学历水平、年龄结构等)、经济属性失配(如收入水平、住房来源、职业类型等)以及居住就业空间的结构失配(如住房供应结构、就业岗位结构等)。不同的新城区因发展历程、产业模式、住房市场定位等不同,其空间结构失配的特征也有所不同。但其最核心的特征是居住人群、就业岗位的空间错位,对其错位度,也就是对居住就业空间结构失配度的衡量,可通过对居住人群住房水平和就业人群收入水平的测度来达成。我们用新城区平均住房总价与就业人群平均年家庭收入的比值(简称房价收入比)来测度新城区居住就业空间结构的失配程度,结果显示,**房价收入比越高,就业空间与居住空间的结构失配程度就越高,该新城区的职住分离程度也越高**。

"结构匹配律"的内涵是指在大城市的新城区建设中为达到职住均衡的目标,"就业"与"居住"这两个新城区空间结构的核心内生变量,除了在"数量"上满足"总量平衡"的要求外,在"质量"上还应达到居住人群、就业岗位的"空间结构匹配"。其适用条件是与大城市主城中心通勤时空距离在 30 分钟以上的独立新城区。

以往对新城职住分离现象的研究大多针对某一新城,无法比较不同职住分离程度的情况,导致不能客观分析新城职住分离程度的影响因素。本书选择处于同一城市,具有相似发展条件的三种不同产业类型的新城区,通过对其居住就业空间结构失配度与职住分离度的比较分析,较好地解释了在居住就业空间总量平衡的基础上,南京三个新城区的职住分离程度为何有较大差异的现象。也间接证明通过缩小新城区的居住就业空间结构失配程度,可以降低新城区的职住分离程度,优化新城区居住就业空间结构,达到推动大城市新城区健康、协调发展的目的。国外以 Giuliano(1991)为代表的怀疑学派质疑职住平衡这一传统规划理念的有效性①,本书研究表明职住平衡的规划理念是有效的。相比国外居住一就业数量严重不平衡的"卧城""工业卫星城"模式,中国新城建设中职住失调的形成机制更为复杂,不是表面数量的不平衡,而是内在结构的不匹配。仅仅考虑居住人口、就业岗位数量的职住平衡策略,是不全面的,并不能真正解决职住分离问题。

6.1.3 新城区居住就业空间的通勤交通适配律

1) 新城区居住一就业双向空间错位导致通勤交通双向拥堵

"就业"与"居住"这两个城市结构的核心变量在城市空间中的相互联系构成通勤交通,要研究城市通勤交通问题,就要先了解城市居住、就业的空间分布特征。

西方大城市郊区化过程中,由于汽车和高速公路的快速发展,城市居民追求郊区优美的居住环境,大量向郊外新城迁居,而就业中心仍在主城,造成早晚新城和主城间的钟摆式交通拥堵。

中国的情况与此不同。20 世纪 80 年代以来,随着城市土地制度改革,在城市土地级差地租效应的推动下,南京实行"退二进三"的产业发展政策,新城区接纳主城郊迁的第二产业,成为第二产业就业中心,而郊迁企业的原有职工,因新城区住房供应结构与其家庭经济收入水平不匹配、双职工家庭因素、子女教育因素、新城区设施配套不完善等多方面多层次的原因,仍居住在主城计划经济时代分配的福利住房中。同时随着第二产业外迁,主城兴建大量写字楼,逐渐成为高附加值的第三产业就业中心,而其吸引的高学历新就业人群,收入虽比第二产业工人高,却也无力承受主城高昂的房价,只能被动选择在新城区购房居住。这就形成蓝领居住地在主城、就业地在新城,而白领居住地在新城,就业地在主城的**双向空间错位现象**,从而造成了南京早晚高峰主城与新城间双向潮汐式的交通拥堵现象。

2) 通勤距离:跨新城区通勤人数较多,通勤距离较长

根据新城区调研人群的居住地和就业地的空间分布情况,以通勤目的地来衡量职住人群的通勤距离,本书研究调研结果表明南京新城区职住人群跨新城区通勤人数较多,通勤距离较长。泰山园区通勤目的地为主城区及南京其他区(指六合区、栖霞区、江宁区)的职住人群占41%(见本书 3.3.1 节)。仙鹤片区通勤目的地为主城区及南京其他区(指浦口区、六合区、江宁区)的职住人群占47%(第4.3.1节)。百家湖片区通勤目的地为主城区及南京其他区(指浦口区、栖霞区、江宁滨江新城、六合区)的职住人群占 62%(第5.3.1节)。

---

① Genevieve Giuliano. Is jobs-housing balance a transportation issue? [J]. Transportation Research Record，1991，13(5)：305-312.

3）通勤时间：相当比例的职住人群通勤时间超过 30 分钟

通勤时间的长短是衡量居住就业分离程度的最为直观的指标，是通勤距离和通勤工具综合作用的结果。本书调研结果表明南京新城区相当比例的职住人群通勤时间超过 30 分钟，居住就业分离程度较高。泰山园区通勤时间超过 30 分钟的职住人群占 35%（第 3.3.1 节）。仙鹤片区通勤时间超过 30 分钟的职住人群占 46%（第 4.3.1 节）。百家湖片区通勤时间超过 30 分钟的职住人群占 59%（第 5.3.1 节）。

4）通勤工具：公交通勤分担率偏低

通勤工具是居住和就业人群综合权衡通勤距离、通勤时间、通勤费用和通勤便利度后做出的选择。本书调研结果表明南京新城区职住人群以公交车、地铁等公交方式通勤的分担率较低，泰山园区公交通勤分担率为 21%（第 3.3.1 节）。仙鹤片区公交通勤分担率为 24%，其中公交车为 13%，地铁为 11%（第 4.3.1 节）。百家湖片区公交通勤分担率为 29%，其中公交车为 12%、地铁为 17%（第 5.3.1 节）。交通部"十二五"发展规划提出示范城市公交通勤分担率达到 50% 以上，南京市 2013 年 9 月提出青奥会前全市公交通勤分担率达到 44%[①]。与这个目标相比，南京新城区职住人群的公交通勤分担率偏低。

5）通勤费用：职住人群的通勤费用整体较低

通勤费用由通勤距离和通勤工具所决定，也会影响人们对通勤工具的选择。南京新城区职住人群的通勤费用整体较低，大部分人群每月通勤费用在 300 元以下。泰山园区每月通勤费用在 300 元以下的人群占比为 77%（第 3.3.1 节），仙鹤片区为 72%（第 4.3.1 节），百家湖片区为 72%（第 5.3.1 节）。

6）新城区居住就业空间的通勤交通适配律

南京新城区的职住人群存在居住地在主城、就业地在新城；或者居住地在新城，就业地在主城的"双向空间错位"现象，这种"双向空间错位"的"职住分离"导致偏高的交通需求和交通时间成本，跨新城区通勤人数多、通勤距离远、通勤时间长，从而导致早晚高峰主城与新城间双向潮汐式交通拥堵现象。"职住分离"不仅降低了城市的运行效率，带来额外的经济成本，也必然会增加城市的环境负担。目前南京新城与主城间的公共交通体系建设不完善，公交线路覆盖率低，高峰期公交、地铁的容量难以满足劳动力市场和住房市场双向空间错位造成的大量不均衡出行需求；公共交通通勤便利度低，导致公交通勤分担率偏低，私家车过度依赖，交通系统非可持续发展。新城与主城间存在严重的双向交通拥堵、通勤交通失调现象。

为降低早晚高峰主城与新城间双向潮汐式交通拥堵现象，除了积极推进职住空间均衡布局，减少跨新城区通勤人数，促进交通减量，缩短通勤距离，减少通勤时间，新城区的建设还应合理限制私家车的使用，提高居民出行的大容量公交通勤分担率，建立与新城区高峰期高强度、不均衡的出行需求相适应、匹配的可持续发展的绿色通勤交通模式，本书将其称为新城区居住就业空间发展的"**通勤交通适配律**"。

---

① http://njrb.njdaily.cn/njrb/html/2013-09/04/content_80595.htm.

6.1.4   新城区居住就业空间的公共设施协配律

1）新城区居住就业空间的公共设施配置失衡

就业岗位、住房供应和公共服务设施在新城区的空间布局是影响新城区居住—就业空间关系和通勤行为的三个重要因素。虽然南京新城区现状城市建设用地中公共管理与公共服务设施用地所占比例较高，仙林副城占比高达 19.26%，江北副城高新组团占比为 14.94%，东山副城占比为 8.66%，但其中绝大部分为高等院校的教育科研用地。仙林副城 1 341 hm² 的公共服务设施用地中，教育科研用地 1 155.8 hm²，其中南京师范大学、南京大学等 13 个高校占地 1 028 hm²，其他公共服务用地仅为 185.2 hm²，生活性公共服务设施的数量和分布密度严重不足，只是在各组团有零星分布，建设相对滞后。

江北副城高新组团 629.6 hm² 的公共服务设施用地中，教育科研用地 569.05 hm²，主要为南京大学浦口校区、东南大学成贤学院等高校用地。其他公共服务用地仅为 60.55 hm²，仅占公共服务设施用地的 9.6%。高新组团生活性公共服务设施主要沿大桥北路两侧"一层皮"式开发，布局不均衡，不能为居民提供便利、舒适的环境。

东山副城 723.9 hm² 的公共服务设施用地中，教育科研用地 629.1 hm²，其他公共服务用地仅为 94.8 hm²。生活性公共服务设施的数量和分布密度严重不均衡，主要沿胜太路和竹山路带状分布。中小学、医疗设施主要集中在东山片区，而百家湖、九龙湖、科学园等新区公共设施建设滞后，数量和规模不足。

2）新城区居住就业空间的公共设施建设滞后

一方面，新城区的公共服务设施因新城区入住人群不足而建设滞后；另一方面，公共服务设施体系建设不完善，公共服务设施（特别是基础性的教育和医疗设施）因建设滞后而造成目前空间布局上的不合理和不均衡，会对就业人群的迁居行为形成障碍，影响人们的择居选择，降低其迁入新城区的意愿，进而造成新城区入住人群不足，导致公共服务设施的建设因需求不足而无法顺利推进，制约新城区职住功能的均衡发展。

3）新城区居住就业空间的公共设施协配律

根据上文所述，南京新城区存在公共配套设施配置失衡、建设滞后的现象。为了解决该问题，首先应在规划中明确各项基础设施、公共服务设施和生活服务设施的数量、规模，并在空间布局中进行均衡化配置；还应落实公共配套设施与单元开发同步建设的实施保障体制。只有确保公共设施与居住、就业空间均衡配置、协同建设，才能实现新城区职住均衡、可持续发展，本书将其称为新城区居住就业空间发展的"**公共设施协配律**"。

6.2   新城区居住就业空间结构失配的内在动因

"就业"与"居住"是城市生活的两个核心构成要素，本书的统计分析数据表明，南京新城区就业和居住在总量上来说是相对平衡的，但居住、就业人群结构上不匹配，空间分布双向错位，导致职住分离程度较高。江北副城泰山园区居住人群的职住分离程度要大于就业人群，属于就业者就近居住，居住者分散就业类型。仙林副城仙鹤片区就业人群的职住分离程度要大于居住人群,属于居住者就近就业,就业者分散居住类型。东山副城百家湖片区居住、就业人群的职住分离程度都较大,属于就业者分散居住,居住者分散就业类型①。出现这种职住空间结构失配、双向错位的内在成因可归纳为下列几方面。

6.2.1 以 GDP 指标考核为主导的产业发展政策是新城区就业空间错位的内在动因

从新中国成立到改革开放之前,我国实行计划经济体制,土地使用采用无偿划拨制,城市空间组织以"单位制度"为基本结构单元,居民住房大都由就业单位分配,一般在单位附近,居住与就业基本合一。

改革开放后,"发展才是硬道理",GDP 指标考核成为各地政府工作的指挥棒。地方政府纷纷将经济技术开发区作为城市经济增长的助推器,争相在城市郊区设立经济技术开发区、工业园区等,进行大规模的招商引资活动,吸引各类企业入驻产业新区,从而达到 GDP 指标快速增长的政绩考核目标,城市产业新区向郊区呈跨越式发展模式。出于对产业集聚效应的追求,开发区用地功能单一,地方政府对产业用地的建设一"招"了之,缺乏后期的配套建设,居住配套极不完善,使得初期的开发区建设无法吸引居住人口迁入。

20 世纪 90 年代,中国城市土地使用制度进行重大改革,实行有偿使用。级差地租效应引发主城低效益产业用地的功能置换,在"退二进三"的产业政策引导下,大量主城内的工业企业郊迁至开发区,但郊迁企业的员工仍居住在主城,造成产业工人居住在主城、就业在新城的职住空间的错位现象,新城区就业人群职住分离。由此可以看到,以 GDP 指标考核为主导的产业发展政策是新城区就业空间错位的内在动因。

6.2.2 利益最大化导向的房地产开发是新城区居住空间错位的内在动因

1998 年国务院《关于进一步深化城镇住房制度改革,加快住房建设的通知》下发,实物分配的福利住房制度陆续停止,房地产开发商逐渐成为住房供应的主体。随着住房制度改革朝向完全市场化的方向,加上地方政府的"土地财政"对土地拍卖出让的巨额资金的渴求,政府退出了住房供应体系,住房市场被房地产开发资本垄断,地方政府对居住用地的建设一"拍"了之,缺乏对后期住房开发建设定位的管理与引导。由于新城区土地资源丰富,逐渐成为房地产开发的主要区域。资本的逐利性导致房地产开发追求市场机制下的利益最大化,新城区的房地产开发盲目高档化,造成住房价格高企。

南京新城区产业以制造业为主,对应的是中低收入水平的就业岗位,与新城区高档房地产开发的定位形成结构性错位,新城区住房分布与就业岗位分布不匹配,中低收入水平的就业岗位无法满足高档住区居住人群的择业要求,这类人群仍选择主城高收入就业岗位,形成高收入居民居住在新城,就业在主城的职住空间的错位现象,导致新城区居住人群职住分离。市场经济体制下利益最大化导向的房地产开发是新城区居住空间错位的内在动因。

---

① 周素红,闫小培. 城市居住就业空间特征及组织模式:以广州市为例[J]. 地理科学,2005,25(6):664-670.

6.2.3　交通设施的快速发展助推新城区职住空间错位

随着城市经济的快速发展,城市土地使用制度改革形成中国地方政府的"土地财政",地方政府将通过土地出让获得的巨额资金,投入城市交通基础设施建设,轨道交通、高速公路、高等级公路建设快速发展,小汽车也逐渐进入城市家庭,这些发展极大地扩大了居民的出行范围。南京地铁1号线及南延线、地铁2号线、城市快速内环、过江隧道的建成通车,加强了新城区与主城的交通联系,缩短了新城区与主城的时间距离,跨区通勤更为便利,扩大了新城区居住、就业人群的住房和就业岗位的选择范围,带动大量主城就业人口向新城区迁居,使得新城区居民的就业地构成更为复杂多样,进一步导致新城区与主城居住就业空间的双向错位、结构失配。

6.2.4　公共住房保障体制的缺失加重了新城区职住空间错位现象

1998年开始的住房制度改革,片面地将住房供应等同于商品供应,忽视了住房除了具有商品属性外,还有作为居民生活必需品的公共产品的保障属性。政府几乎完全退出住房供应体系,将住房供应全面推向市场,导致住房供应体系单一,公共住房中的廉租房和经济适用房建设量严重短缺,公共住房保障体制缺失。而房地产开发追求利益最大化,商品房高档化,房价暴涨,导致中低收入者的住房问题越发严重。并且新城区的就业空间多为劳动密集型产业,提供的是中低收入的低技术岗位,这些人群无力承担新城区商品房的高房价,只能选择仍居住在主城低总价的老旧小区或到房价较低的远郊区居住,新城区公共保障住房的缺失加重了新城区职住空间错位现象。

近年来中央政府认识到公共保障住房建设的不足,从过度市场化的住房政策向兼顾公共政策的多层次住房供应体系转变,加大中低收入住房、廉租房的建设,加强对房地产市场的调控和引导,要求房地产商品房建设以中小户型为主,优化住房供应结构,缓解中低收入者的住房问题,有助于减少新城区职住空间错位现象,降低职住人群的分离程度。

6.3　新城区居住就业空间协调发展的控制与引导

实现新城区居住就业空间均衡发展的目标是一个复杂的过程,涉及认识观念提升、政策法规完善、政府体制保障、规划控制引导、各方力量推动等方方面面,面临的问题和对策需要多方面进行深入的研究和探讨。

6.3.1　"职住平衡"理念的再认识

1)"职住平衡"仅是劳动者和就业岗位的数量平衡吗?

中国城乡规划行业网城乡规划百科对"职住平衡"的概念解释是:"指在某一给定的地域范围内,居民中劳动者的数量和就业岗位的数量大致相等,大部分居民可以就近工作。"2012

年1月由江苏省住房和城乡建设厅颁布施行的《江苏省控制性详细规划编制导则》第十章"低碳生态"的布局原则中,提出要"分析现状就业岗位与居住容量的关系,通过调整用地类别和布局,优化职居平衡关系,促进交通减量"①。在天津滨海新区《中新天津生态城总体规划(2008—2020年)》中,提出实现职住平衡是生态城建设与运营成功的关键,规划在中新天津生态城指标体系中要求"就业住房平衡指数≥50％"②。从中可以看到,我国目前不论是对"职住平衡"的概念界定、行业规范还是规划实践,对职住平衡的理解仍局限于劳动者和就业岗位的数量平衡。

本书对南京江北副城、仙林副城、东山副城的居住就业空间的实证研究表明,三个新城的就业—居住平衡度分别为1.18、1.10、0.92,总量平衡度接近理想值,但职住分离程度仍较高。中国新城建设中职住失调的形成机制较为复杂,不是表面数量的不平衡,而是内在结构的不匹配。仅仅考虑居住人口、就业岗位数量的职住平衡策略,是不全面的,并不能真正解决职住分离问题。本书认为,在一定的地域范围内,不仅居住人口和就业岗位在数量上要相对平衡,更重要的是结构要匹配、质量要均衡,这样才能达到居住就业空间协调发展的目标。

2)就业居住平衡指数多少合适?

住建部原副部长仇保兴分析我国城镇化问题时指出,新城建设的实践经历了第一代、第二代和第三代新城。第一代新城很少有就业岗位,实践证明是失败的。第二代新城50％的就业岗位可以在新城内解决,可减少50％的城际交通。第三代新城就业岗位基本上在新城内解决,实现了就业—居住平衡③。目前的新城规划中,就业—居住平衡指数一般取值为50％左右,如《中新天津生态城总体规划(2008—2020年)》,只达到第二代新城的标准。

根据本书对南京新城区的实证研究,三个新城的就业居住平衡指数在90％—120％,达到第三代新城的标准。但因为存在职住失配现象,三个新城并未真正达到职住平衡的目标,居住就业分离度在0.41—0.62,也就是说,只有38％—59％的人群居住、就业都在新城区。可见在新城规划中,就业—居住平衡指数取值50％是偏低的。考虑到居住人口和就业岗位的结构失配因素,按南京新城区就业居住平衡指数与居住就业分离度之间存在0.41—0.62的折减系数,取其平均数为0.5的话,则即使就业居住平衡指数的建议取值为80％—120％,居住就业平衡度也仅为0.4—0.6,只达到第二代新城的标准。

3)"职住均衡"应在多大范围内均衡?

职住均衡的测度是以一定的地域范围为测算单位的,一般来说,测算范围越大,均衡度越高。相关学者将其归纳为宏观、中观和微观三个不同层次④。宏观层次指县或市这类较大的行政单元,宏观层次均衡度较高,但地域范围大,即使均衡,某些人群通勤距离仍可能很大,超出了职住不分离的衡量标准。微观层次是指社区、邻里,地域范围较小,跨越微观区域的通勤距离可能并不大,并未超出职住不分离的衡量标准。所以宏观和微观层次的职住均衡测度并不能准确衡量职住分离现象。职住均衡测度合适的范围是在"大城市分区"这个中

① 江苏省住房和城乡建设厅.江苏省控制性详细规划编制导则,2012.
② 《中新天津生态城总体规划(2008—2020年)》.
③ http://finance.sina.com.cn/review/jcgc/20140223/181818302978.shtml.
④ http://www.china-up.com/hdwiki/index.php?doc-view-354.

观层次，它的合理范围应是围绕给定的居住或就业中心，以城市平均通勤距离为半径的区域。不同的城市标准会有差异，本书对南京的研究以通勤时长小于 30 分钟为标准，范围过大或过小，都会带来职住均衡指标的失真。

4）功能越综合、产城越融合，职住分离程度就越低吗？

职住在多大尺度范围内均衡，在实践中存在很多分歧。针对目前城市建设中严重的职住分离现象，有学者提出"产城融合"的主张①，提出生活区应结合生产区设置，甚至提出 1 km² 也要融合，认为这样才能降低职住分离程度，功能分区不仅无用，而且有害。而反对者则认为，100 km² 的新区要融合，1 km² 的工业区也融合的话，会存在工业污染等问题。

针对职住均衡问题，长久以来存在一种倾向，认为只要功能综合、产城融合就能解决职住分离问题，越综合、越融合，职住分离程度越低。根据本书对南京新城的研究，这是一种错误认识，综合型的东山百家湖片区的职住分离程度要高于产业型的浦口泰山园区，因此并不是功能越综合，新城区的职住分离程度就越低。职住分离程度的高低，在居住就业总量相对平衡的基础上，取决于居住、就业结构的匹配程度，匹配度越好，职住分离程度越低。

产城融合、用地混合开发，要解决好出行距离降低和功能干扰的关系，针对无污染产业，如生产性服务业等，可以和居住功能在小尺度空间内共同开发；针对一般工业，应坚持功能分区原则，采取"大综合、小分区"的模式。产业、生活在新城区范围内均衡，共同发展，但又合理分区。职住均衡的目标是大部分居民可以就近工作，采用非机动车方式通勤，而不应片面追求产城融合，造成工业、居住功能混杂、相互干扰的新问题。

6.3.2　新城区居住就业空间协调发展的规划控制层次

目前中国城市建设的规划控制引导体系由两个阶段、五个层次组成，两个阶段即战略性总体规划阶段和实施性详细规划阶段；五个层次包括市（县）域城镇体系规划、城市总体规划、分区规划、控制性详细规划和修建性详细规划。

城镇体系规划的内容主要是制定区域城市化的目标和途径、城镇群未来发展的规模等级、用地范围、城镇职能分工，以及相应的区域基础设施的发展与布局。修建性详细规划是对具体城市地块的实施性规划。这两个层次的规划并不对新城区居住就业空间的均衡发展起到直接的控制引导作用，起直接控制引导作用的规划层次主要有城市总体规划、分区规划和控制性详细规划。

城市总体规划的内容主要是拟定城市规划区范围，确定城市性质、规模、确定城市用地空间布局和功能分区，编制各项专业规划和近期建设规划等，指导城市合理发展。

大城市在总体规划的基础上编制分区规划，以便与详细规划更好地衔接。分区规划是总体规划在某一城市分区的细化，规划内容与总体规划相近。大城市的新城总体规划即属分区规划，如《南京市江北副城总体规划 2010—2030》《南京市仙林副城总体规划 2010—2030》《南京市东山副城总体规划 2010—2030》。

控制性详细规划依据总体规划或分区规划进行编制，控制建设用地的性质、使用强度、

---

① http://www.urbanchina.com.cn/? p=2666.

空间环境,作为规划管理的依据,并指导修建性详细规划的编制。

城市总体规划和详细规划(控制性详细规划和修建性详细规划)是《中华人民共和国城乡规划法》明确的法定规划。总体规划是对城市发展的结构性控制,控制性详细规划是对城市建设的开发性控制,是一种过程管理型规划控制,它们是新城区居住就业空间均衡发展的重要规划控制层次。目前中国的总体规划和控制性详细规划的控制体系、技术手段粗放,重物不重人,偏重于土地使用的规划控制,忽略对城市活动的参与者——就业、居住人群的择业、择居行为和职住均衡作用机理的分析研究,导致当前的新城建设职住分离现象严重。

6.3.3 由"总量平衡"到"结构匹配",完善总体规划职住均衡的结构控制

总体规划通过对城市土地使用的安排来控制引导城市居住、产业空间的发展,一般还通过多项专题研究报告对居住、就业空间进行研究。在《南京市城市总体规划(2007—2020)》中相关专题有《专题研究报告 4:南京市工业产业发展战略与布局规划研究》《专项规划报告 7:居住用地布局总体规划》《专题研究报告 11:南京市就业岗位预测与分布研究》。

第 6.1.1、第 6.1.2 节对南京新城区居住就业空间建设的"总量平衡律"和"结构匹配律"进行了归纳总结,现行总体规划(包括新城区的分区规划)对新城区居住就业空间的控制主要是通过对规划期末城市人口规模的预测,进而控制城市总的用地规模及各类用地的比例。在产业规划中主要研究产业选择、发展目标及用地布局;在居住规划中研究居住用地总量、居住用地和保障性住房的布局;在就业岗位专题研究中主要预测了全市岗位的总量。

目前的城市规划只是在城市用地布局上贯彻职住空间的总量平衡,偏重于对土地这一"物"的层面的控制,忽视对就业岗位和居住人口的"人"的层面的匹配引导。就业岗位和居住人口是多层次的,以东山副城百家湖片区为例,制造业的产业用地与居住用地的总量是平衡的,但制造业的中低收入岗位与百家湖高档住区的高收入居住人口是不匹配的,用地平衡了,职住人口却是错位的,造成当地居住人群无法选择当地的就业岗位,当地就业人群无力购买当地的住房,导致职住分离严重。仙林副城仙鹤片区的就业空间是高等院校,应有针对性地建设高校职工住房,引导教职人员迁居新城区,但完全市场化的商品房建设难以完成这一任务,郊迁高校的教师仍主要居住在主城。高校就业岗位要求高学历人群,购买当地商品房的居住人群显然达不到这一要求,形成新城区居住人群在新城区就业的障碍。2010 年编制仙林副城总体规划时,规划部门已注意到这一问题,将 2002 年版的仙林新市区范围向北扩展,将新港开发区纳入仙林副城规划范围,以期在副城范围内更好地达到职住均衡的目标。

在总体规划及新城区的分区规划中,应加强和完善职住空间均衡的结构性控制。可单独增加居住、就业均衡的研究专题并在总规控制内容中落实,也可在各专题研究中加强职住均衡的研究内容。在产业规划(或就业空间规划)中除了研究产业定位、发展目标及用地布局外,还应注重研究不同产业类型的就业岗位的特征、相应就业人群的住房支付能力、就业人群住房的解决途径,对居住空间建设提出相应层次的住房供应结构引导,减少就业人群的迁居障碍,引导就业人群与新城区住房供应结构的匹配。

在居住空间规划(或住房规划)中除了研究居住用地总量、居住用地的布局外,还应注重研究居住空间的住房供应结构,研究相应居住人群的就业岗位需求,并在就业空间建设中安排相应的产业类型,减少居住人群的择业障碍,引导居住人群与新城区就业岗位结构匹配。

在就业岗位专题研究中除了预测全市岗位的总量，还应注重研究不同片区不同产业类型的就业岗位特征、不同层次就业岗位的数量与结构，作为使产业规划和住房规划结构匹配的控制引导要求。

为了确实保证总体规划中城市居住就业空间均衡发展控制内容的落实，建议将职住均衡规划内容作为城市总体规划审批的核心内容之一。

6.3.4　由"量的控制"到"质的控制"，细化控制性详规职住匹配的控制指标体系

我国对城市建设的实施性控制主要通过控制性详细规划来达成，目前控制性详细规划的控制引导内容概括起来可分为定性控制、定量控制和定位控制。定性控制是指对城市用地使用功能的控制，通常指用地的使用性质控制：土地使用性质、土地使用功能的相容性等。定量控制是指对城市建设活动的量化技术指标的控制，通常指建设容量控制：容积率、建筑密度、人口规模、绿地率等。定位控制是指规划对城市建设行为在城市空间中的具体位置的规定，通常指建设位置的控制：六线控制、建筑间距、文物保护区界线等。

定性、定量和定位控制在城市建设管理中解决了"应该建什么""可以建多少""建在何处"的问题，是对规划控制指标的量化反映，可称为城市建设中"量的控制"，量化指标将上位规划的土地使用的总量控制要求分解为各个单元、地块的控制指标。控规量化控制的指标体系也有目前规划体系的通病"见物不见人"，偏重土地使用的规划控制，忽视对城市活动的主体——人的关注。要达到新城建设职住均衡的规划目标，就应在控规控制指标体系中引入职住均衡的"匹配性引导指标"，解决"如何建得更优"的问题，减少居民的择业、择居障碍，从开发建设容量的"量的控制"转化为居住、就业结构匹配的"质的控制"。

产业类型与居住类型结构匹配：根据本书对南京新城区就业空间的研究，就业人群阶层与产业类型呈显著相关，居住人群阶层与住区类型呈显著相关，对就业和居住的结构匹配可分解为对不同层次的产业类型和住区类型的控制引导。控规应研究片区就业岗位和居住人口的现状分布和规划发展情况，将就业岗位和居住人口的匹配引导内容纳入控规的控制引导体系。在产业单元引导内容中明确该单元应发展那类产业类型（可划分为高、中、低收入产业）。在居住单元引导内容中明确该单元应建设那类住区（可划分为高档、中档、保障房住区）。通过引导新城区产业类型和住区类型层次的匹配从而达到就业和居住的结构匹配。

通勤模式与通勤需求适应协调：根据本书的研究，针对新城区居住就业空间通勤失调的问题，应加强对新城区通勤人群出行需求总量、出行时间分布、出行空间分布、需求强度、出行距离和交通结构的研究，规划绿色交通单元，细化控规的控制指标体系，在单元控制中引入慢行通勤廊道、公交转换设施（如公共自行车、轨道交通换乘停车场）等控制引导内容，完善绿色交通体系的控制引导。

公共设施与单元开发协同建设：针对新城区居住就业空间公共设施失衡、建设滞后的问题，应加强对基础设施、公共服务设施和生活服务设施的控制引导。在完善原有控规控制指标体系中对公共设施的数量、规模的控制引导内容的基础上，在单元控制中引入公共设施建设时序的引导控制内容，要求其与单元开发同步建设，引导公共设施与居住、就业空间均衡发展。

6.4　新城区居住就业空间协调发展的优化策略

南京新城区就业、居住空间的错位,造成严重的职住分离现象,导致南京新城与主城间早晚高峰呈现双向潮汐式拥堵现象,大大增加通勤时间,降低城市的运行效率,加大城市的运行成本,带来空气污染等环境问题。因此应充分认识居住就业空间均衡发展对促进交通减量、缩短通勤出行距离的重要作用,应将其作为解决交通矛盾、提高居民生活质量的重要战略。根据本书对新城区职住空间失配现象和作用机制的研究,从就业空间、居住空间、通勤交通和配套设施四个方面提出优化策略。

6.4.1　就业空间优化:消除就业障碍,提供与居住人群匹配的就业岗位

建立在开发区基础上的南京新城正在进入转型发展期,面临着产业优化提升、功能转型升级的就业空间二次转型。作为过去主城区产业"退二进三"的主要承接地,目前自身也进入"优二进三"的产业区改造过程,通过建设公共服务、办公和商业中心,规划由功能单一的产业新城转变为功能复合的综合新城,这是推进职住均衡、优化就业空间的极好机会。

《南京市东山副城总体规划(2010—2030)》中提出引导工业向外围新城、新市镇布局,推进由制造业向现代服务业转化的产业转型升级战略,构筑"一核二区三园"的三产布局结构,即凤凰港—杨家圩高端服务核,河定桥商务区、府前政务区,九龙湖研发商务园、土山国际商务园、上坊研发商务园。

根据东山副城总规,百家湖片区就业空间将由中低收入的制造业就业中心转化为高端服务业就业中心,这为推进职住均衡提供了极好的契机。百家湖片区高档住房较多,居住人群收入较高。在总规落实和实施中,应重点研究百家湖片区居住人群的就业岗位需求,引入与居住人群阶层匹配的相应产业,消除居住人群的就业障碍,使其就近就业,减少新城区的职住分离现象。

仙林副城仙鹤片区就业空间以郊迁高校为主,与周边居住人群阶层错位严重,应改变目前就业空间高等院校一家独大的局面,引入与大学城功能相协调的科研、公共配套服务等产业,提供多样化和多层次的就业岗位,形成多元复合的就业中心,为迁居新城区的居民提供匹配的就业岗位。

江北副城泰山园区就业空间以高端制造业为主,园区职住分离程度相对较低,产业发展可着重于对原产业的优化提升,适当发展高端生产服务业,形成多元化的就业空间,优化多层次的就业岗位结构,进一步提高居住—就业匹配度,推进以职住均衡为目标的就业空间的优化。

新城建设在拉开城市框架、跨越式拓展城市发展空间、推动中心城区人口疏散的同时,因就业空间单向拓展,造成与原有居住空间的分离错位,故应强调产业和人口协同的空间转移,只有这样,才能真正将人口疏散到新城,构建有效的城市反磁力系统;否则只是产业功能或居住功能的单方面疏解,并未达到主城人口真正疏散的目的。虽然由于市场因素,居住与就业很难真正实现均衡,但引导新城区居住与就业空间趋于均衡,达到系统最优的城市建设目标,是政府纠正市场失灵、进行调控引导的职责所在。

6.4.2　居住空间优化：消除居住障碍，建立与就业人群匹配的住房供应体系

住房制度改革后，政府将住房供应完全推向市场，而房地产开发企业为了获得最大利益，将开发项目尽最大可能高档化，完全超出了就业人群的住房支付能力，造成住房供应与新城区中低收入的就业岗位结构严重错位，形成居住障碍，这是新城区职住分离严重的主要原因。

因此新城区居住空间的优化，应重点研究新城区就业人群的住房需求，建设并完善与就业人群住房支付能力相匹配的住房供应，消除就业人群的居住障碍，使其就近居住，降低新城区的职住分离现象。应在新城区尽快建立多层次的住房供应体系，提供多元化的住房类型。

应加强廉租房、经济适用房等保障性公共住房的建设，满足中低收入阶层的住房需求。根据本书的研究，以制造业为主体的新城区中，工作年限较短的年轻人群以租房为主，租房成本大、房源不稳定，造成其就业流动性大，影响企业的稳定生产。政府可与企业合作，建设提供低于市场租房价格的单身公寓和职工宿舍，缓解企业员工的居住需求。

针对新城区就业人群以核心家庭和主干家庭为主，应加大中小户型的中低价住房的供应比例，吸引该类人群迁居新城区，促进新城区职住空间均衡化。

6.4.3　通勤交通优化：完善绿色交通系统，提高公交通勤分担率

针对目前新城区公交通勤分担率偏低、私家车过度依赖、交通系统非可持续发展的弊端，在积极推进职住空间均衡布局、促进交通减量、缩短通勤距离、减少通勤时间的基础上，还应优化交通模式、提倡绿色出行，引导居民近距离出行采用步行和非机动车交通，远距离出行使用公共交通的绿色交通模式。

首先应完善新城与主城间的公共交通体系建设，提高公交线路覆盖率，加强慢行通勤廊道、公交转换设施（如公共自行车、轨道交通换乘停车场）等的建设，形成无缝换乘的公共交通体系配置。针对新城区职住人群私家车通勤比例过高，导致主城区与新城间道路拥堵的问题，应适当提高私家车进入主城的成本，合理限制私家车的使用，引导通勤者使用大容量公共交通工具，提高公交通勤分担率。应提升高峰期公交、地铁的容量，满足劳动力市场和住房市场双向空间错位所造成的高峰期高强度、不均衡的出行需求量，提高公共交通通勤的便利度和舒适度。

6.4.4　设施配套优化：均衡配套公共设施，与单元开发协同建设

综合南京三个新城问卷调研结果，有超过80％的人群认为新城区的公共配套设施不完善，包括教育、医疗、购物以及文化娱乐等各个方面的不足，主要体现在新城区的公共配套设施因新城区入住人群不足而建设滞后，以政府为主导的城市公共品和基础设施建设未与企业郊迁同步进行。公共配套设施体系建设不完善，公共服务设施（特别是基础性的教育和医疗设施）在空间布局上的不合理和不均衡配置，影响新城区居民的生活便利。

　　针对新城区公共配套设施配置失衡、建设滞后的问题,首先应落实规划确定的基础设施、公共服务设施和生活服务设施的数量、规模,形成公共配套设施均衡化的实施保障体系。还应重视公共配套设施建设的时序问题,确保其与单元开发协同建设,引导公共设施与居住、就业空间均衡发展。建设公共配套设施均衡、功能完善的新城区,既是实现新城区职住均衡、可持续发展的有效途径,也是减少居民生活出行总量、缩短生活出行距离的有效途径。

7 结论与展望

国外新城建设经历了从卫星城到综合新城,从单一功能逐渐到多功能综合化的阶段性完善过程。而中国自改革开放以来,从各种类型的开发区,到城市新区,到近年来较多的综合性新城,无论是理论层面还是实践层面,在汲取西方新城建设的经验教训的基础上,新城建设职住平衡的理念早已深入人心,理应避开西方新城建设职住分离的陷阱,然而,中国大城市新城与主城间仍然交通拥堵,通勤时间持续增长,新城建设存在严重的职住分离现象。作为城市规划工作者,不禁要反思我们以职住平衡理念建设的新城,为何没有达到预期的效果,造成中国新城职住分离的内在机制是什么,怎样才能降低新城建设的职住分离现象,这是本书的出发点。

7.1 研究的指导性与应用领域

1) 以总量平衡但结构失配的南京新城区作为实证研究对象具有典型性和指导性

长江三角洲城市群作为中国最大的城市群,是中国城市化发展的先行者,对中国城市化道路具有指引作用。而南京作为与长三角城市群同步发展的国家区域中心城市,是辐射带动中西部地区发展的重要门户城市。南京无论是其产业的综合多元、人口的集聚与扩散还是城市空间的拓展过程,都具有中国大城市发展的典型性。

早在 20 世纪 90 年代,南京就明确浦口、仙林和东山为南京都市圈的三个副中心,定位为南京的三大新市区,按照职住平衡的理念进行新城建设,在国内大城市的新城建设实践中具有领先性。目前南京三个新城的启动片区已基本建成产业各具特色、职住功能俱全的综合新区,然而通勤高峰期南京新城区与主城间呈现双向潮汐式交通拥堵,反映新城与主城间存在严重的职住失配现象。

本书选择南京江北、仙林、东山这三个按照职住平衡理念建设完善的新城区作为实证研究对象具有代表性和典型性。以问题为导向,探究目前侧重职住总量平衡的规划理念建成的新城区为何没有实现真正的职住均衡,对正在以此理念建设的国内其他大城市的新城建设具有指导作用,有助于揭示造成中国大城市新城职住分离的内在机制,进而推动大城市新城区以更为健康、协调的方式发展。

2) 研究的应用领域

本书通过对南京江北、仙林及东山副城居住就业空间的实证研究,系统解析了南京新城区职住空间的结构失配现象,揭示了其形成的内在机制,总结了新城区职住空间协调发展的总量平衡律、结构匹配律、通勤适配律及公共设施协配律,提出了职住空间结构匹配的控制引导模式和优化策略。

本书对于规划行业而言,有助于提升规划设计人员对新城建设失调的认识观念,指导新城相关规划的编制,为新城区居住、就业空间的研究提供新的视角和方法,推动我国对职住均衡的新城规划研究的进一步深入。

对于政府机构而言,有助于完善相关住房政策、产业政策和保障体制,推进新城区人口和产业的协同转移,促进公共交通体系和公共服务设施的均衡建设,在规划管理中加强新城开发建设和优化更新的匹配性引导与控制。

对于其他相关行业而言,有助于相关企业依据新城区产业与住房协调配置的原则,主动优化调整产业结构,合理确定房地产开发的定位,既能促进企业的健康发展,又能集合多方力量推动新城区的协调发展。

7.2 研究的主要结论

1) 初步构建了新城区职住空间协调发展的研究框架

在以往针对大城市新城区职住空间协调发展的研究中,偏重于就业岗位与就业人口总量平衡的研究,对于新城区职住空间协调发展的控制引导并不全面。本书初步构建了基于居住就业视角的新城区职住空间协调发展的多层次研究框架。

首先从南京新城区城市建设用地的配置结构、行政单元的"就业—居住"总量平衡指数以及研究单元的"就业—居住"比率三方面多层次的对居住就业空间进行总量测度,在总量是否平衡的层面上对三个新城区的居住就业空间匹配进行量化分析。

随后对南京新城区居住与就业空间现状调研和问卷调查数据进行综合量化分析,采用城市社会学统计分析方法和地理空间分析方法,利用 SPSS 软件对数据进行因子生态分析与聚类分析,通过 GIS 软件对研究对象进行空间分析,解析新城区居住人群与就业人群的社会特征与空间特征。通过 GIS 软件将调研人群样本数据与其居住地和就业地进行空间关联,分析新城区"居住就业空间"错位的空间特征。

最后本书从职住人群的通勤行为特征入手,分别采用行政区划测度法、通勤时长测度法、通勤因子综合测度法对南京新城区职住人群的居住就业分离度进行多层次自足性测度,对新城区职住空间结构失配现象进行系统解析,比较分析南京三种产业类型新城区的失配现象的差异,进而揭示失配现象形成的内在机制,提出大城市新城区职住空间协调发展的控制引导模式和优化策略。

2）测度证明了南京三个新城区就业—居住的总量相对平衡

本书分别对江北副城高新区组团、仙林副城、东山副城建成区的现状城市建设用地进行统计分析,发现南京三个新城建成区的现状城市建设用地配置结构与国家规划建设用地标准的要求基本一致,居住与就业空间的建设用地结构是平衡的。从土地使用配置结构上呈现独立的自我"平衡发展"的综合新城区的格局。

对南京江北副城、仙林副城、东山副城所在的浦口区、栖霞区和江宁区这三个行政分区单元进行"就业—居住"的总量平衡指数测度,得出浦口区平衡指数为 1.08,栖霞区为 1.03,表明这两区就业功能略强于居住功能;江宁区平衡指数为 0.92,表明居住功能略强于就业功能,但三个新城区所在的行政单元的平衡指数都接近 1.0,以行政单元范围测算,南京三个新城区就业—居住的总量相对平衡。

将江北副城高新区组团、仙林副城、东山副城作为研究单元,采用研究单元提供的就业岗位数与在单元内居住的适龄就业人口数的就业—居住比率对南京新城区就业—居住平衡度进行总量测度,得出江北副城高新区组团就业—居住平衡度为 1.18,仙林副城为 1.10,东山副城为 0.92。国内外相关研究一般认为就业—居住平衡度处于 0.8~1.2 时,该研究单元就业—居住总量是平衡的,则本书研究结果显示,南京三个新城区就业—居住的总量相对平衡。

本书从南京新城区城市建设用地的配置结构、行政单元的"就业—居住"总量平衡指数以及研究单元的就业—居住比率三方面多层次对居住就业空间进行总量测度的结果表明南京三个新城区就业—居住的总量相对平衡。

3）多层次比较分析了南京三种产业类型新城区的居住就业空间特征

首先运用 SPSS 软件的相关性分析对居住空间及就业空间的特征指标因子体系进行指标因子遴选,筛选出与南京江北副城泰山园区、仙林副城仙鹤片区及东山副城百家湖片区这三种不同产业类型新城区的居住空间类型及产业类型具有较强相关性的指标因子。利用 GIS 软件将居住空间单因子与居住人群的空间数据进行关联,从单因子的总体构成态势、不同住区类型内的单因子构成特征以及单因子的空间分布特征三个方面,对南京三个新城区的居住空间特征进行单因子比较分析。同样利用 GIS 软件将就业空间单因子与就业人群的空间数据进行关联,从单因子的总体构成态势、不同行业类别内的单因子构成特征以及单因子的空间分布特征三个方面,对南京三种不同产业类型新城区的就业空间特征进行单因子比较分析。

随后运用 SPSS 软件对南京三个新城区居住及就业空间特征研究的单因子输入变量进行因子降维分析,将具有相关性的多个单因子变量综合为少数具有代表性的主因子,利用 GIS 软件将居住空间主因子与居住人群的空间数据进行关联,根据居住空间各个主因子不同得分水平的居住人群的总体构成特征、不同住区类型内的主因子构成特征以及主因子的空间分布特征三个方面,对南京三个新城区各个主因子不同得分水平的居住人群的特征进行解析。同样利用 GIS 软件将就业空间主因子与就业人群的空间数据进行关联,根据就业空间各个主因子不同得分水平的就业人群的总体构成特征、不同行业类别内的主因子构成特征以及主因子的空间分布特征三个方面,对南京三个新城区各个主因子不同得分水平的就业人群特征进行解析。

最后根据居住空间各主因子得分水平,分别对南京三个新城区的居住人群进行系统聚类分析,对不同类群居住人群的特征类型进行描述分析。利用 GIS 软件将聚类分析得出的各类居住人群与其空间数据进行关联,分别解析三个新城区不同类群居住人群的空间分布特征。同样根据就业空间各主因子得分水平,分别对南京三个新城区的就业人群进行系统聚类分析,对不同类群就业人群的特征类型进行描述分析。利用 GIS 软件将聚类分析得出的各类就业人群与其空间数据进行关联,分别解析三个新城区不同类群就业人群的空间分布特征。

4）系统剖析了南京新城区居住就业空间的结构失配现象及内在动因

本书分别对南京三个新城区职住人群的通勤行为进行量化对比分析,发现南京新城跨新城区通勤人数较多,通勤距离较长,相当比例的职住人群的通勤时间超过 30 分钟,公交通勤分担率偏低,但职住人群的通勤费用整体较低。

随后对南京三个新城区职住人群的居住就业分离度进行多层次测度,得出泰山园区居住就业分离度为 0.41,仙鹤片区为 0.47,百家湖片区为 0.62。反映三个新城区均有相当比例的人群居住在新城区,但工作不在新城区;或者工作在新城区,但居住不在新城区,南京新城区的居住就业空间存在结构失配现象。

进而运用 SPSS 软件分别对新城区居住人群、就业人群的居住—就业分离度进行相关性分析,采用"单因子—主因子—系统聚类"的因子分析法对居住、就业人群的职住失配特征进行解析,并利用 GIS 软件将职住分离人群的居住地和就业地进行空间落位。研究发现,虽然南京新城区就业和居住总量相对平衡,但居住、就业人群结构不匹配,即在质量上并不匹配,空间分布双向错位,导致职住分离程度较高。江北副城泰山园区居住人群的职住分离程度大于就业人群,属于就业者就近居住、居住者分散就业类型。仙林副城仙鹤片区就业人群的职住分离程度大于居住人群,属于居住者就近就业、就业者分散居住类型。东山副城百家湖片区居住、就业人群的职住分离程度都较大,属于就业者分散居住、居住者分散就业类型。

本书从新城区产业发展政策、房地产商品房开发、交通设施发展和公共住房保障体制缺失四方面剖析了南京新城区居住就业空间职住失配现象形成的内在动因。

以 GDP 指标考核为主导的产业发展政策导致新城产业新区缺乏与居住空间的协同和配套建设,是新城区就业空间错位的内在动因。

市场经济体制下利益最大化导向的房地产开发致使新城区的房地产开发盲目高档化,造成住房价格高企,是新城区居住空间错位的内在动因。

交通设施的快速发展扩大了新城区居住、就业人群的住房和就业岗位的选择范围,使得新城区居民的就业地构成更为复杂多样,助推新城区与主城居住、就业空间的双向错位、结构失配。

政府退出住房供应体系,将住房供应全面推向市场,公共住房保障体制缺失,新城区中低收入人群无力承担新城区商品房的高房价,加重了新城区职住空间错位现象。

5）归纳总结了新城区居住就业空间的协调发展机制

本书从新城区的居住—就业总量平衡测度到居住就业空间的结构性失配分析,层层深入,比较研究南京三个新城区居住与就业空间结构失配特征的差异,从中总结出新城区居住就业空间协调发展的总量平衡律、结构匹配律、通勤交通适配律及公共设施协配律。

总量平衡律:新城建设中,"就业"与"居住"这两个城市空间结构的核心内生变量,即城市建设用地的配置结构、就业岗位数与适龄就业人口数的总量都应相对平衡。

结构匹配律:新城区建设不仅要遵循居住就业空间总量平衡的规律,而且要尽量降低居住就业空间的结构失配现象。新城区建设既要达到"数量"上的"总量平衡",还要达到"质量"上的"结构匹配",才能真正实现新城区的"职住均衡"发展。

通勤交通适配律:新城区居住—就业双向空间错位导致通勤交通双向拥堵,新城建设除了积极推进职住空间均衡布局,减少跨新城区通勤人数,还应提高居民的公交通勤分担率,建立与新城区高强度、不均衡通勤需求相适应、匹配的可持续发展的绿色通勤交通模式。

公共设施协配律:新城建设应确保公共设施与居住、就业空间均衡配置,落实公共配套设施与单元开发同步建设的实施保障体制,协同建设,才能实现新城区职住均衡、可持续发展。

6) 探讨了新城区居住就业空间协调发展的控制引导模式与优化策略

城市总体规划和控制性详细规划是新城区居住就业空间均衡发展的重要规划控制层次。总体规划是对城市发展的结构性控制,控制性详细规划是对城市建设的开发性控制。

本书建议在总体规划及新城区的分区规划中,应从侧重"总量平衡"的控制模式转化为注重"结构匹配"的控制引导模式;在产业规划中注重研究不同产业类型的就业岗位的特征,对居住空间建设提出相应层次的住房供应结构引导,加强和完善职住空间均衡的结构性控制;建议将职住均衡的规划内容作为城市总体规划审批的核心内容之一。

在控规控制指标体系中应引入职住均衡的"匹配性引导指标",增加就业岗位和居住人口匹配、绿色通勤交通体系建设和公共设施建设时序的控制引导内容,解决"如何建得更优"的问题,减少居民的择业、择居障碍,从开发建设容量的"量的控制"转化为居住、就业结构匹配的"质的控制"。

根据本书对新城区职住空间失配现象和作用机制的研究,从就业空间、居住空间、通勤交通和配套设施四个方面提出优化策略。

就业空间优化:新城建设中应强调产业和人口协同的空间转移,引入与居住人群阶层匹配的相应产业,消除就业障碍,提供与居住人群相匹配的就业岗位。

居住空间优化:建立与就业人群匹配的住房供应体系,加强廉租房、经济适用房等保障性公共住房的建设,消除居住障碍,促进新城区职住空间均衡化。

通勤交通优化:提高公交线路覆盖率,加强慢行通勤廊道、公交转换设施建设,合理限制私家车使用,完善大容量公共交通系统,提高公交通勤分担率。

设施配套优化:落实规划确定的基础设施及公共服务设施、生活服务设施的数量、规模,均衡配套公共设施,确保其与单元开发协同建设。

7.3　研究的创新点

本研究选取南京有代表性的三个不同产业类型的新城区作为研究范围,以新城区的居住、就业人群以及居住、就业空间的协调发展机制作为研究对象。相对于以往对城市居住、就业空间的研究,本书首次提出了以下创新性成果:

1) 总结了新城区居住就业空间的结构匹配律、通勤交通适配律及公共设施协配律

目前城市规划学科对城市居住、就业空间的研究主要针对主城区或是整个城市范围的居住空间，针对就业空间的研究相对较少，而在城市经济学、城市地理学等方面对城市居住空间、就业空间的研究多是针对住房市场及就业市场的空间结构。而本书选取了南京市产业特征具有代表性的三个新城区——产业型新城区（浦口副城）、科教型新城区（仙林副城）、综合型新城区（东山副城）进行比较研究，分析了不同产业特点新城区的居住空间、就业空间特征的不同点及相同点，揭示了不同产业类型新城区的居住空间、就业空间不匹配的现象及不同的内在作用机制，首次总结提出新城区居住就业空间协调发展的结构匹配律、通勤交通适配律及公共设施协配律。

2) 首次提出以"房价收入比"测度新城区居住就业空间的结构失配度

新城区居住就业空间多方面多层次结构失配的最核心特征是居住、就业人群的社会阶层错位，对其错位度，即居住就业空间结构失配度的衡量，可通过比较新城区居住人群的住房水平和就业人群的收入水平来达成。本书首次提出以新城区平均住房总价与就业人群平均年家庭收入的比值（即该新城区就业人群的房价收入比）来测度新城区居住就业空间的结构失配程度。

据此测算得出百家湖片区房价收入比为 12.5，仙鹤片区为 10.7，泰山园区为 8.2，严重偏离了合理的房价收入比（一般认定为 4—6）。而本书得出百家湖片区职住分离度为 0.62，仙鹤片区为 0.47，泰山园区为 0.41，说明房价收入比越高，就业与居住空间的结构失配程度越高，该新城区的职住分离程度也越高。

以往对新城职住分离现象的研究大多针对某一新城，没有比较不同职住分离程度的情况，导致不能客观分析新城职住分离程度的影响因素。本书选择处于同一城市、具有相似发展条件的三种不同产业类型的新城区，通过对其居住就业空间结构失配度与职住分离度的比较分析，较好地解释了在居住就业空间总量平衡的基础上，南京三个新城区的职住分离程度有较大差异的现象；也间接证明通过缩小新城区的居住就业空间的结构失配程度，可以降低新城区的职住分离程度。

3) 建立了新城区居住空间、就业空间协调发展的"结构匹配"的控制引导模式

根据本书总结的总量平衡律、结构匹配律、通勤适配律及公共设施协配律，进而提出新城区居住空间、就业空间协调发展的控制引导模式。

在总体规划及新城区的分区规划中，从就业空间和居住空间两方面完善职住空间均衡的结构性控制内容，从目前侧重产业用地与居住用地"总量平衡"的控制转化为注重就业人群和居住人群阶层"结构匹配"的引导。

在控制性详细规划中从就业空间、居住空间、通勤交通和设施配套等四方面提出职住均衡的"匹配性引导指标"，引导新城区产业类型与居住类型结构匹配、通勤模式与通勤需求适应协调、公共设施与单元开发协同建设，从开发建设容量的"量的控制"转化为居住、就业结构匹配的"质的控制"。

4) 建立基于通勤因子及相关权重的量化测度模型，更为全面综合地测算职住分离度

以往对于职住分离度的研究，通常采用行政区划范围或者人为划定范围作为衡量居住与就业是否分离的依据，造成位于研究区域边界的人群（就业岗位）的职住分离度测算的失真。本书对于调研对象职住分离度的测算则通过对每个样本的通勤时长、通勤距离、通勤工具、通勤费用及其相关权重的综合测算，避免了研究结果的失真，在研究技术上有所创新。

7.4　研究的不足与展望

1) 研究的不足之处

本书是针对南京新城区居住就业空间协调发展机制的实证研究，涉及新城区居住、就业空间大量的问卷调研和数据统计分析，工作量较大，受笔者时间、精力和水平所限，实证研究局限于南京案例，虽然南京新城区居住就业空间的发展具有一定的典型性和代表性，但缺乏对国内其他大城市、国际大城市等宏观层面的比较分析，影响了南京新城区实证研究结论的普遍性。

本书对南京三个新城区居住就业空间发展机制的实证研究立足于大城市边缘新区型新城的中观层面。受调研问卷数量和数据来源的制约，实证研究的范围受到限制，部分研究成果的精确度受到影响，期待在后续研究中得以解决。

2) 研究的未来展望

其一是拓展研究范围：受调研问卷数量制约，本次问卷调研范围局限于江北副城泰山园区、仙林副城仙鹤片区和东山副城百家湖片区。进行问卷调研数据统计分析时，发现数据分析结果会受调研范围周边公共设施等的干扰。在今后的研究中，应进一步拓展问卷调研范围，使调研数据更全面。同时，还应拓展比较研究范围，将南京新城职住空间的研究与国内其他大城市、国际大城市进行比较分析，验证南京新城职住空间研究成果的通用性，提高研究成果的系统性。

其二是持续跟踪研究：新城区的建设完善需持续较长的时间，职住空间的结构性匹配也是一个动态变化的过程，对新城区职住空间失配现象的研究要持之以恒，坚持跟踪研究，才能得到完整科学的研究结论。

其三是提高数据精确度：由于管理及统计口径的原因，不同来源的统计数据之间存在一定程度的差异，加之实地问卷调研受课题组人力和物力的限制，抽样调研的样本总数和抽样比例受到限制，数据精确度有待进一步提高，期待在后续研究中得以完善。

参考文献

学术著作

[1] Park R E, Burgess E N, Mckenzie R D. The City [M]. Chicago: University of Chicago Press, 1925.

[2] W Alonso. Location and land use: toward a general theory of land rent [M]. Cambridge, Mass: Harvard University Press, 1964.

[3] Rex J, Moore R. Race, community and conflict [M]. London: Oxford University Press, 1967.

[4] Murdie R A. Factorial ecology of metropolitan toronto: 1951-1961[M]. Chicago: University of Chicago Press, 1969.

[5] Muller P O. Contemporary suburban america [M]. Englewood Cliffs: Prentice Hall, 1981.

[6] White P. The west european city: a social geography [M]. London: Longman, 1984.

[7] H D Watts. The large industrial enterprise [M]. London: Croom Helm, 1980.

[8] D M Smith. Industrial location: an economic geographical analysis [M]. New York: John Wiley & Sons, 1971.

[9] Hall P, H Gracey, R Drewett, et al. The containment of urban England[M]. London: George Allen & Unwin, 1973.

[10] R Thomas. London's new towns: a study of self-contained and balanced communities [M]. London: PEP, 1969.

[11] 张捷. 新城规划与建设概论[M]. 天津: 天津大学出版社, 2009.

[12] 阿普罗迪西奥·拉谦. 跨越大都市:亚洲都市圈的规划与管理[M]. 李寿德,等译. 上海:上海人民出版社,2010.

[13] 武进. 中国城市形态:结构、特征及其演变[M]. 南京:江苏科学技术出版社,1990.

[14] 崔功豪. 中国城镇发展研究[M]. 北京:中国建筑工业出版社,1992.

[15] 胡俊. 中国城市:模式与演进[M]. 北京:中国建筑工业出版社,1995.

[16] 吴良镛,等. 发达地区城市化进程中建筑环境的保护与发展[M]. 北京:中国建筑工业出版社,1999.

[17] 段进. 城市空间发展论[M]. 南京:江苏科学技术出版社,1999.

[18] 顾朝林,甄峰,张京祥. 集聚与扩散:城市空间结构新论[M]. 南京:东南大学出版社,2000.

[19] 张京祥. 城镇群体空间组合[M]. 南京:东南大学出版社,2000.

[20] 卢为民. 大都市郊区住区的组织与发展:以上海为例[M]. 南京:东南大学出版社,2002.

[21] 王兴平. 中国城市新产业空间:发展机制与空间组织[M]. 北京:科学出版社,2005.

[22] 张捷,赵民. 新城规划的理论与实践:田园城市思想的世纪演绎[M]. 北京:中国建筑工业出版社,2005.

[23] 李翅. 走向理性之城:快速城市化进程中的城市新区发展与增长调控[M]. 北京:中国建筑工业出版社,2006.

[24] 黄建中. 特大城市用地发展与客运交通模式[M]. 北京:中国建筑工业出版社,2006.

[25] 丁成日. 城市空间规划:理论、方法与实践[M]. 北京:高等教育出版社,2007.

[26] 唐晓岚. 城市居住分化现象研究:对南京城市居住社区的社会学分析[M]. 南京:东南大学出版社,2007.

[27] 边经卫. 大城市空间发展与轨道交通[M]. 北京:中国建筑工业出版社,2006.

[28] 杨忠伟,范凌云. 中国大都市郊区化[M]. 北京:化学工业出版社,2006.

[29] 高鸿鹰. 城市化进程与城市空间结构演进的经济学分析[M]. 北京:对外经济贸易大学出版社,2008.

[30] 陈鹏. 中国土地制度下的城市空间演变[M]. 北京:中国建筑工业出版社,2009.

[31] 阿尔弗雷德·韦伯. 工业区位论[M]. 李刚剑,等译. 北京:商务印书馆,2010.

[32] 藤田昌久,等. 集聚经济学[M]. 刘峰,等译. 成都:西南财经大学出版社,2004

[33] 尤尔斯,等. 大城市的未来:柏林、伦敦、巴黎、纽约:经济方面[M]. 张秋舫,等译. 北京:对外贸易教育出版社,1991.

[34] 石忆,等. 产业用地的国际国内比较分析[M]. 北京:中国建筑工业出版社,2010.

[35] 阎川. 开发区蔓延反思及控制[M]. 北京:中国建筑工业出版社,2008.

[36] 郑国. 开发区发展与城市空间重构[M]. 北京:中国建筑工业出版社,2010.

学术期刊

[1] A W Evans. The pure theory of city size in an industrial economy [J]. Urban

Studies，1972，9(1)：49-77.

[2] Brown，Moore. The intra-urban migration process：a perspective [J]. Geographical Annaler，1970，15(1)：109-122.

[3] Mills E S. An aggregative model of resource allocation in a metropolitan area [J]. American Economic Review，1967，57：197-210.

[4] Daniel P Mcmillen，T William Lester. Evolving subcenters：employment and population densities in Chicago，1970-2020 [J]. Journal of Housing Economics，2003，12(1)：60-81.

[5] P Waddell，V Shukla. Employment dynamics，spatial restructuring，and the business cycle [J]. Geographical Analysis，1993，25(1)：35-52.

[6] M J Taylor. Organizational growth，spatial interaction and location decision-making [J]. Regional Studies，1975，9：313-323.

[7] P Dicken. Global-local tensions：firm and states in the global space-economy [J]. Economic Geography，1994，70(2)：101-128.

[8] Kain J F. Housing segregation，negro employment，and metropolitan decentralization [J]. Quarterly Journal of Economics，1968，82(2)：175-97.

[9] Robert Cervero，Michael Duncan. Which reduces vehicle travel more：jobs-housing balance or retail-housing mixing [J]. Journal of American Planning Association，2006，72(4)：475-490.

[10] Genevieve Giuliano. Is jobs-housing balance a transportation issue? [J]. Transportation Research Record，1991，13(5)：305-312.

[11] Cervero Robert. Jobs-housing balance revisited [J]. Journal of the American Planning Association，1996，62(4)：492-511.

[12] Anzhelika Antipova，Fahui Wang，et al. Urban land uses，socio-demographic attributes and commuting：a multilevel modeling approach [J]. Applied Geography，2011，31(3)：1010-1018.

[13] Ong P，Blumenberg E. Job access，commute and travel burden among welfare recipients [J]. Urban Studies，1998，35(1)：77-93.

[14] Jan K Brueckner，Richard Martin. Spatial mismatch：an equilibrium analysis [J]. Regional Science and Urban Economics，1997，27(6)：693-714.

[15] 罗小龙,郑焕友,殷洁. 开发区的"第三次创业"：从工业园走向新城：以苏州工业园转型为例[J]. 长江流域资源与环境,2011，20(7)：819-824.

[16] 刘长岐,王凯. 影响北京市居住空间分异的微观因素分析[J]. 西安建筑科技大学学报,2004，36(4)：403-407.

[17] 徐卞融,吴晓. 基于"居住-就业"视角的南京市流动人口职住空间分离量化[J]. 城市规划学刊,2010(5)：87-97.

[18] 吴启焰,崔功豪. 南京市居住空间分异特征及其形成机制[J]. 城市规划,1999，23(12)：23-26.

[19] 宋伟轩,朱喜钢. 新时期南京居住社会空间的"双重碎片化"[J]. 现代城市研究,

2009(9):65-70.

[20] 张文忠,刘旺,李业锦.北京城市内部居住空间分布与居民居住区位偏好[J].地理研究,2003,22(6):751-759.

[21] 郑思齐,曹洋.居住与就业空间关系的决定机理和影响因素:对北京市通勤时间和通勤流量的实证研究[J].城市发展研究,2009(6):29-35.

[22] 颜鹏飞,邵秋芬.经济增长极理论研究[J].财经理论与实践,2001,22(110):2-6.

[23] 王振波,朱传耿.中国就业的空间模式及区域划分[J].地理学报,2007,62(2):191-199.

[24] 郭艳.1990年代中国劳动力就业结构区域分布及变动模式研究[J].市场与人口分析,2004,10(3):6-12.

[25] 王兴平,赵虎.沪宁高速轨道交通走廊地区的职住区域化组合现象:基于沪宁动车组出行特征的典型调研[J].城市规划学刊,2010(1):85-90.

[26] 丁成日,Kellie Bethka.就业中心与城市发展[J].国外城市规划,2005(4):11-18.

[27] 张京祥,崔功豪,朱喜钢.大都市空间集散的景观、机制与规律:南京大都市的实证研究[J].地理学与国土研究,2002,18(3):48-51.

[28] 王桂新,魏星.上海从业劳动力空间分布变动分析[J].地理学报,2007,62(2):200-210.

[29] 刘剑锋.从开发区向综合新城转型的职住平衡瓶颈:广州开发区案例的反思与启示[J].北京规划建设,2007(1):85-88

[30] 孙斌栋,潘鑫,宁越敏.上海市就业与居住空间均衡对交通出行的影响分析[J].城市规划学刊,2008(1):77-82.

[31] 周素红,闫小培.城市居住就业空间特征及组织模式:以广州市为例[J].地理科学,2005,25(6):664-670.

[32] 郑思齐,龙奋杰,王轶军,等.就业与居住的空间匹配:基于城市经济学角度的思考[J].城市问题,2007(6):56-62.

[33] 徐涛,宋金平,方琳娜,等.北京居住与就业的空间错位研究[J].地理科学,2009,29(2):174-180.

[34] 赵晖,杨军,刘常平,等.职住分离的度量方法与空间组织特征:以北京市轨道交通对职住分离的影响为例[J].地理科学进展,2011,30(2):198-204.

[35] 孙斌栋,李南菲,宋杰洁,等.职住均衡对通勤交通的影响分析:对一个传统城市规划理念的实证检验[J].城市规划学刊,2010(6):55-60.

[36] 胡明星,权亚玲.基于GIS城镇空间扩展的评价研究:以来安汉河新区为例[J].测绘,2009,32(5):195-199.

学位论文

黄志宏.城市居住区空间结构模式的演变[D].北京:中国社会科学院研究生院,2005.

论文集

[1] L Hakanson. Towards atheory of location and corporate growth[J]//Hamilton F E, et al. Industry and industrial environment. Chichester，England，New York：Wiley，1979.

[2] 赵西君,宋金平,何燕. 北京市居住与就业空间错位现象及形成机制研究[C]//中国地理学会 2007 年学术年会论文摘要集,2007.

[3] 袁新国,王兴平. 转型背景下开发区再开发类型研究:以南京江宁经济开发区百家湖片区为例[C]//2011 中国城市规划年会论文集,2011：6854-6865.

年鉴报告

[1]《中国城市发展报告(2012)》
[2]《南京统计年鉴 2000—2012》
[3]《2013 南京房地产年鉴》
[4]《浦口年鉴 2000—2012》
[5]《栖霞统计年鉴 2000—2012》
[6]《江宁统计年鉴 2012》

规划资料

[1]《南京市城市总体规划(2007—2020)》
[2]《南京市江北副城总体规划(2010—2030)》
[3]《南京市浦口区城乡总体规划(2010—2030)》
[4]《南京市浦口高新区总体规划(2007—2020)》
[5]《南京市高新区泰山园区控制性详细规划修订(2009)》
[6]《南京市仙林副城总体规划(2010—2030)》
[7]《仙林新市区总体规划(2003—2020)》
[8]《仙林新市区仙鹤片区规划(2004)》
[9]《仙林副城仙鹤片区控制性详细规划(2011)》
[10]《南京市东山副城总体规划(2010—2030)》
[11]《东山新市区总体规划(2003—2020)》
[12]《南京市江宁区城乡总体规划(2010—2030)》
[13]《南京市江宁区近期建设规划(2004—2007)》
[14]《百家湖片区控制性详细规划(2007)》
[15]《中新天津生态城总体规划(2008—2020 年)》
[16] 江苏省住房和城乡建设厅. 江苏省控制性详细规划编制导则,2012.

网络资源

［1］http：//www. ghj. nanjing. gov. cn 南京市规划和自然资源局

［2］http：//www. zrzy. jiangsu. gov. cn/njpk 南京市规划和自然资源局浦口分局

［3］http：//www. zrzy. jiangsu. gov. cn/njjn 南京市规划和自然资源局江宁分局

［4］http：//www. stats. gov. cn 国家统计局

［5］http：//tj. jiangsu. gov. cn/ 江苏省统计局

［6］http：//tjj. nanjing. gov. cn/ 南京市统计局

［7］http：//city. ifeng. com/ 凤凰网城市

［8］http：//www. yangtse. com/ 扬子晚报网

［9］http：// js. people. com. cn/ 人民网江苏频道

［10］http：//njrb. njdaily. cn/ 南京日报社数字报刊

［11］http：//finance. sina. com. cn/ 新浪财经

［12］http：//www. urbanchina. com. cn/ 城市中国

［13］http：//www. china-up. com/ 中国城乡规划行业网

［14］http：//baike. baidu. com/ 百度百科

［15］http：//nanjing. anjuke. com/ 安居客房产网

［16］http：//www. house 365. com/ 365 地产家居网

后　记

　　国外新城建设经历了从卫星城到综合新城、从单一功能逐渐到多功能综合化的阶段性完善过程。而中国自改革开放以来,从各种类型的开发区,到城市新区,到近年较多的综合性新城,无论从理论层面还是实践层面,在汲取西方新城建设的经验教训的基础上,新城建设职住平衡的理念早已深入人心,理应避开西方新城建设职住分离的陷阱。在中国城市化迈向以城市型社会为主体的时代,中国的经济、社会和城市化呈现快速、持续发展的态势,城市规模迅速增长,城市空间结构发生剧变。国内大中城市先后提出了城市的跨越式发展战略,新城区建设迅速发展。然而,中国大城市新城与主城间交通拥堵,通勤时间持续增长,新城建设仍存在严重的职住分离现象。作为城市规划工作者,不禁要反思我们以职住平衡理念建设的新城,为何没有达到预期的效果? 造成中国新城职住分离的内在机制是什么? 怎样才能降低新城建设的职住分离现象? 这是本书研究的出发点。

　　在此背景下,研究基于"居住—就业"视角,选取南京东山副城、江北副城、仙林副城作为实证研究对象,比较分析南京三个新城居住与就业空间的相关特征及其相互关系,进而对中国大城市新城建设的职住失调问题的发展规律、形成机制、均衡发展的控制引导模式进行深入探讨,以期推动大城市新城以更为健康、协调的方式发展。

　　研究首先对国内外新城建设、居住空间、就业空间、居住就业关系等方面的相关研究进行了归纳与总结,确立了基于"居住—就业"视角的新城"居住—就业"空间协调发展机制研究的技术路线和研究框架。在总结国内新城建设及南京新城发展演变进程的基础上,对南京三个新城"居住—就业"的总量进行测度,结果显示南京新城"居住—就业"总量相对平衡。进而选取江北副城的泰山园区、仙林副城的仙鹤片区、东山副城的百家湖片区进行问卷调研,利用 SPSS 软件对调研数据进行统计分析,采用"单因子—主因子—聚类分析"的因子分析法分别对三个新城的居住和就业的空间特征进行比较分析。随后,以职住人群的通勤行为特征为剖析点,分析新城"居住—就业"的失配关系,测算职住人群的"居住—就业"分离度,并基于此分别对三个新城居住、就业人群的职住失配特征进行解析和对比研究。最后,归纳总结了新城区"居住—就业"空间协调发展的"总量平衡律""结构匹配律""通勤交通适配律""公共设施协配律",对新城区"居住—就业"空间结构失配现象形成的内在动因进行了探讨,并提出新城"居住—就业"空间均衡发展的控制引导模式和优化策略。

国内外同类书籍的相关研究大多针对某一新城,从城市"居住—就业"空间现状、新城建设发展等单一领域进行研究,缺乏对城市不同产业类型新城的比较研究,忽视了不同产业类型新城由于产业类型、空间结构、发展路径等方面的差异性所导致的不同的职住分离现象及其相异的形成机制。另有部分研究侧重对职住人群的总量平衡进行研究,忽视对研究区域住房结构与就业人群收入水平、片区就业职位构成与居住人群收入构成的结构匹配的研究。

本书研究探索构建基于"居住—就业"视角的新城职住空间协调发展的多层次研究框架。在同一城市中,选择具有相似发展条件、按照职住总量平衡理念建设完善的不同产业类型的新城,通过比较不同新城的不同职住分离程度,客观分析降低新城职住分离程度的影响因素,揭示不同产业类型新城职住结构失配的形成机制,也间接证明通过缩小新城的"居住—就业"空间结构失配程度,可以降低新城的职住分离程度。

对南京新城居住就业空间的研究是一个艰苦的过程,如果没有大家的帮助和支持,本书不可能最终完成,在此,向热心帮助和支持我的人们致以诚挚的谢意。

笔者对新城"居住—就业"空间的研究起源于 2006 年师从韩冬青教授攻读博士学位时,本书内容主要来源于我的博士论文。首先,要感谢我的导师韩冬青教授,感谢他的宽容、耐心和对论文的热心指导。导师宽广的学术视野、严谨的治学态度、勤勉的敬业精神,使我受益匪浅。

同时感谢吴明伟教授、王建国教授、阳建强教授、孔令龙教授、胡明星教授、吴晓教授、孙世界副教授、熊国平副教授,以及南京大学的罗小龙教授、南京工业大学的施梁教授和赵和生教授、南京市城市规划编制研究中心的郑晓华主任对本书的指点和帮助。

特别要感谢的是我的学生们,对南京新城的实证研究涉及大量的数据调研和计算统计工作,我和我的学生组成的研究课题组完成了这项艰苦的工作,硕士研究生占晓松、赵琼、刘达、王海琴、徐扬波、史淑洁、夏熠琳和本科生熊恩锐、陆磊、何洪梅、胡智行、郑诗茵、诸嘉巍、李志远、祝颖盈承担了三个新城区的问卷调研工作,硕士研究生刘达、王海琴、占晓松、赵琼、徐扬波承担了数据统计和图表绘制工作(书中标注为本课题组绘制)。研究过程中的讨论交流,让我深刻体会到教学相长,没有他们的艰辛付出,研究不可能最终完成。

最后,希望本书的出版能够为中国新城建设的研究和实践提供一些参考和帮助。因笔者水平有限,书中难免存在欠缺之处,恳请大家给予指正。

巢耀明

2021 年 6 月